GS&J 탐구 3

잘 팔리는 농축산물 만들기

이정환 · 김동환 편

도서출판 해남

『잘 팔리는 농축산물 만들기』를 세상에 내며

미국과 인도와의 FTA 협상 타결, 미국산 쇠고기 수입재개, EU와의 FTA 협상 타결 임박 등등 세계화를 향한 회오리는 우리 농업에 매우 큰 두려움으로 다가오고 있다. 그러나 두려움을 넘어 새로운 활로를 찾아야 하고 찾을 수 있어야 한다. 그 활로는 잘 팔릴 수 있는 상품을 만드는 것이라고 생각하며, 그러기 위해서는 현장의 농업인, 단체, 지자체 그리고 정부가 각각 무엇을 어떻게 해야 하는가에 대한 전략과 실천방안을 공유해야 할 것이다. 그러한 공유를 위해 GS&J가 '잘 팔리는 농축산물 만들기'란 주제로 이 분야 최고전문가의 이야기와 현장의 사례를 엮어 농축산물 상품화와 브랜드화의 길을 제시하려고 한다.

먼저 정부가 어떤 역할을 담당하여야 할 것인가? 이 책에서는 첫 장에서 정부가 세계화 과정의 불확실성을 제거하여 농가가 스스로 투자할 수 있는 여건을 조성하여야 함을 지적한다. 그런 전제 위에 두 번째 장에서는 우리의 농축산물 유통환경이 어떻게 변화하고 있고 어떻게 변화해 갈 것인가를 전망하여 상품화의 기본 방향을 제시한다. 세 번째 장에서는 그런 변화의 흐름 속에서 이제까지 우리나라의 농축산물 브랜드화가 어떻게 발전되어 현재 어디에 있으며, 정책은 또 어떻게 전개되어 왔는가를 분석하여 우리나라 농축산물 상품화의 현주소를 명확히 한다. 상품화에는 명품화의 길이 있는가 하면 대중 브랜드화의 길도 있다. 네 번째 장에서는 일반대중이 즐겨 찾는 농축산물 브랜드는 어떻게 만들어 갈 것인가를 논하고, 다섯 번째 장에서는 최고급 소비자들을 상대로 하는 명품은 어떻게 만들어지는가를 제시한다.

대중 브랜드이든 명품이든 상품화를 실행하는 첫 번째 관문은 시장환경을 분석하여 목표시장을 정하고 시장에서의 포지션을 설정하는 것이므로, 여섯 번째 장에서는 어떻게 시장환경을 분석할 것인가를 제시한다. 시장환경이 분석되었으면 원물을 조달할 수 있는 농가조직을 만들어야 한다. 그런데 여기서 문제에 부딪친다. 경쟁력을 갖기 위해서는 많은 농가를 참여시키는 대규모 원물조달체계가 필요하고, 그렇게 규모화될수록 조직력이 이완되어 품질관리가 잘 안 되기 때문이다. 일곱 번째 장에서는 이 모순을 어떻게 극복할 것인가에 대해 논한다. 뒤이어 여덟 번째 장에서는 실제로 농산물 품질관리체계를 어떻게 수립하고 어떻게 실천할 것인가에 대해 논한다. 브랜드는 소비자와의 약속이며, 따라서 그 핵심은 그 약속을 지킬 수 있도록 하는 품질관리이기 때문이다.

그러나 상품화를 실천하기 위해서는 현장의 경험이 무엇보다 귀중하다. 따라서 전문가 이야기를 들었으면 이제 현장경험에서 터득한 이야기를 들어보아야 한다. 먼저, 소비지의 대형슈퍼는 어떤 농축산물을 어떻게 구매하고, 특히 최근 홈쇼핑시장에서 잘 나가고 있는 브랜드들은 어떤 특징을 가지고 있는가를 현장책임자가 본 대로 느낀 대로 이야기한다. 뒤이어 시장에서 각광받고 있는 브랜드들은 어떤 노력을 어떻게 하여 오늘에 이르게 되었는지를 '참마을 배', '참후레쉬', '지리산 순한한우'의 현장책임자가 생생하게 들려 준다.

편저자의 능력부족과 게으름으로 당초 계획보다 출판이 늦어져 초조하고 아쉽고 출판을 기다리는 독자들에게 송구하기 이를 데 없었으나 마침내 이 책이 빛을 보게 되어 너무 기쁘다. 이제 이 책을 세상에 내놓으면서 아무런 대가 없이 이 출판계획에 흔쾌히 참여하여 주신 필자 여러분, 편집과 교정 등 궂은 일을 말없이 해 낸 김재훈 연구원, 그리고 이 책이 무사히 세상에 나올 수 있도록 악조건 속에서 묵묵히 일해 주신 도서출판 해남의 노현철 사장님께 감사드린다.

2008년 9월

편저자 이정환 · 김동환

차 례

제 2 부
잘 팔리는 농축산물 만들기 실천방안

제 3 부
잘 팔리는 농축산물 브랜드에서 무엇을 배울 것인가?

Chapter 1

FTA시대의 도래와 우리의 선택

이 정 환

1. 세계화 시대의 도래
2. 한국 농업 · 농촌의 기회
3. 한국 농업의 현실과 정부의 역할

1. 세계화 시대의 도래

한국은 '통상'을 통해 선진국에 진입한다는 '선진 통상국 전략' 아래 2004년 이후 거대경제권과의 자유무역협정(FTA)을 적극 추진하고 있다. 이에 따라 2004년 칠레와의 FTA가 발효된 후 EFTA 4개국(스위스 · 노르웨이 · 아이슬랜드 · 리히텐슈타인), 아세안 10개국과 협상을 타결하였고, 세계 최대 경제대국 미국과의 협상도 타결되어 양국 비준을 기대하고 있다. 또한 현재 EU와의 FTA가 금년 중 타결을 목표로 협상이 진행되고 있고, 캐나다 · 인도와도 협상이 진행되고 있으며, 호주 · 멕시코 · 중국 등도 한국과의 FTA에 매우 적극적인 입장을 보이고 있다.

따라서 머지않은 장래에 중국 및 일본과 자유무역협정이 체결되고 북핵문제가 해결되면 동북아시아에 새로운 경제질서가 급진전될 뿐만 아니라, 더 나아가 동북아시아와 아세안 경제권이 연결되는 상황으로 발전될 가능성이 있다. 지금도 중국 경제의 발전에 따라 동북아시아 지역의 농산물 수요구조는 급변하고 있으며, 한국 농업에 새로운 시장을 형성하게 될 여지가 매우 크다. 이미 중국의 고급 농산물시장에 대한 선점경쟁이 치열해지고 있으며, 미국 · 일본 · 뉴질랜드산 고급 과일이 중국 시장에 진출하여 시장을 넓혀 가고 있다. 그리고 현재 좌초하고 있는 DDA협상도 결국 상당한 관세 감축과 국내보조금 감축이 이루어지는 새로운 농산물 교역질서에 합의하게 될 것이다. 이러한 농산물 교역여건의 변화가 한국 농업에 어떤 영향을 미칠 것인가? 우선 그 영향력이 가장 크리라고 예상되는 한 · 미 FTA의 파급영향을 살펴보기로 하자.

1.1. 한 · 미 FTA의 파급영향❶

한 · 미 FTA가 각 품목에 미치는 직접적 영향을 살펴보면, 쇠고기가격은 15년간 10.6%(연간 0.7%) 하락하는 효과를 갖는 데 그치고 돼지고기(냉동기준)는 2014년까지 13.2%(연간 1.8%), 닭고기(냉동기준)는 10년간 10.5%(연간 1.1%) 하락하는 효과를 나타낼 것이다. 또한 미국산 쇠고기 수입재개로 한 · 미 FTA와 관계없이 1년 내외에 쇠고기가격은 13%, 돼지고기가격은 21% 정도가 우선 하락할 것으로 전망된다.

분유는 현행 관세가 유지되는 반면 무관세쿼터가 5,000톤에서 20년 후 9,030톤으로 증가하여 미국산 수입이 늘어날 것이나, 그만큼 호주산 분유 또는 대체품인 혼합분유의 수입이 감소하여 파급영향은 제한적일 것이다. 버터의 경우에는 관세철폐로 미국산 수입원가가 10년간 47%나 낮아지지만, 대부분 호주 · 뉴질랜드산을 대체하는 효과를 나타낼 것으로 전망된다.❷

사과와 배는 검역문제로 수입이 금지되고 있으나, 3~4년 내외에 수입이 허용되면, 사과는 한 · 미 FTA의 영향을 받게 될 것이나 배는 품종 · 품질차이로 수입될 가능성이 매우 낮다. 미국산 사과가 수입되기 시작하면 미국산 후지의 가격이 국내산보다 19% 정도 싸게 공급되기

---

❶ 이 부분은 GS&J 인스티튜트가 발간하는 격주저널 『시선집중 GSnJ』 35~42호를 참조하기 바란다.

❷ 현재 대부분의 유제품은 호주 · 뉴질랜드에서 수입되고 있다.

시작하여 10년 후에는 31%, 20년 후에는 43% 낮아질 것이나 국내산 대체 정도는 품질차이가 결정할 것이다. 일본의 경우 미국산 사과의 수입이 자유화되었으나 소비자의 외면으로 거의 수입되고 있지 않다.

3~8월에 수입되는 오렌지의 수입원가가 7년 후에는 33% 낮아지지만 국내산 감귤과의 대체성이 낮아 감귤가격은 연간 1.7~1.8% 낮아지는데 머물 것으로 전망되고, 포도가격은 17년 후 4.3%(연간 0.3%) 하락하는 정도의 효과를 갖는 데 머물 것이다. 오렌지가격이 10% 하락하면 감귤가격은 4.6~4.8%, 수입포도의 가격이 10% 하락하면 국내산 포도가격은 1.4% 정도 하락하는 데 그치는 것으로 추정되기 때문이다.

고추와 마늘은 미국의 수출능력이 없고, 양파는 관세가 철폐되어도 미국산의 가격경쟁력이 낮아 영향이 크지는 않을 것이나 국내산 가격이 급등하는 단경기(12~2월 사이)에는 점차 국내산을 대체하게 될 것이다. 양파의 저율관세쿼터(TRQ) 물량이 2,904톤에서 15년 후 5,805톤으로 증가하지만 대부분 중국산을 대체하는 데 머물 것으로 보인다.

대두는 관세가 즉시 철폐되는 착유용 또는 장유용 수입품이 일반식용콩으로 유통되어 국내산을 잠식할 우려가 있고, 감자 역시 관세가 즉시 철폐되는 칩용이 일반식용으로 유통되어 국내산 가격에 영향을 줄 우려가 있다. 따라서 수입 후 관리가 중요하다. 일반 식용콩 TRQ는 1만 톤에서 10년 후 3만 1,000톤으로 증가하고 식용감자의 TRQ는 3,000톤에서 15년 후 4,538톤으로 증가하여 국내산 가격에 직접 영향을 미칠 것이나 그 폭은 크지 않을 것이다.

꿀은 관세감축이 없으므로 무관세 쿼터(200톤에서 10년 후 261톤으로 증가)만큼만 수입이 늘어나고, 인삼은 미국이 수출능력이 거의 없어 영향이 미미할 것으로 전망된다.

1.2. 농업부문 총소득규모 감소

앞에서 살펴본 바와 같이 품목별 영향력은 크지 않지만 한 · 미 FTA로 총농업생산액은 협정발효 후 5년차에 4,465억 원, 10년차에 8,958억 원, 15년차에 1조 361억 원 감소되는 것으로 추정되었다.[3] 이에 따라 농업소득 감소액은 이행 초년도에 1,600억 원에 불과하나 10년 후에는 8,000억 원(2004년 소득규모의 5.3%) 이상이 될 것으로 추정된다. 생산액 감소는 가격하락과 이에 따른 생산감소가 반영된 반면, 생산규모가 감소된 만큼 생산비용도 감소하기 때문에 소득감소폭이 적어진다.

그러나 이와 같은 추정은 한 · 미 FTA가 각 품목에 미치는 직접적인 영향만을 고려한 것이므로 실제 소득감소는 이보다 크다고 보아야 한다. 왜냐하면, 수입농산물은 모든 국내산 농산물과 비록 미미하더라도 대체성이 있으나 품목별 분석은 그와 같은 광범위한 대체성을 반영하지 못하기 때문이다.

한편, 2015년에는 한 · 미 FTA와 관계없이 쌀이 관세화될 예정이므로 수입쌀의 국내판매가격이 80kg당 12만~13만 원 수준이 되고, 그에 따라 농업소득이 약 2조 7,000억 원 감소되는 것으로 추정되고 있다.[4] 이와 같은 추정은 국내산 쌀가격이 수입 쌀가격과 같은 수준이 된다는 것을 가정한 것이나 최근 시판되고 있는 미국 및 중국산 쌀이 국내산보다 30% 정도 낮은 가격에 거래되고 있으므로 실제 소득감소액은 이보다 적어질 가능성이 높다.

이와 같이 두 가지 소득감소요인이 동시에 나타날 수밖에 없으므

[3] 한국농촌경제연구원(2007).
[4] 한국농촌경제연구원(2004).

로 농업부문 소득이 2004년보다 2009년에 1조 원, 2014년에 2조 2,000억 원, 2017년에는 3조 5,000억 원까지 감소할 수도 있다. 이것은 농업부문 총소득(명목)이 연간 2% 감소함을 의미하는데, 물가상승에 의한 실질소득 감소요인이 연평균 3% 내외가 되고 1인당 국민소득 증가율이 3~5%가 될 것으로 전망되어 도농 간 소득격차요인이 연평균 8~10%에 이르게 된다. 더욱이 현재 진행중인 EU · 캐나다 · 인도와의 FTA가 머지않아 타결되고, 앞으로 중국과의 FTA까지 실현될 경우 소득격차요인은 이보다 훨씬 커질 수밖에 없다. 1996년까지는 농업생산이 증가하고 가격도 상승하여 농업부문의 총소득(명목)규모가 지속적으로 증가하였으나, 그 후 2005년까지 농업부문 총소득이 정체되어 농가경제가 매우 어려워진 것을 고려하면 이와 같은 소득감소는 매우 심각한 상황이 될 것이다.

2. 한국 농업 · 농촌의 기회

2.1. 1인당 소득 5만 달러 시대의 도래

'선진통상국가 전략'을 통해 1인당 소득이 2015년경 3만 달러, 2030년대에 5만 달러로 증가해 선진경제권에 진입하고 국민의 의식과 생활에 커다란 변화가 진행될 것이다. 안전한 식품, 건강한 식생활에 대한 욕구가 높아지고 즐겁고 보람 있는 여가생활에 대한 요구가 급격히 늘어날 것이다. 또한 환경과 문화에 대한 관심과 욕구가 높아지고 자연, 동물복지, 생태보호 등에 대한 관심도 매우 높아질 것이다.

한편, 최저생계비 보장, 기초연금, 보육 · 의료 · 간호 등 국민의 기초복지여건이 빠르게 정비되어 나가고, 농촌지역의 생활 및 복지여건도 획기적으로 개선될 것이다. 그리고 모든 지역이 고속도로와 고속철도에 연결되어 1일생활권이 되고 국민의 생활방식에 큰 변화가 나타날 것이다. 즉, 거의 모든 농촌이 우리의 일상생활 범위 안에 존재하여 도시와 농촌이 혼재하고 비농업인과 농업인이 혼주하게 된다.

또한 환율은 장기적으로 상승세를 나타내어 각종 상품과 서비스의 수입이 더욱더 용이해질 것이고, 소비자의 상품과 서비스에 대한 요구도 매우 고급화되고 다양해진다.

2.2. 국토의 제약으로 농산물의 해외의존은 불가피

농산물 소비의 양적 · 질적 증가와 다양화에 따라 모든 농축산물을 자급하기 위한 경지소요량이 391만ha(1970년)에서 715만ha(2004년)로 증가하였다. 그러나 같은 기간 국내 경작면적은 326만ha에서 194만ha로 감소하여 농축산물의 해외의존율은 17%에서 73%로 상승하였다. 또한 우리나라는 축산물의 대부분을 자급하고 있지만 사료를 거의 수입에 의존하고 있으므로, 2005년 사료수입액이 2조 3,000억원을 넘어 총농산물수입액의 31%를 차지하였다. 만약 축산업에 필요한 사료를 모두 자급하려면 약 190만ha의 경작지가 필요할 것으로 추정되어 현재의 모든 경작지가 사료생산에 이용되어야 하므로, 현재의 축산규모를 유지하는 한 사료의 대부분을 해외에 의존하는

것은 피할 수 없다.[5]

축산업에 필요한 사료를 국내에서 자급하는 경우에는 그만큼 사료작물의 양분요구량이 늘어나 축산분뇨가 발생하더라도 자원순환농법을 통해 양분균형을 이룰 수 있다. 그러나 우리나라는 대부분의 사료를 수입에 의존하기 때문에 축산업은 양분초과의 원인이 될 수밖에 없다. 따라서 우리나라는 OECD 국가 중 ha당 질소의 양분공급량이 가장 많고, 또 증가추세를 보이고 있다.

또한 현재 발생되는 가축분뇨만으로도 작물이 필요로 하는 양분필요량의 50~60%가 충족될 수 있으므로, 축산분뇨가 전량 비료로 이용되더라도 화학비료 사용량이 40~70%나 감축되어야 양분균형이 이루어질 수 있다. 따라서 양분균형을 위해서는 화학비료 투입량을 대폭 줄이고, 동시에 분뇨생산량 자체를 감축시키지 않으면 안 되므로 농축산물의 적절한 해외의존은 불가피하고 필요한 것이다.[6]

2.3. 세계 농산물가격, 하락에서 상승으로 전환

인구가 13억에 이르는 중국을 포함한 27억의 브릭스(BRICs), 7억의 아세안 등 신흥경제권의 경제성장으로 거대한 구매력이 발생하여 세계적으로 농축산물, 특히 사료곡물에 대한 수요압력이 가속적으로 높아질 것이다. 또한 지구온난화 문제로 바이오에너지에 대한 수요가 세계적으로 늘어나 사료곡물과 경합을 나타낼 것이다. 현재 바이오에너지 생산용으로 사용되는 면적은 미국이 440만ha, EU가 130만ha에 이르고 연간

[5] 이정환(2007a).
[6] 이정환(2007a).

10% 이상 늘어날 전망이다.

반면 환경, 지구온난화, 안전성 문제가 농산물 공급증가를 제약하게 될 것이므로 지난 100여 년 이상 지속된 농산물가격의 장기적 하락추세가 상승추세로 전환될 가능성이 높다. 이에 따른 농산물가격의 상승으로 우리나라 농축산물의 가격경쟁력 구조에 변화가 나타나고, 국제농축산물시장이 대단히 불안정한 상태에 빠지게 될 가능성이 있다. 이러한 변화는 한국 농업에게 기회[7]임과 동시에 상당한 농축산물을 해외에 의존할 수밖에 없는 한국에게 큰 위험이 될 것이다.

2.4. 농업 · 농촌이 국민의 삶의 질을 결정

앞으로 즐겁고 건강한 식생활과 보람 있는 여가생활에 대한 욕구가 얼마나 충족되는가가 국민의 삶의 질을 결정하는 중요한 요소가 되어 사람들의 가장 중요한 가치가 될 것이다. 최근에 이루어진 국민의식조사에서 국민들 대부분이 식품선택에서 안전성을 가장 중시하고, 농촌을 중요한 여가공간으로 인식하는 경향이 매우 높은 것으로 나타났다. 따라서 앞으로 한국 농업 · 농촌은 "소비자들이 안심하고 즐겁게 먹을 수 있는 신선하고 다양한 식품을 공급하고, 도시민이 쾌적하게 시간을 보낼 수 있는 아름답고 깨끗한 공간을 제공"함으로써 국민의 삶의 질을 결정하는 중요한 역할을 수행하게 될 것이다. 이에 따라 한국 농업은 이러한 국민적 요구를 충족시킨다는 전제 위에서 발전하여야 하므로

[7] 국내에서도 삼성증권, 한화증권 등이 농업관련 산업을 유망한 주가상승 기업군으로 분류하고 투자를 권장하고 있다.

다른 성장 · 전략산업과 같은 관점－첨단화, 고효율화, 수출산업화와 같은 관점－에서만 보면 안 된다.[8] 농촌은 농업인과 농촌산업의 전유물이 아니며, 모든 국민의 휴양공간이자 문화공간으로 인식하여야 될 것이다.

농업과 농촌에 대한 이러한 국민의 요구를 충족시킴으로써 높은 부가가치를 창출하고, 그 결과로서 농업인의 소득이 증대될 가능성이 높아지고 있다. 특히, 세계 농축산물시장이 공급과잉에서 부족으로 기조가 바뀔 가능성을 고려하면 이러한 가능성은 더욱 높아진다.[9]

3. 한국 농업의 현실과 정부의 역할

3.1. 농업의 잠재력과 성과

1995년 이후 농업생산은 증가하고 효율성도 향상

1988년 이후 UR체제가 시작된 1995년까지 농업생산(불변농업생산액)은 연평균 1.9% 증가하였다(표 1-1). 그러나 같은 기간 부가가치 증가율은 이보다 0.64%포인트 못 미쳐 연평균 1.26% 성장하였다.

[8] 프랑스의 신 농업법 제1조에는 "농업은 합리적인 토지관리와 농촌개발에 대한 공헌을 통해 경제적 · 사회적 · 환경적 목적을 충족해야만 한다"라고 농업의 목적을 규정하고 있다.

[9] 이정환 편(2007).

표 1-1 부가가치의 생산성 향상 (단위: %)

	1988~1995	1995~2005
농업생산 증가율(A)	1.90	1.01
부가가치 성장률(B)	1.26	1.35
B-A	△0.64	0.34

자료: 한국은행, 국민소득계정.

그런데 1995~2005년 사이에는 농업생산 증가율은 연평균 1.01%로 다소 낮아졌으나 부가가치액은 연평균 1.36% 증가하였다(표 1-1). 부가가치액 성장률이 생산증가율보다 연평균 0.34%포인트나 높았고, 이것은 이 기간 농업생산의 효율성이 그만큼 높아졌음을 의미한다.

취업구조 조정속도는 선진국보다 2~3배 빠르고 생산성 증가율은 비농업의 2배

농업취업자 비중이 1979년에 35% 수준이었으나 25년이 지난 2004년에 8%로 감소하였다. 이와 같은 취업구조 변화에 네덜란드는 77년, 독일은 63년, 미국은 59년, 프랑스는 51년이 소요되어 한국의 고용구조조정이 2~3배나 빠르게 진행되었다.[10] 그리고 1995~2005년 노동생산성 증가율이 비농업부문은 연평균 1.5%였던 데 비해 농업부문은 3.9%를 기록하였다(그림 1-1).

농업생산의 대농집중이 가속화되고 있다.

농가의 호당 경영규모는 1990년 1.19ha에서 2005년 1.43ha로 증가하여 15년간 20% 증가하는 데 그쳐 농업구조가 정체된 듯이 보이나 실제로

[10] 이정환(1997).

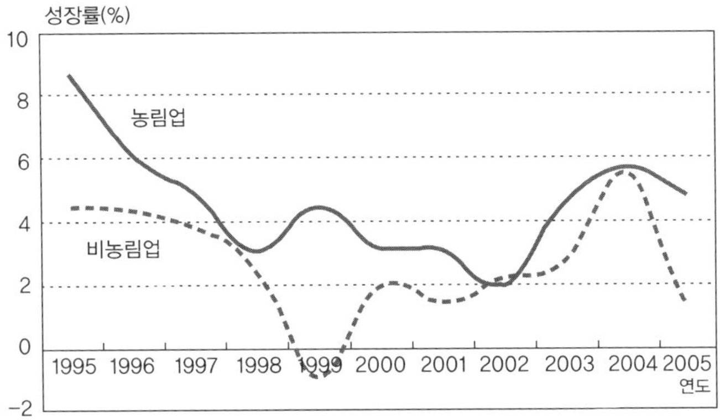

그림 1-1 비농림업과 농림업의 노동생산성 성장률(불변, 직전 5개년 연평균)

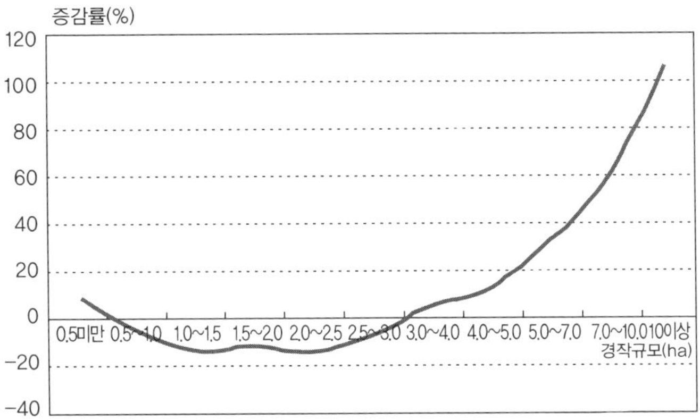

그림 1-2 규모의 경작지 비중의 변화(2000~2005)

는 농업생산의 대농집중현상이 빠르게 진행되고 있다. 규모계층별 경작면적 비중을 보면 이러한 변화를 분명히 알 수 있다.[11]

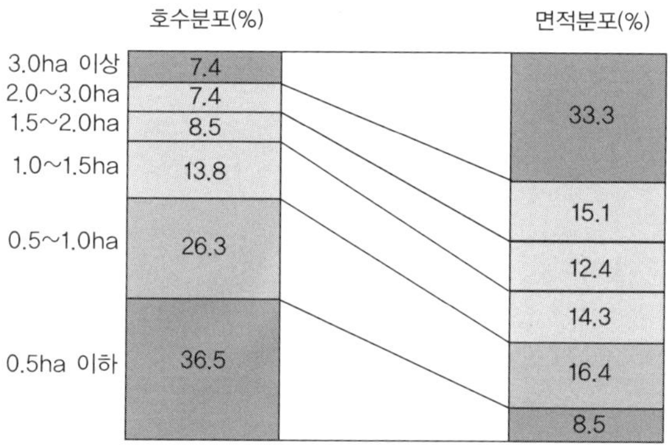

그림 1-3 경작규모별 호수와 면적(2005)

그림 1-2에서 보면 2000~2005년 사이 경지면적규모가 3ha 이하인 계층의 경작면적 비중은 감소하는 반면 3ha 이상인 계층에서는 규모가 클수록 경작면적 비중증가 속도가 급격히 가속되어 10ha 이상의 면적 비중은 5년 사이만 2배 이상 늘어났다. 그 결과 2005년 0.5ha 이하 농가의 호수 비중은 36.5%이나 면적 비중은 8.5%에 지나지 않는 데 반해 3ha 이상인 농가호수는 7.4%이지만 면적의 비중은 33.3%에 이르게 되었다(그림 1-3). 또한 1990~2005년 사이 논농업의 대농(3ha 이상) 면적 비중은 4.8배, 대규모 한우농가(30두 이상)의 사육두수 비중은 5.2배, 대규모 낙농가(50두 이상)의 사육두수 비중은 8.2배, 시설농업(2,000평 이상)의 면적 비중도 2.1배나 늘어났다(표 1-2).

⑪ 규모계층별 경작지 비중이란 각 규모계층에 속하는 농가가 경작하고 있는 전체 경지면적이 총경지면적에서 차지하는 비중을 뜻한다.

표 1-2 대농의 농업생산 비중 증가 추세

트렌드	대농기준	1990(A)	1995	2000	2005(B)	B/A
경작지	3ha 이상	10.2	19.1	25.7	33.3	3.3배
논농업	3ha 이상	6.2	14.8	20.0	29.5	4.8배
한우	30두 이상	9.0	16.6	36.4	46.9	5.2배
낙농	50두 이상	8.7	17.8	50.4	71.6	8.2배
양돈	1,000두 이상	13.3	36.5	60.2	77.9	5.9배
시설농업	2,000두 이상	25.5	38.3	47.1	52.9	2.1배

3.2. 농가의 잠재력과 한계

규모확대와 시설확충은 농가의 자력으로 달성

1990년대에 시설채소농업 경쟁력 향상을 위해서 약 6,300억 원의 정부자금을 지원하였다. 그러나 이 자금에 의해 설치된 시설면적은 1,767ha로 이 기간 동안의 전체 시설면적 증가분인 2만 5,155ha의 7%에 지나지 않았다.[12] 즉, 1990년대의 시설채소농업 성장은 정부지원보다 생산농가 자체적 투자에 의해 이루어졌다고 할 수 있다.

또한 1988년부터 2006년까지 규모화 사업에 투입된 재정자금은 5조 9,000억 원에 이르며, 이 사업에 의해 16만 7,000ha의 농지가 매매 또는 임대차되었으나 이 기간에 이루어진 전체 규모확대 면적의 극히 일부에 지나지 않을 것으로 추정된다. 1999~2002년 사이에 47만 6,000ha의 농지가 규모확대 농가로 이동하였으나 이 기간에 규모화 사업의 자원

[12] 시설면적이 1990년 2만 3,698ha에서 2000년에 4만 8,853ha로 증가하였고, 이 기간에 1,767ha의 시설에 국고보조 2,184억 원, 지방비보조로 2,115억 원, 융자 2,969억 원이 지원되었다.

표 1-3 농산물가격, 중간재가격, 소비지출가격의 격차 (단위: %)	1988/1995	1995/2005
농산물가격(A)	△1.51	△1.34
중간재가격(B)	△4.63	1.85
소비지출가격(C)	0.32	1.50
A-B	3.12	△3.19
A-C	△0.83	△2.84

자료: 표 1-1과 같음.

을 받은 면적은 3만 3,000ha였으므로, 총규모확대 면적[13]의 약 7%에 지나지 않았다.

요컨대, 규모확대, 시설확장 등 농업구조 변화와 성장을 촉진시킨 것은 정부지원보다 농가 스스로의 투자활동에 의해 이루어진 것이다. 따라서 농가의 성장과 구조조정을 위해서는 정부의 지원보다 생산농가의 자발적 투자를 이끌어 낼 수 있는 여건의 조성이 중요하다.

농업의 '성장과 소득의 괴리' 현상은 필연적인 현상

1995~2005년 사이 농산물의 실질가격은 연평균 1.34% 하락한 반면, 중간투입재 실질가격은 연평균 1.85% 상승하여 소득여건이 연간 3.2%나 악화되었다(표 1-3). 그 결과 농업부문 총소득이 1988~1995년 사이에는 연평균 0.19%, 1995~2005년에는 연평균 3.26%나 감소하여 부가가치 성장률 1.35%보다 4.61%포인트나 낮았다(표 1-4).

시장이 개방되면 농산물가격이 하락하고, 이에 대응하여 생산성이 향상되면 그만큼 국내공급이 늘어나 가격을 하락시킨다(그림 1-4). 따라서 가격하락현상은 시장개방과 경쟁력 향상과정에서 필연적으로 나

[13] 규모확대 면적은 『농가경제조사』 표본농가 중 5년 연속 조사된 농가의 전년 대비 규모확대 면적으로부터 측정하였다.

표 1-4 실질농업소득의 감소 (단위: %)

	1988~1995	1995~2005
부가가치 성장률(A)	1.26	1.35
농업소득 증가율(B)	△0.19	△3.26
소비지출가격(C)	△1.45	△4.61
B-A		

자료: 표 1-1과 같음.

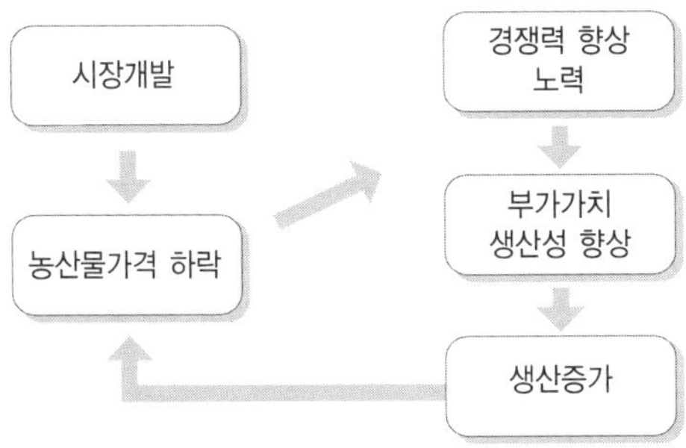

그림 1-4 경쟁력 향상과 농산물가격 하락

타날 수밖에 없으며, 유럽은 제2차 세계대전 후 이와 같은 과정을 거쳐 현재의 경쟁력수준에 도달하였다.[14]

앞으로 경쟁력 향상이 이루어지고 농업생산이 성장하더라도 국내 농산물가격은 하락하고 농업의 소득여건은 악화될 것이다. 따라서 경쟁력 향상만으로 소득문제가 해결되기는 대단히 어렵다. 즉, 시장개방으로 농산물가격이 큰 폭으로 하락하는 경우 그 일부를 정부가 흡수하여 주지 않으면 농가소득은 감소하고 경영은 대단히 불안해질 것이다.

---

[14] 이정환 외(1998), pp. 6~11.

3.3. 불확실성과 농가의 불안감이 문제

미래에 대한 불확실성이 투자위축의 원인

서두에서 살펴보았듯이 한 · 미 FTA의 파급영향은 품목별로 보면 크지 않을 것으로 생각된다. 그러나 이러한 전문가의 예측은 확률적인 것일 뿐만 아니라 품목 간 대체성 등 관련되는 변수가 충분히 고려하지 못하여 오차와 오류가 발생할 가능성을 안고 있다. 따라서 한 · 미 FTA 등 거대경제권과의 FTA가 농산물 교역여건을 급변시켜 수입이 급증하고, 품목에 따라서는 국내산의 가격이 큰 폭으로 하락할 위험성을 완전히 배제할 수 없다. 요컨대, 미래는 불확실성이 매우 높고 농가는 이해당사자로서 불안감이 커질 수밖에 없다. 즉, 전문가와 정부의 낙관적 예측에도 불구하고 농가는 한 · 미 FTA로 국내 농산물가격이 폭락하는 상황을 우려하지 않을 수 없다.

미래에 대한 불안감이 높아지면 안전을 위해(손실을 최소화하기 위해) 앞다투어 생산규모를 축소하게 되고, 그 결과 농업생산이 과도하게 위축될 가능성이 높다. 실제로 2001년 쇠고기시장 자유화를 앞두고 소가격 폭락을 우려한 한우농가가 손실을 최소화하기 위해 암소마저 도축하여 한우가격을 폭락시키고 사육규모가 절반으로 축소되었다.[15] 또한 수입쌀이 시판되면 국내산 쌀가격이 하락할 것을 두려워하여 2005년 쌀수확기에 농가는 판매를 서두르고 유통업자는 매입을 꺼린 결과 산지 쌀가격이 지역에 따라 20%까지 폭락하였다.[16] 요컨대, 미래에 대한 불안감은 과민반응을 일으켜 농가손실을 발생시키고 농업이 스스로

---

[15] 이정환 외(2007).

[16] 이정환(2006).

무너져 버리게 할 우려가 있다.

뿐만 아니라 농산물가격이 폭락할 가능성이 있는 상황에서 경영규모를 확대하거나 신규 투자를 하는 것은 손실이 그만큼 더 늘어날 가능성이 커지는 것을 의미하므로 미래에 대한 불안감은 투자를 위축시키는 가장 중요한 요인이 된다. 특히, 젊은 대농은 부채규모가 크고 재무구조가 취약하므로 미래에 대한 불안감이 크면 규모확대나 시설투자를 하기가 더욱 어렵다.[17] 구조조정과 경쟁력 향상은, 경쟁력 있는 농가가 적극적으로 규모를 확대하고 신규 투자를 해야 이루어지는 것이므로 미래에 대한 불확실성과 농가의 불안감은 구조조정과 경쟁력 향상에 결정적 걸림돌이 될 것이다. 따라서 미래에 대한 불확실성을 줄여 생산농가의 불안감을 낮추는 것이 농업의 안정과 경쟁력 향상에 매우 긴요하다.

3.4. 정부의 경영안정 역할 필수

구조조정과 경쟁력 향상은 시장경쟁을 통해 달성

농업은 국민경제를 이끌어 가는 성장주도 산업이 아니며, 그러한 역할을 기대하지도 않고 기대할 수도 없다. 그러나 농업문제가 국가적으로 가장 민감한 쟁점이 되는 것은 사람의 문제(농업인의 소득문제) 때문이며, 경쟁력 향상은 사람문제 해결을 위한 수단일 뿐이라는 인식이 중요하다.

그런데 구조조정과 경쟁력 향상은 시장에서 소비자가 선택하는 품

[17] 이정환 외(2006).

목 · 품종 · 품질의 상품만이 살아남고, 그러한 상품을 생산하는 경영체에 생산이 집중되는 과정을 통해 이루어진다. 따라서 이제까지의 '구조조정과 경쟁력 향상을 파는 농정'에서 '경영안정, 식품의 안전성, 농촌환경 보전을 파는 농정'으로 전환되어야 한다. 또한 정부가 경쟁력 있는 상품 · 기술 · 경영체를 선택하여 집중 지원하는 '지원대상의 선택과 집중'에서 시장이 할 수 없는 역할을 선택하여 정부 역할을 집중하는 '정부 역할의 선택과 집중'으로 패러다임을 바꿔야 한다.

소득보전제도 도입으로 미래의 불확실성 관리

개방의 충격이 집중적으로 나타날 위험성이 큰 쌀, 고추, 마늘, 사과, 배, 한우 등을 대상으로 기준가격을 설정하고, 이를 보장하는 제도를 도입하여 시장개방에 대한 불안감과 과민반응, 투자위축을 방지하는 것이 무엇보다 중요하다. 따라서 수입증가로 가격이 하락하여 기준가격수준을 하회하는 경우 차액을 직접지불방식으로 보전하여 기준가격을 보장해야 한다. 사전에 목표가격을 설정하고 시장가격이 이를 하회하는 경우 그 차액을 보전하여 경영의 불확실성을 줄여 주는 정책이 미국, 유럽 등에서 이미 오랫동안 시행되었다.[18]

최근에 발표된 한 · 미 FTA 대책 정부안은 과거 5개년 평균조수입을 보전기준으로 설정하고 당년 조수입이 이보다 20% 이상 감소하는 경우, 20% 이상 감소한 부분의 85%를 보전하는 방식을 제시하고 있다. 그러나 조수입이 20% 감소하면 소득은 30~70%가 감소하여 경영이 큰 충격을 받게 되므로 이 제도가 경영안전을 위한 제도로서 거의 실효성

[18] 김한호 등(2006), 이명헌(2006), 임송수(2006).

을 갖지 못하게 된다. 즉, 곡물 등 소득률이 높은 품목도 조수입이 20% 감소하면 소득이 30% 감소하고 축산물과 같이 소득률이 낮은 품목은 소득이 70%나 감소한다. 또한 당년 조수입에 따라 보전액이 결정되면 풍흉에 따른 단수변화를 보전대상에 포함시키는 것이 되어 시장개방과 관계없이 단수변화에 따라 보전이 결정될 가능성이 높다.[19]

한편, 현재 한 · 미 FTA의 파급영향에 관한 전망치를 보면 AMS, 최소허용보조, 새로운 블루박스의 허용범위 내에서 소득보전직불제도가 운용될 수 있을 것으로 판단되나, 특정한 해에 예외적으로 허용한도를 초과하게 되는 경우를 고려하여 논농업 고정직접지불제[20]의 단가를 인상할 필요가 있다. 또한 『국민계정』에서 농업생산액 산출시 농축산물의 가격이 과소평가되어 생산액이 과소추계되고 있는 것으로 생각되므로 생산액 평가에 대한 전면적인 검토가 필요하다.[21]

그러나 문제는 소득보전제도가 생산유인이 되어 생산과잉을 부추기고 이탈농을 억제하여 구조조정을 지연시킨다는 것이다. 이 제도를 도입하여 오랫동안 시행하여 온 미국, 유럽에서도 이와 관련된 많은 논란이 있었으나, 지급방식을 생산과 연계되지 않도록 하여 부작용과 역기능을 최소화하고 있다. 즉, 당년의 생산과 관계없이 기준연도의 재배(사육)실적에 따라 지급대상이 결정되도록 함으로써 생산유인으로 작용하지 않도록 하고 있다. 따라서 소득보전직불을 당년의 경작 여부 및 재배작물과 관계없이 기준연도 재배실적에 따라 지급하되, 비농업용도

[19] 이정환(2007b).
[20] 고정직접지불제란 기준연도 경지면적당 직접지불액을 5~7년간 단위로 예시하여 지급하는 제도를 말한다.
[21] GS&J(2006).

로 전용되거나 일정 기간(예를 들면, 5년 이상) 이상 폐경되어 농지로서의 기능을 상실한 토지는 제외해야 한다. 현재 쌀소득보전직불제도는 벼를 재배한 면적에 대해서만 지급하므로 벼재배에 대한 보조금이 되어 농업인의 작목선택에 영향을 미치는 역기능을 가지고 있다.

정부가 시장개방에 의한 충격을 흡수하여 경영안정장치를 제공하면 농가는 미래에 대한 과도한 불안감에서 벗어나 잠재력을 발휘할 수 있게 될 것이다. 그리고 농업의 발전과 농업소득 증대는 결국 농가가 어떻게 "잘 팔리는 농축산물을 만들 수 있을 것인가"에 귀착될 것이다.

참고문헌

김한호 외(2006), 「미국농정 조감도」, 『시선집중 GSnJ』 30호.

이명헌(2006), 「농가단위 직접지불제도: EU의 단일직접지불제」, 『시선집중 GSnJ』 10호.

이정환(1997), 『농업의 구조전환 그 시작과 끝』, 한국농촌경제연구원.

______(2006), 「'05 쌀값 대란 해부」, 『시선집중 GSnJ』 8호.

______(2007a), 「축산업은 우리에게 무엇인가?」, 『시선집중 GSnJ』 29호.

______(2007b), 「농정현안의 쟁점과 대안: 소득보전정책」, 『시선집중 GSnJ』 47호.

이정환 외(1998), 『한국 농업과 농정, 비전전략 시책』, 한국농촌경제연구원.

________(2006), 「농업구조정책의 꿈과 현실」, 『시선집중 GSnJ』 24호.

________(2007), 「한미FTA를 해부한다: 쇠고기와 오렌지」, 『시선집중

GSnJ』 35호.
이정환 편(2007), 『한국농업이 가야 할 제3의 길』, 해남.
임송수(2006), 「미국의 농가소득안정제도: 발전경과와 실태」, 『시선집중 GSnJ』 11호.
한국농촌경제연구원(2004), 「2004년 쌀 재협상전략 수립에 관한 연구」.
__________(2007), 『한미 FTA 협상결과에 따른 농업부분 파급영향』.
GS&J(2006), 『한미 FTA에 대응한 포도산업의 파급영향과 전망』.

제1부

잘 팔리는 농축산물 만들기 전략

Chapter 2

농축산물 유통환경의 변화와 산지유통 혁신의 길

김 동 환

1. 유통환경의 다섯 가지 변화

1.1. 소비구조의 변화

소비구조의 변화로 먼저 지적할 점은 핵가족화로 소포장 농산물(consumer package)의 소비가 확대되고 있는 것이다. 청과물의 경우 과거 15, 20kg 등 대포장이 주를 이루었으나 최근에는 소비자용 소포장이 증가하고 있다.

소비품목에서는 웰빙 풍조의 확산으로 고품질, 안전농산물의 소비가 증대하고 있다. 친환경농산물 시장규모는 2000년 1,500억 원에서 2007년에는 1조 9,000억 원(전체 농산물 생산의 7.0%)으로 증가하였으며, 2010년에는 2조 4,000억 원에 이를 전망이다.

소비자들이 식생활의 편의성을 추구함에 따라 가공품 및 편의식품의 소비가 증가하고 있다. 총식품소비 지출액 중 신선농수산물의 비중이 1982년의 77%에서 2006년에는 40%로 감소한 반면, 가공식품 및 외식에 지출된 식품비의 비중은 같은 기간 23%에서 60%로 2.6배 증가하였다. 그 중 가공식품의 소비지출은 1982년 17%에서 2006년 14%로 약간 감소한 반면, 외식의 소비지출 비중은 같은 기간 6%에서 46%로 크게 증가하였다.

더욱이 최근에는 여성취업 및 맞벌이 가구가 증가하면서 가정식대체품(home meal replacement: HMR) 및 조리식품(prepared food)과 같은 편의품의 선호도가 상승하고 있다. 특히, 샐러드, 커트 과일과 같이 산지에서 전처리된 신선편이 농산물의 시장이 급속히 확대되고 있다. 산지에서 처리 · 가공된 신선편이 농산물의 시장규모는 2006년 1조 원 정도 되는 것으로 추정되고 있다.

아울러 일반공산품과 같이 농식품에서도 연령대, 라이프스타일별로 다양한 소비시장이 발달하고 있다. 65세 이상 인구의 비중이 9.5%에 달하는 등 고령사회에 진입하여 노령식품 등 실버마켓의 중요성이 커지고 있으며, 혼자 사는 싱글족(600만 명)도 중요한 시장을 형성하고 있어 편의식품의 소비가 더욱 확대될 전망이다.

1.2. 유통경로의 다원화

1990년대부터 발달되고 있는 대형할인점시장이 2000년대 들어서도 팽창하고 있다. 2006년 업태별 매출액은 슈퍼마켓 10조 7,000억 원, 백화점 17조 6,000억 원, 할인점 23조 9,000억 원(340점포)으로 추정되고 있다.

대형유통업체의 발달과 더불어 소비자의 외식지출이 확대됨에 따라 외식산업 및 식자재 유통업체가 성장하고 있다. 2006년 우리나라 외식산업의 시장규모는 총 46조 원이며, 대부분 영세규모의 자영업자이나 기업형 외식 3조 원, 단체급식 5조 4,000억 원 정도의 규모를 보이고 있다.

온라인에서는 정보통신기술이 발전함에 따라 전자상거래 및 홈쇼핑이 발달하고 있다. 2006년 사이버쇼핑몰 거래규모는 총 13조 5,000억 원이며, 농식품의 매출비중은 약 7% 정도를 차지하고 있다. 온라인쇼핑에 있어서 농업인에 의한 B2C거래는 활성화되어 있으나 산지출하조직과 소비지 대형수요처를 연결하는 B2B는 아직 초보단계로 활성화되지 않고 있다.

1.3. 소매시장의 집중화와 불공정거래

최근 주요 대형할인점 업체가 점포수를 급속히 증가시키면서 식품소매점시장에서 이들이 차지하는 비중이 상승하고 있다. 다시 말해, 식품소매시장에서도 시장집중화의 문제가 발생하고 있다. 특정 시장에서의 집중도는 4대 업체의 점유율(CR4, Four Firm Concentration Ratio)로 측정되는데, 할인점시장에서의 CR4는 1995년 25.0%에서 2006년 75%로 급속히 증가하였으며, 대형유통업체 시장에서의 CR4도 같은 기간 2.0%에서 42.9%로 급상승하였다.

이와 같이 할인점시장에서 집중도가 높아짐에 따라 식품소매시장에서 시장지배력의 문제가 발생하고 있다. 구체적으로 PB(private brand) 상품 강요, 저가납품 강요, 판촉비 · 물류비 전가, 입점료(slotting fee) 부과형태로 나타나고 있다.

특히, 최근 대형할인점들은 농식품을 PB 위주로 급속히 재편하고 있다. PB상품은 소비자에게 저가의 메리트를 제공하고, 유통업체에 추가적인 수익을 가져다 주며 일부 상품의 경우 판매를 활성화시키고 있으나 대형할인점의 PB는 산지유통조직의 성장을 방해하며, 생산자단체의 브랜드를 무력화시킬 우려가 있다. 장기적으로는 산지유통이 대형유통업체 주도로 재편되어 생산자의 대응력이 약해질 우려가 있다. 결국 대형유통업체의 집중도 상승과 PB상품의 확대는 산지 생산자조직에 위협적인 영향을 주고 있다고 평가된다.

실제로 생산자 및 출하조직에 대한 조사결과, 생산자의 13.1%, 출하조직의 25.7%가 거래상대로부터 불공정거래를 경험하고 있는 것으로 나타났다.[1] 불공정행위의 주된 유형은 이유 없는 대금감액, 대금지급 지연 등이 가장 많았다. 우리나라의 경우 불공정행위가 발생하였을 때 공식적인 분쟁해결절차를 따르기보다 문제제기를 하지 않거나 당사자 간 비공식 합의를 통해 문제를 해결하고 있다.

1.4. 수직적 통합의 요구

지금까지 농산물유통에서 도매시장이 큰 역할을 수행하였으나, 여건 변화에 따라 집중화된 시장으로부터 점차 차별화되고 분산화된 시장으로 전환되고 있어 도매시장의 중요성과 역할이 감소하고 있다. 유통단계 간 수직적 조정(vertical coordination) 측면에서 보면, 전통적인 현물시장(spot market) 위주의 거래가 점차 계약거래(contracts), 수직적 통합(vertical integration)방식으로 변화되고 있다.

계약거래 및 수직적 통합방식이 발전하면 유통단계 간 조정과 통제가 용이하게 되어 구입비용이 절감되고, 품질 및 식품안전성을 효율적으로 관리할 수 있게 되며, 계획생산을 통해 수급안정이 가능해진다. 우리나라도 양계부문에서는 계열화가 진전되고 있지만, 미국의 경우 주요 품목은 수직적 통합의 비율이 50%를 상회하고 있다. 청과물의 경우도 대형할인점의 산지직거래가 증가하고 있으며, 이는 대형유통업체가 도매기능을 외부에 의존하지 않고 내부에서 통합하는 현

[1] 김동환 외(2006).

표 2-1 대형할인점 산지거래비율의 변화추이 (단위: %)

구분	1999년	2002년	2003년	2005년
과일류	35.4	47.5	46.3	61.3
채소류	21.9	37.5	41.7	51.3

자료: 김동환 외(1999); 김동환 외(2002); 농수산물유통공사(2003); 서성천 · 김병률(2005).

상으로 이해할 수 있다(표 2-1). 대형할인점의 산지직구입비율은 1999년의 과일 35.4%, 채소 21.9%에서 2005년에는 과일 61.3%, 채소 51.3%로 상승한 것으로 추정된다.[2]

1.5. 공급망관리체계(SCM)의 도입

SCM(supply chain management)은 유통경로상 다른 기업 간에 정보를 매개로 협력시스템을 구축하여 유통효율성을 높이는 물류기법이다. 구체적인 SCM기법으로는 VMI(vendor managed inventory), CM(category management), CMI(co-managed inventory), CPFR(collaborate planning, forecasting, and replenishment) 등이 있다. 여기서 VMI는 유통업자가 제공한 판매정보를 활용하여 공급자가 재고관리를 수행하는 것을 의미하고, CM은 유통업자와 공급업자가 상호 협력하여 재고관리를 하는 것을 의미한다. CM, CPFR은 단순한 재고관리분야뿐 아니라 상품개발, 진열, 재고보충, 수요예측 등에서 광범위한 협력체계를 구축하는 것을 의미한다. 다시 말해, SCM에서는 정보교환을 전제로 공급자가 재고관리를

[2] 이 글에서의 산지직거래는 산지유통조직과의 거래뿐 아니라 벤더업체, 수집상인 등과의 거래를 포함한 광의의 개념이다.

하거나 공급자 · 소매업자가 다방면에 걸쳐 협력하는 시스템의 구축을 추구하는 것이다.

농식품산업에서 SCM은 ECR(efficient consumer response)이라는 개념으로 1990년대 초반부터 미국에서 도입되기 시작하였다. 농식품 유통에 SCM이 도입되면 소비지 유통업체, 도매업체, 산지조직 간 정보네트워크가 구축됨으로써 결품이나 과다재고 문제를 해결하여 유통비용을 절감하고 수급안정을 도모할 수 있다. 그러나 SCM이 성공하려면 소비지 유통업체와 산지 간에 장기적 · 전속적 거래관계가 형성되고, 농산물 상품코드를 국가적으로 통일시키는 것이 필요하다.

2. 산지유통의 현실

2.1. 공동출하체계 미흡

최근 들어 농협, 영농조합법인 등 산지유통조직이 성장하고 있으나 상당수의 품목에서 산지수집상의 역할이 크고 공동출하의 경우에도 단순수탁의 비중이 큰 편이다. 특히, 무 · 배추와 같은 채소류는 공동출하체계가 구축되어 있지 않고 수집상에 의한 밭떼기 거래가 여전히 거래의 대부분을 차지하고 있다. 과일의 경우 공동출하 비중이 높은 편이나 개인이 출하권을 가지고 출하처, 출하시기 등을 결정하고 있으며, 농협은 단지 공동수송과 정산 등 제한된 기능만을 수행하고 있다. 다시 말해, 농산물 산지유통에 있어서 실질적인 공동출하체계가 구축되어 있지 않다고 할 수 있다.

아울러 농협, 영농법인 등 산지유통조직이 영세하여 실질적인 산지유통조직으로서 역할이 미흡하다. 2006년 말 현재 기초조직으로 작목반 16,950, 영농조합법인 4,298, 농업회사법인 967개소가 운영중이며, 농협은 지역농협 1,088, 품목농협 218, 총 1,306개로 일본의 872개(2006)보다 1.5배나 많은 수준이다.

농협의 경우 독립채산제 등 경영체로서의 성격이 미흡하고 제한된 유통활동을 수행하고 있다. 판매사업을 비즈니스적인 관점에서 보지 않고 환원사업적인 시각을 가지고 있다. 농협이 청과물시장에서 40% 정도를 차지하고 있으나 이는 단순수탁 위주로 실질적인 산지유통주체로 보기 어렵다.

영농조합법인은 유명무실한 경우가 많고 농업회사법인은 과거 위탁영농회사의 영업방식을 고수하고 있어 유통전문조직으로서의 기능이 미흡하다. 영농법인과 농업회사법인은 명목적으로 조합원, 주주를 구성하지만 실질적으로는 개인에 의해 경영이 지배되는 경우가 많다. 특히, 유통에 종사하는 영농법인은 상인이 법인형태로 운영하는 경우가 많아 생산자주도형 경영체로 보기 어려우며, 지역 내의 농협과 역할분담이 이루어지지 않고 경합되는 경우가 많다. 아울러 농업법인들은 매취 위주의 사업방식으로 인해 유통환경 변화에 따른 위험에 노출되는 경우가 많다.

최근 일부 시 · 군에서는 농협, 영농법인의 한계를 인식하여 시 · 군 주도로 제3섹터 주식회사 또는 공사형태의 유통조직을 설립하고 있으나, 업무전문성이 떨어져 운영이 부실화되고 있다.

2.2. 품질규격과 가격불안정의 문제

농축산물은 기본적으로 표준화가 되어 있지 않아 소비자들이 직접 상품을 확인하고 구매할 수밖에 없으므로 거래의 효율성이 떨어지고, 견본거래, 전자상거래와 같은 효율적인 거래방식이 도입되기 어렵다. 이 때문에 정부에서는 표준출하규격 등을 통해 객관적인 품질규격의 준수를 촉진하고 있으나 유통현장에서의 적용이 미흡한 편이다. 아직 실질적인 공동출하체계가 구축되지 않아 개별 농가들이 농산물을 선별하여 출하하고 있으며, 정부에서 정한 표준출하규격이 제대로 지켜지지 않는 문제점을 보이고 있다.

정부가 계약재배와 최저보장가격제도를 핵심으로 하는 수급안정사업을 추진하고 있으나 여전히 수급불안정이 지속되고 있다. 무, 배추, 양파, 고추, 마늘과 같은 노지채소류는 아직도 주기적으로 가격이 폭등과 폭락을 반복하고 있다. 농가에게서 농산물가격의 불안정은 소득불안정으로 이어지기 때문에 효과적인 가격안정대책이 마련되어야 한다.

정부가 추진하고 있는 수급안정사업의 경우 취급물량이 적어 실제적인 가격안정화 효과가 미진한 상태이다. 무, 배추, 양파와 같은 수급안정사업 대상품목의 계약재배 참여율은 10%대에 불과하다. 아울러 수급안정사업에서 추진하고 있는 계약재배방식이 실질적으로는 사후 정산시스템으로 되어 있어 가격안정화 효과가 미흡하다.

2.3. 산지유통센터의 운영 미숙

산지유통센터(APC)는 농산물의 수집 · 세척 · 선별 · 저장 · 포장 · 출하 등을 수행하는 산지유통의 핵심 시설로 정부가 2006년까지 253개소를 지원하였다. APC의 농산물취급량은 10대 원예농산물의 경우 16.6% 수준이나, 가동일수가 낮고 수익성이 떨어지며 수확 후 관리체계가 제대로 구축되어 있지 않다.

특히, 2006년 가동을 시작한 거점APC 중 일부는 물량확보가 안 되어 가동 초년도에 엄청난 적자로 사업의 필요성에 대한 근본적 검토가 제기되고 있다. 거점APC는 대규모의 투자가 이루어지기 때문에 운영부실시 손실규모가 크고, 적자시 운영주체뿐 아니라 지자체에도 부담이 된다.

거점APC는 원물조달, 운영주체 경영능력, 기계설비 관리체계 미흡 등의 문제점을 보이고 있다. 특히, 시 · 군단위 이상의 광역원물조달 기반이 구축되지 못하여 원물확보가 곤란하며, 제3섹터 주식회사, 농협 공동사업법인 등 운영주체의 경영능력이 미흡하다. 운영 측면에서는 기계설비에 대한 과다투자, 관리체계 미흡으로 투입비용 대비 편익이 낮으며, 관내의 소형 APC 및 선과장 등 기존 시설과 기능이 중복되고 차별성이 없는 문제점을 보이고 있다.

2.4. 농산물 브랜드의 난립

농산물의 경우 영세 브랜드가 난립되어 경쟁이 치열하고 인지도가 낮은 문제점을 보이고 있다. 2006년 말 현재 농축산물의 전체 브랜드수는

6,552개이며, 그 중 원예농산물 브랜드의 수는 2,443개이다. 품목별 원예브랜드수는 과실 889개, 과채류 811개, 채소류 319개, 화훼류 53개, 특작류 361개이다.

아울러 브랜드도 영세 산지유통조직별로 부착되고 있어 광역브랜드의 육성대책이 미흡하다. 광역브랜드의 경우 브랜드 참여자 간 품질 표준화가 미흡하고 품질관리가 되어 있지 않아 광역브랜드 육성이 곤란하다. 브랜드 개발전략도 브랜드 네이밍과 포장디자인 등 외형적 브랜드전략 위주로 되어 있어 홍보 · 판촉 등 종합적 브랜드전략과 물량의 안정적인 공급체계가 미흡하다.

2.5. 유통조직으로서의 농협의 한계

농협의 유통사업은 출하권을 확보하지 못하고 공동수송에 불과한 단순 수탁업무에 종사하여 부가가치 창출이 미흡한 문제점을 보이고 있다. 구조적으로는 조합장 직선제, 1인1표주의 등의 협동조합적 통치구조(governance structure)를 가지고 있어 기업적 경영에 한계가 있으며, 대부분의 협동조합이 읍면단위로 조직되어 규모가 영세하고, 품목 및 출하시기가 제한되고 있다.

아울러 농협이 초기단계에 관주도 하향식으로 조직화되어 조합원의 주인의식과 참여도가 미흡하다. 또한 조합 직원의 경영마인드가 부족하고 신용사업, 경제사업 간 순환보직제도로 경영의 전문성이 미흡하다.

2.6. 연합마케팅체계의 파행

농협은 회원조합규모의 영세성을 극복하고자 2개 이상의 농협이 공동으로 판매를 추진하는 연합마케팅사업을 추진하고 있다. 농협의 연합마케팅사업은 중앙회 시 · 군지부에 의한 연합판매사업과 조합공동사업법인에 의해 2중적으로 추진되고 있다.

중앙회 주도형 연합마케팅의 경우 농협중앙회가 사업의 기획 · 관리뿐 아니라 운용자금 지원 및 손실을 부담하고 있으나, 단순 알선판매 위주의 사업으로 부가가치 창출을 위한 다양한 사업모델이 개발되지 않아 경영체로서 수익기반이 구축되어 있지 않다. 아울러 실질적으로는 회원조합이 독자적으로 출하하고 중앙회 연합사업단이 관여하지 않았으나 연합사업단의 실적으로 기표하는 경우도 종종 있다.

조합공동사업법인은 농협법에 의해 조합 간 공동출자를 통해 설립된 법인으로서 조합 간 연합사업을 효율적으로 추진하는 것을 목적으로 하고 있다. 정부는 농협이 정부의 지원을 받는 경우 조합공동사업법인 설립을 강력히 요구하고 있다. 따라서 현재 공동마케팅조직 등으로 정부의 지원을 받고 있는 농협 연합사업단은 법인화를 요구받고 있어 대부분 조합공동사업법인으로 전환되고 있는 중이다.

조합공동사업법인이 설립되고 있으나 조합공동사업법인의 기능과 역할이 명확히 정립되지 않고 있어 수수료 청구 등 수익확보에 어려움이 있다. 현재 알선판매 위주로는 수수료를 1% 이상 징수하기 어려워 수익확보가 매우 어려운 실정이다. 아울러 조합공동사업법인이 설립되면 회원조합의 판매사업 인력과 비용이 감축되는 등 비용절감효과가 있어야 하나, 실질적으로는 회원조합 판매사업이 그대로 유지된 상태에서 조합공동사업법인이 설립되어 옥상옥의 구조를 가지게 되므로 비용절감효과가 크지 않다.

3. 산지유통 이렇게 바뀌어야 한다

3.1. 기본 방향

앞으로 농산물과 가공식품을 분리해서 접근할 것이 아니라 양자를 통합하여 접근할 필요가 있다. 농산물의 부가가치를 높이기 위해서는 산지에서 다양하게 세척 · 가공 · 처리될 필요가 있으며, 이러한 관점에서 볼 때 농산물과 식품이 혼합된 개념으로서 농식품 유통전략이 필요하다. 특히, 산지유통센터는 단순한 선별 · 포장기능을 넘어서 부가가치를 창출하기 위해 다양한 세척 · 가공(minimal processing) · 처리 · 상품화 기능이 추가되어야 한다.

현재 정부는 자금지원 위주로 산지유통 주체를 육성하고 있으나 각종 제도개혁이 뒷받침되지 못해 그 효과가 미진한 문제점을 보이고 있다. 앞으로 농산물 유통을 개선하고 대형유통업체에 대한 대응력을 갖기 위해서는 규모화된 산지유통 주체의 육성이 필요하다. 이를 위해서는 운영자금 위주의 산지유통정책에서 벗어나 농협, 영농조합법인 등이 실질적인 산지유통 주체가 될 수 있도록 각종 제도개혁과 육성방안의 모색이 필요하다. 특히, 농협은 협동조합의 한계를 극복하는 방향에서 다양한 제도개선이 필요하다.

아울러 농산물유통의 기본적인 어려움인 품질규격화, 표준화 등과 수급안정 등에 있어서 정부의 역할이 강화되어야 할 것이다.

3.2. 산지유통 관련정책의 통합 및 연계

현재 농림부에서 추진하고 있는 산지유통 전문조직(공동마케팅조직 포함) 육성사업, 브랜드사업 등의 주관부서가 서로 달라 정책이 효율적으로 추진되지 못하므로 사업 간 연계추진이 필요하다. 요컨대, 현재 산지유통 전문조직 육성사업과 FTA기금사업, 원예브랜드 육성사업이 독자적으로 추진되고 있으나 통합적으로 추진될 필요가 있다.

FTA 과수기금사업 및 원예브랜드화 사업도 지역클러스터사업, 신활력사업 등과 일부 중복되는바, 이들 사업과의 연계추진도 필요하다. 지역클러스터사업은 특화품목에 대해 산관학 연계 발전시스템을 구축하는 것이고, 신활력사업은 낙후지역 발전을 위해 특화품목을 중심으로 지원하는 사업이나 실제로는 이 사업에서 대상으로 하는 품목이 FTA 과수기금사업과 원예브랜드사업 품목과 중복되어 정부지원의 효율성이 떨어지는 문제점이 있다.

자금 측면에서는 산지유통 전문조직 육성에 투입되는 유통활성화 자금과 수급안정사업 자금의 통합관리가 필요하다. 정부는 채소 및 과일의 수급안정사업에 농안기금을 투입하여 농협, 영농조합법인으로 하여금 계약재배사업에 참여하도록 하고 있으나 가격안정화 효과가 크지 않은 것으로 평가되고 있다. 앞으로 가격안정화는 정부가 주도하는 것보다는 산지유통 전문조직 등 생산자 스스로가 노력을 기울이는 것이 바람직하다. 농산물의 가격안정화는 참여조합의 판매능력에 의해 크게 영향을 받고 있어 수급안정사업도 산지유통 전문조직 육성이라는 관점에서 접근되고, 양 자금을 통합관리하여 자금집행의 효율성을 기하는 것이 바람직하다.

유통시설 측면에서는 산지유통센터를 중심으로 산지유통시설의 통합관리시스템이 필요하다. 현재 산지유통센터와 유사한 시설들이 신활력사업, 원예브랜드사업 및 기타 사업에서 지원되고 있어 중복지원의 가능성이 크다. 아울러 현재 실질적으로 산지유통센터 기능을 하는 시설을 파악하여 통합관리함으로써 산지유통시설 관리의 효율성을 높일 필요가 있다.

아울러 현재 과수 및 채소별로 추진되고 있는 브랜드사업은 별도로 추진하지 말고 산지유통 전문조직 육성사업의 일환으로 추진하는 것이 바람직하다. 원예브랜드사업은 브랜드경영체가 사업을 위해 급조되는 경향이 있고 농가조직화가 되어 있지 않은 경우가 많아 정부지원 종료 후 유명무실하게 될 우려가 있다. 따라서 브랜드사업은 조직화, 즉 유통조직 육성이 선행되어야 하며, 유통전문조직에 의해 브랜드화가 자연스럽게 추진되도록 해야 한다. 광역브랜드사업도 공동마케팅조직과 같은 광역조직이 추진하도록 하는 것이 바람직하다.

3.3. 다양한 제도개혁에 의한 산지유통조직 육성

산지유통조직을 효과적으로 육성하기 위해서는 다양한 제도개혁이 수반되어야 한다. 특히, 농협이 생산 · 유통을 통합한 유통전문조직으로 활성화되기 위해서는 기본적으로 과거 전통적 협동조합 모델에서 시장지향적인 모델로의 전환이 필요하다. 전업농과 소규모 겸업농으로 양극화되는 추세에서 1인1표제 등 전통적 협동조합 모델을 재검토하고, 과거 평등성 위주에서 효율성을 중시하는 사업모델로 전환할 필요가 있다. 미국, 유럽 등 선진국에서는 협동조합의 장기적 생존전략으로서 사업전략을 생산지향에서 시장지향으로 전환하고, 조직구조를 전통모형에서 기업모형으로 전환하는 것이 불가피하다고 판단하고 있다. 구체적으로 서구 농협에서는 비조합원에게 제한적으로 출자를 허용하고, 개별 조합원의 사업이용실적 또는 출자액에 비례하여 의결권을 차등화하는 비례투표제를 채택하며, 전문경영인의 결정권을 중시하는 방향으로 변화하고 있다. 아울러 현재 선출직 조합장의 전횡을 감시 · 감독할 이사회의 기능이 취약하므로, 이사들의 업무능력과 감독기능을 강화시킬 필요가 있다. 그러나 최근 이사들이 조합 전체의 장기적 이익보다는 자신들의 단기적 이해관계를 중시하는 경향이 있어 사외이사제 등을 통해 이사들의 편협성을 극복하고 전문성을 높일 필요가 있다.

협동조합의 제도개혁과 더불어 농협의 경제사업을 기존 종합농협체제에서 분리하여 효율성과 전문성을 높일 필요가 있다. 현재의 영세한 읍 · 면단위 지역조합 구조에서는 기본적으로 농산물 판매사업 및 자재공급사업을 조합공동사업법인 형태로 분리하여 기존 농협의 한계를 극복하고 규모화를 도모할 필요가 있다.

아울러 경제사업을 활성화시키기 위해서는 신용사업과의 겸영체제에서 오는 한계를 극복하는 것도 필요하다. 신용부문에 준하는 채권관리규징 등을 경제사업에 적합하도록 개선하고, 순환보직제 등을 지양하여 유통사업의 전문인력을 양성해야 한다. 특히, 유통전문인력에 대해서는 성과급제도와 특진제도 등을 도입하여 사기를 앙양하고 전문

교육을 강화시켜야 한다.

협동조합 경제사업을 활성화시키기 위해서는 조합원 및 임직원에 대한 교육이 중요하다. 그 이유는 협동조합이 일반기업과 다른 조직구조와 사업방식을 가지고 있어, 이에 대한 깊은 이해가 사업성공에 중요하기 때문이다. 북유럽에서는 교육 없는 협동조합은 1세대 이상 유지되기 어렵다는 생각하에 조합원 교육과 자라나는 신세대에 다양한 협동조합 교육을 시키고 있다. 특히, 협동조합이 규모화되고 사업부문이 다양화될수록 교육과 의사소통이 중요해진다. 교육의 중요성에도 불구하고 우리나라 농협의 조합원 교육은 영농교육 및 정신교육에 그치고 있어 협동조합 이념과 사업방식에 대한 교육을 더욱 강화시켜야 할 것이다. 특히, 협동조합 판매사업이 성공하기 위해서는 무엇보다도 공동계산제의 정착이 중요하며, 이를 위한 작목반 교육이 강화되어야 한다.

3.4. 효과적인 연합마케팅체계 구축

조합 간 연합마케팅사업에서 핵심 과제는 사업모델을 정립하여 수익성을 확보하는 것이며, 이를 위해서는 효과적인 품질관리체계를 구축하고 부가가치 창출방안을 모색하는 것이 필수적이다. 조합 간 연합마케팅이 성공하기 위해서는 먼저 참여조합의 무임승차문제를 해결하기 위한 방안이 필요하다. 미국 선키스트(Sunkist)의 경우도 패킹하우스 간 품질경쟁을 도모하기 위해 전체 상품이 선키스트연합회 명의로 출하되지만 개별 패킹하우스가 유통업체를 상대로 상품설명 및 판촉활동을 하는 것을 허용한다. 단, 가격교섭력을 높이기 위해 개별 패킹하우스가 소비지 거래처와 가격협상을 하지 못하도록 금지하고 있다.

아울러 조합 간 연합마케팅을 추진하는 조합공동사업법인의 경우 현금출자를 확대하여 출자금의 유동성을 높이고 회전출자제도를 도입하여 자기자본 조달능력을 높이며, 사업이용량과 출자규모에 따라 차등의결권을 인정하는 방향에서 지배구조를 개선할 필요가 있다.

조합공동사업법인의 연합마케팅은 참여조합의 구매 · 판매 · 마케팅 등 제반 경제사업 업무를 대행하고 브랜드를 통합하는 연합회방식과, 브랜드는 개별 조합별로 추진하고 단지 홍보 · 판촉 등 마케팅기능만 통합하는 공동교섭기구(marketing agency in common)형 등 다양한 사업모델을 개발할 필요가 있다(그림 2-1, 2-2). 연합회방식의 경우 단순 알선판매 이상의 부가가치 창출적 사업모델의 개발이 필요하며, 구체적으로 단순가공품, 신선편이 농산물 등의 개발이 필요하다.

현재 조합공동사업법인 위주로 추진되고 있는 연합마케팅 및 출하의 규모화는 장기적으로는 조합 간 합병을 통해 달성하는 것이 바람직하다. 그러나 조합이 합병되더라도 지역조합은 신용 · 공제 · 경제 · 복

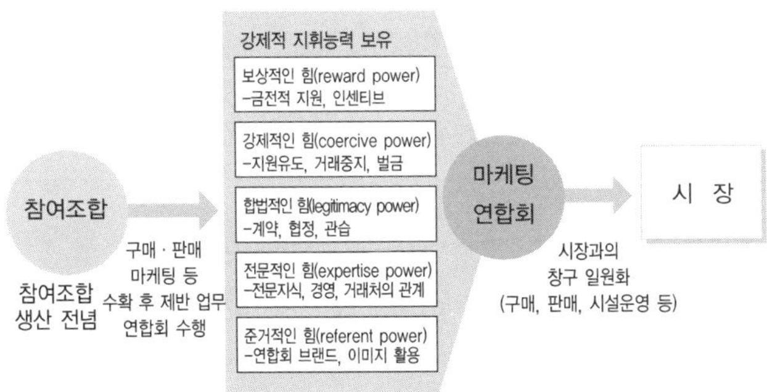

그림 2-1 연합회형 사업모델

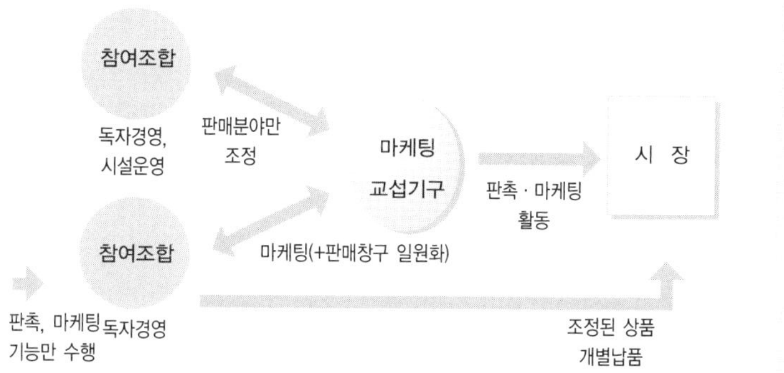

그림 2-2 마케팅교섭기구형 사업모델

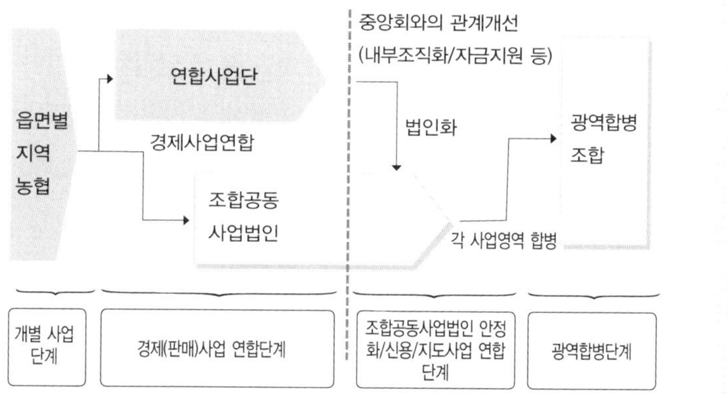

그림 2-3 산지농협의 발전방안

지사업 등이 복합화되어 유통사업의 전문성 문제가 여전히 대두될 것이다. 지역농협이 광역으로 합병되는 경우 광역합병조합은 조합원에

표 2-2 농업 계통조직 간 역할분담방안

구 분	역할 및 기능
작 목 반	• 생산기능에 치중
회원조합	• 물적 기능 및 상품화 기능(수확 후 관리, 물류표준화, 신상품 개발, 상품출하, 유통정보, 정산관리 등)
연합사업단/조합공동사업법인	• 판매기능 수행(판매처 개발, 판촉, 브랜드화, 유통정보, 연구개발, 판매
전국연합회	• 전국 차원의 소비촉진, 광고, 연구개발, 수급조절, 유통정보 수집 및 제공

대한 종합서비스기능을 유지하고, 유통사업은 자회사 형식 등으로 분리시켜 전문화시키는 것이 바람직하다.

조합 간 연합마케팅과 더불어 품목별로 전국적인 마케팅활동을 수행하고 자율적인 수급조절을 도모하기 위해서는 전국단위 생산자조직의 육성이 필요하다. 현재 농협법상에 전문조합 연합회를 결성할 수 있게 되어 있으나, 대상이 전문조합으로 한정되어 물량점유비가 낮고 효과적인 마케팅 및 수급조절기능을 수행하지 못하는 문제점이 있으므로 지역조합도 품목 전국연합회에 참여할 수 있도록 제도개선이 필요하다. 전국단위 생산자조직은 자조금제도를 활용하여 품목 전체의 소비촉진(무상표촉진, generic promotion), 연구개발, 수급조절 등을 추진해야 한다.

전국단위 조직이 결성되면 농협은 작목반, 회원조합, 연합사업단/조합공동사업법인, 전국연합회로 계열화되면서 표 2-2와 같이 역할을 분담하는 것이 바람직하다.

3.5. 산지유통센터의 운영개선

산지유통센터가 농산물유통의 중추적인 역할을 수행하기 위해서는 산지유통센터가 다양한 부가가치를 창출함으로써 생산자의 이용도를 높여야 한다. 산지유통센터가 유통의 필수시설이기는 하나 우리와 같은 소규모 다품목 경작체제에서는 생산자들이 자가노동력을 활용하여 선별 · 포장하는 경우가 많아 APC가 오히려 비용상승의 요인이 되기도 한다. 이 때문에 APC가 차별적 운영을 통해 농가수취가격을 올려 주지 않으면 생산자들은 이용을 기피하게 된다.

산지유통센터 운영이 활성화되기 위해서는 원물조달(산지조직화), 운영, 마케팅 등에서 개선이 필요하다. 성공하는 산지유통센터들은 CEO 및 임직원의 뛰어난 능력, 조합원의 책임의식, 객관적인 품질관리시스템 구축, 고품질 원물생산기반 구축, 적절한 시설 및 수확 후 관리기술 활용에 의한 상품화, 연중 가동체계 구축, 효과적인 홍보, 판촉활동, 차별화된 판로개발 등의 공통점을 가지고 있다.

생산자 조직화 전략으로는 먼저 APC 참여 생산자를 회원제로 하고

선키스트조합의 협약사례

- 매년 10월 1~10일까지 조합원과 협약을 체결한다.
- 가입 · 탈퇴는 자유이나 엄격한 계약조건을 준수해야 한다.
- 협약서에는 주소, 성명, 품종별 재배면적, 선키스트 정관준수, 회전출자금 납부 등을 명시한다.
- 조합원은 전 생산량을 조합에 양도할 의무를 지는 전속계약을 체결한다.
- 조합원이 계약을 준수하지 않으면 이사회 의결로 제명시킬 수 있다.
- 출하의무 위반뿐 아니라 규정된 품위를 위반한 경우도 제명사유가 된다.

출자를 유도하여 책임의식을 강화시킬 필요가 있다. 즉, 미국의 신세대 협동조합과 같이 출자한 회원에 대해서만 출하권을 부여하고, 출자증서의 양도 및 거래를 허용하며, 출하약속 위약시 패널티를 부과할 필요가 있다. 신세대협동조합(New Generation Coop.)이란 산물출하를 주로 하는 기존의 판매농협과는 달리 포장 · 가공 등의 새로운 부가가치를 창출하기 위해 나타난 새로운 형태의 협동조합이다. 1990년대 초반 노스다코다와 미네소타 지역에 가공사업 중심으로 새로운 형태의 농협으로 무의결우선주 발행, 출자와 출하권의 연계, 조합원 자격의 제한, 마케팅협약 등의 제도를 가지고 있다. 아울러 APC 운영주체와 회원 간에는 출자액, 대금지불방법(공동계산제), 납품, 검품 및 등급판정, 공제, 담보권, 위약시 패널티, 계약이행 등(예: 미국 판매협동조합 협약사례)을 협약해야 한다. 특히, 선진국 사례에서 특징적인 것은 조합과 조합원 간의 관계에 있어서 조합원의 책임을 강조한다는 점이다. 우리도 산지유통센터에서는 이용 조합원과 운영주체가 서로 강력한 책임의식으로 연계되어야 한다.

산지유통센터가 부가가치를 높이기 위해서는 엄격한 품질관리 시스템이 도입되어야 한다. 선진국의 사례와 같이 수확적기 판단, APC작업 스케줄 등을 고려할 때 수확작업을 APC에서 담당하는 것이 바람직하다. 아울러 생산자에 대한 지도기능을 강화시켜 균질한 품질의 원물이 생산되도록 유도해야 하며, 출하시에는 엄격한 검품(inspection)제도를 통해 품질관리를 강화해야 한다. 브랜드도 품질수준에 따라 계층적으로 관리하는 것이 바람직하다. 선키스트의 경우 상품은 Sunkist, 중하품은 SK라는 브랜드로 출하하여 브랜드 가치를 제고시키고 있다.

연합마케팅사업의 경우 무임승차문제를 완화시키고 참여조합 간 품질경쟁을 유도하기 위한 시스템 도입이 필요하다. 예를 들어, 연합사업단의 통합브랜드와 더불어 하위 브랜드로서 조합브랜드를 병기하는 것이 바람직하다. 선키스트의 경우 조합 간 경쟁을 유도하기 위해 통합브랜드와 더불어 개별 브랜드도 포장 박스에 부착하고 있다.

엄격한 품질관리를 위해서는 공동계산제(pooling)의 도입이 필수적이며, 성공적으로 공동계산제를 도입하기 위해서는 기존의 크기 이외에 품질등급 조정계수, 출하시기별 조정계수, 종합판정 조정계수 등 합리적인 정산기준의 개발이 필요하다.

운영효율화 측면에서는 취급품목의 다양화, 물류체계 개선, 전문인력 양성 등이 필요하다. 주품목 및 부품목을 시기별로 적절히 배치하여 시설조업도, 가동률 및 노동효율성을 제고시켜야 한다. 물류에서는 파렛트에 의한 ULS(unit load system, 단위화물화) 구축을 통해 물류비를 절감해야 한다. 또한 선별기, 포장기, 제함기, CA저장고, 저온저장고, 예냉고 등 다양한 장비를 운영하고 응급조치가 가능한 엔지니어는 물론 선별 · 포장 등 품질관리요원도 양성해야 한다.

상품화 측면에서는 적절한 수확 후 관리기술이 적용되고 신상품이 개발되어야 한다. 예냉, 예건, 저장, 선별 등 수확 후 관리기술을 적용하여 기본적인 상품화를 추진하고, 다양한 소포장 상품을 개발해야 한다. 그리고 세척, 박피, 다듬기, 절임 등 1차 전처리를 하고 채소 및 과일 샐러드, 모듬 쌈채소 등 신선편이상품의 개발로 부가가치를 창출한다. 아울러 GAP, 이력추적제 등을 통하여 안전농산물 생산체계를 확립해야 한다.

마케팅 측면에서는 전략적 마케팅계획의 수립, 유통경로의 다양화, 다양한 촉진활동이 필요하다. 소비자 기호에 바탕을 둔 시장지향적 마케팅과 지역별 · 소비자그룹별 세분시장 마케팅이 필요하다. 기존 대형유통업체, 도매시장뿐 아니라 학교급식, 외식, 수출 등으로 출하처를 다변화시키고 출하처별로 적합한 마케팅전략을 수행할 필요가 있다. 대중매체를 통한 광고 · 홍보는 물론 상품진열과 같은 VMD(visual merchandising)의 개선도 필요하다.

3.6. 인력양성 및 수확 후 관리기술의 개발 · 보급

산지유통 전문조직을 이끌어 갈 CEO와 전문인력 양성 프로그램이 필요하다. 특히, 농협 조합장 및 영농조합법인 대표들의 마케팅능력 향상을 위한 유통CEO 양성 프로그램이 필요하다.

현행 공인품질관리사제도를 등급화하여 품질관리뿐 아니라 마케팅관리도 담당할 수 있게 해야 한다. 즉, 2급은 원예학 및 수확 후 관리 등 품질관리 위주로 시험을 구성하여 선발하고, 1급은 2급 소지자 중 일정 기간 실무업무 종사 후 마케팅 위주로 시험을 구성하여 선발함으로써 단계별로 전문성을 높이는 것이 필요하다. 아울러 공인품질관리사 시험은 이론적인 능력보다 실무능력을 평가하는 데 주안점을 두어야 한다.

협동조합방식으로 산지유통체계를 구축하기 위해서는 산지유통조직별로 조직화를 위한 농가교육이 강화되어야 한다. 특히, 유통전문조직이 회원제 공동계산을 추진하기 위해서는 참여농가들이 시장상황에 따라 흔들리지 않게 교육을 통해 결집시키는 것이 필요하다. 따라서 현재 유통전문조직과 별개로 진행되고 있는 농가교육도 유통전문조직 단위로 추진되는 것이 바람직하다. 교육내용도 품질관리, 경영관리, 마케팅관리는 물론 공동계산제와 같은 협동조합적 사업방식도 포함되어야 한다.

산지유통센터가 부가가치를 창출하고 품질관리에 만전을 기하기 위해서는 예냉, 예건, 저온저장, 선별, 포장, 저온수송 등 수확 후 관리기술이 적용되어야 하나 우리나라에서는 아직 현장에 적용되는 수확 후 관리기술의 보급이 미흡하다. 따라서 산지유통센터 관리자를 대상으로 한 수확 후 관리기술 교육이 확대되고, 전문가를 활용한 수확 후 관리 현장자문단의 활동이 강화되어야 한다.

산지유통전문조직에 의한 자체 품질관리 이외에 정부에 의한 객관적 품질검사기능도 필요하다. 미국의 경우 검품제도(inspection)가 잘 발달되어 있는데, 산지유통센터에서 출하할 때 지자체 공무원들이 국가규격에 대한 검사업무를 수행하고 있다. 즉, 지자체 검사관들이 산지유통센터에 파견되어 출하되는 농산물의 등급을 판정하고, 이를 인증하는 제도이다. 산지에서의 농산물 검품은 지자체에서 수행하나 농무부의 기술지원을 받으며, 소비지에서는 농무부가 검품업무를 수행한다. 소비지에서의 검품업무는 매수자가 품위에 대해 이견을 가질 경우 제한적으로 수행된다. 산지 검품의 경우 일부 지자체는 자체 등급을 설정하여 특정 품위 이하의 농산물은 출하를 금지하는 등 품질관리에 만전을 기하고 있다.

우리의 경우 국가에서 정한 표준출하규격 및 등급이 있으나 생산자가 스스로 등급을 판정하고 있어 등급판정의 객관성이 미흡하여 소비자의 신뢰를 받지 못하는 문제점을 보이고 있다. 따라서 우리도 산지유통센터에서 지자체 검사관이 등급을 판정하고 이를 인증하는 제도의 도입이 필요하다. 검사관이 인증한 등급은 별도로 표시하도록 하여 소비자의 신뢰도를 높이고, 검사관이 인증하지 않은 경우 국가에서 정한 표준등급을 부착하지 못하도록 해야 한다.

참고문헌

김동환(2001), 「농산물 유통정책의 평가와 개선과제」, 『한국농업경제학회 하계학술대회 발표논문집』.

______(2003), 「선진국 연합마케팅 사례와 시사점」, (사)농식품신유통연구원 신유통토론회 자료집.

김동환 외(2002), 『농수산물 종합유통센터의 운영성과와 발전방안』, (사)농식품신유통연구회.

______(2006), 『청과물유통법 도입방안 연구』, (사)농식품신유통연구원.

______(2007), 「거점APC 운영활성화 방안」, (사)농식품신유통연구원 신유통토론회 자료집.

김정호 외(2000), 『농어촌구조개선사업백서』, 한국농촌경제연구원.

농림부(1998.5), 「농산물유통개혁 대책수립 참고자료집」.

______(1999.7), 「농산물유통개혁 세부실천계획」.

______(2000.7), 「농산물유통개혁 추진상황」.

______(2007), 「농산물유통개선 대책 마련을 위한 연찬회 자료」.

농수산물유통공사(2006), 『주요농산물유통실태』.

신기엽(2006), 「농협 경제사업의 비전과 과제」, 한국협동조합학회 2006년 추계학술대회 논문집, pp. 1~16.

임 훈(2002), 「글로벌 ECR/SCM 발전 방향과 구현 전략」, 한국유통학회

심포지엄 자료집.

정호근 외(2007), 「조합공동사업법인의 현황과 발전방안」, 『한국협동조합연구』 24권 2호, 199~222.

허길행 외(1997), 『21세기에 대응한 농수산물 유통개선대책 연구』, 한국농촌경제연구원.

Poirier, Charles C. and Michael J. Bauer(남호기 역)(2002), *e-SCM*, 시그마인사이트컴.

Produce Reporter Co.(1997), *The Blue Book*, April 1998.

Produce Reporter Co. 홈페이지(www.bluebookprco.com)

Chapter 3 농축산물 브랜드의 현재와 미래

박 영 범

1. 춤추는 브랜드
2. 농축산물 브랜드 발전현황
3. 농축산물 브랜드정책의 현황과 과제
4. 농축산물 브랜드정책의 방향
5. 브랜드 육성의 비전

1. 춤추는 브랜드

농산물은 상품이다. 생산의 시대에서 소비의 시대로 전환된 지금, 농산물은 먹거리가 아니라 선택하는 상품이 되었다. 선택받기 위한 산지의 노력이 강제되고 있다. 소비자로부터 선택권의 상당 부분을 위임받은 대형유통업체 바이어의 목소리가 커지고 급기야 대형유통업체 스스로 만든 브랜드(PB)가 생산자를 압도하기 시작하였다.

시장전성시대가 되면서 위축되고 있는 두 주체는 정부와 생산자이다. 정책으로 제어할 수 있는 부분이 점점 축소되고 있다. 생산자가 대등한 거래주체로서 시장에 참여할 수 있는 공간도 사라지고 있다. 놀랍도록 빠르게 농업의 주도권이 생산자와 정부로부터 소비자와 시장으로 넘어가고 있다. 아니 이미 넘어갔다.

개별 농민은 계열화된 생산자가 되어야 하는 상황에서 여전히 독자적인 시장대응을 고집하거나 무임승차를 원하고 있고, 산지의 규모화된 주체는 이제 겨우 걸음마를 하는 수준이다. 정책은 영향력이 급감하였음에도 도매시장의 잣대로 현재와 미래를 보고 있다.

먹거리와 공권력으로 소비자에게 다가가던 과거의 방식은 통하지 않는다. 신토불이와 물가안정은 옛이야기가 되고 있다. 전혀 다른 차원에서 신뢰의 전달수단인 브랜드가 성장하고 있다.

농축산물 브랜드 전성시대! 이제 농업과 농민, 그리고 농협이 작두날 위에 올라섰다. 시장의 공세에 대응하여 농민과 정부가 질서 있게 시장접점에서 물러나야 한다. 그 수순이 매우 중요하다. 물러나는 속도만큼 농협이 그 자리를 메우게 될 것이다. 생산자 농민이 시장에 대응하는 최소한의 자구책으로 조직화 · 계열화 주체로서의 정체성을 가진 농협이 전면에 나설 수밖에 없는 현실이다. 그렇지 않으면 생산자는 시장의 일방적인 요구를 수용하는 기업에 종속될 수밖에 없을 것이다.

멍석 위의 됫박쌀에서 RPC의 지대미로, 그리고 다시 햇반과 본죽으로 이어지는 소비패턴의 변화! 도매시장 거래활성화를 위한 규격박스, 포장센터, 작목반 공동출하의 개념에서 물량과 품질을 담보하는 산지유통센터와 브랜드마케팅 주체 개념으로의 전환! 이로써 생산과 유통 · 가공의 기능이 분리되고 생산은 브랜드 주체에 의해 계열화되고 있다.

전환기 정책인 산지유통 활성화 사업 이후, 정책은 개별 생산자 지원에서 산지유통 주체육성 지원으로 바뀌기 시작하였다. 다양성의 시대에 걸맞게 품목별 · 지역별 브랜드 발전을 촉진시키는 시책들이 쏟아졌고 모든 정책은 브랜드로 통하고 있다.

이제 교통정리가 필요하다. 품목별 · 부서별 · 지역별 이해관계에 따른 브랜드 육성이 아니라 종합적 시각에서 농축산물의 시장경쟁력을 향상시킬 브랜드 주체의 육성이 필요한 시기이다. 다시 말해, 시장분석, 상품기획, 홍보프로모션을 통합해 내는 브랜드 마케팅 경영체 육성이 필요하다.

2. 농축산물 브랜드 발전현황

2.1. 브랜드 등록현황

2005년 말 현재 농축산물 브랜드는 총 6,328개에 달하고 있다. 이 가운데 상표등록을 하여 활용가치가 있는 것은 2,216개로 35.0% 정도를 차지한다. 또한 공동브랜드가 1,416개 22.4%를 차지하고, 공동브랜드에서 등록비율이 높게 나타나고 있다(표 3-1, 3-2, 3-3).

표 3-1 농축산물 브랜드 현황(2005년 말 기준) (단위: 개, %)

구분	공동브랜드	개별 브랜드	계	비율
등록	844	1,372	2,216	35.0
미등록	572	3,540	4,112	65.0
계	1,416	4,912	6,328	100.0
비율	22.4	77.6	100.0	

자료: 농림부.

표 3-2 품목별 농축산물 브랜드 현황(2005년 말 기준) (단위: 개, %)

구분	식량작물	과실류	과채류	채소류	화훼류	축산물	임산물	특작류	농산가공	공통	기타	계
공동	500	179	172	56	9	122	30	53	100	159	36	1,416
개별	1,219	639	743	273	45	431	248	310	844	91	69	4,912
계	1,719	818	915	329	54	553	278	363	944	250	105	6,328
품목비율	27.2	12.9	14.5	5.2	0.9	8.7	4.4	5.7	14.9	4.0	1.7	100.0
공동비율	29.1	21.9	18.8	17.0	16.7	22.1	10.8	14.6	10.6	63.3	34.3	22.4

자료: 농림부.

표 3-3 품목별 농축산물 브랜드 현황(2005년 말 기준) (단위: 개, %)

구분	식량작물	과실류	과채류	채소류	화훼류	축산물	임산물	특작류	농산가공	공통	기타	계
등록	499	241	178	102	12	392	44	90	403	194	61	2,216
미등록	1,220	577	737	227	42	161	234	273	541	56	44	4,112
계	1,719	818	915	329	54	553	278	363	944	250	105	6,328
등록비율	29.0	29.5	19.5	31.0	22.2	70.9	15.8	24.8	42.7	77.6	58.1	35.0

자료: 농림부.

품목별로 보면, 품목공통 브랜드가 공동브랜드 비율이 높고 등록비율도 높게 나타나며, 식량작물, 과실류, 축산물이 그 다음으로 공동브랜드 비율과 등록비율이 높게 나타나고 있다. 특히, 축산물은 70.9%의 높은 등록률을 보이고 있어 다른 품목에 비해 브랜드를 활용한 마케팅이 고도화되어 있음을 간접적으로 확인할 수 있다.

2.2. 품목군별 브랜드 특성

품목별로 생산과 유통과정에 특수성이 있기 때문에 브랜드 육성과 관련된 이슈와 접근 관점에도 차이가 있다(표 3-4).

쌀은 시 · 군단위 RPC로 통합되는 것을 전제로 시 · 군단위 브랜드 마케팅 시스템으로 정착하는 일이 주요한 과제로 대두되고 있다.

과수는 더 복잡한 양상을 보이고 있는데, 다품목 브랜드로 확장하려는 전략과 전국단위의 품목 브랜드로 발전하려는 전략이 혼재되어 있다. 여기에 대규모 거점APC가 설치되면서 시 · 군단위를 넘어서는 광역브랜드가 가시화되어 가고 있다.

축산의 경우에는 양돈 · 양계분야에서 이미 계열화 시스템이 확립

표 3-4 품목별 브랜드관련 이슈

구문	쌀	과수	채소	축산
주체	• RPC(민간, 농협) • 시 · 군단위 통합 진행 중	• 공동마케팅조직(농협 연합 등) 강화 • 시설 APC 운영	• 농협, 작목반, 영농법인 등 다양	• 품목축협(양돈), 대규모 축협, 축협연합사업단(한우) • 민간 계열화 업체
브랜드 특성	• 소비자의 지역인지 • 지역(시 · 군) 브랜드 • 명품 유통 브랜드	• 유통 브랜드이나 최근 산지 브랜드 강화 • 지역명 탈피 경향	• 유통 브랜드로서 도매단계에서 브랜드 소멸	• 한우: 지역특성 • 돼지: 전국 브랜드화 • 표준화된 상품생산 관리기법 도입
최근 이슈	• 지역(시 · 군) 브랜드 무차별화 • 명품 유통 브랜드	• FTA 대응 • 대규모 거점APC	• 계절성 극복을 위한 릴레이 마케팅 • 신선편이 등 부가가치 확대 상품	• 안전성 확보 (HACCP, 이력추적) • 브랜드 경영체 집중 육성정책
브랜드 사례	• 이천 임금님표 쌀 • 여주 대왕님표 쌀 • 한눈에반한쌀 • 5℃이온쌀	• 햇사레복숭아 • 불로초/귤림원 • 싱아람 • 꿈엔들	• 맑은청 • 채미소 • 소양강오이 • 맛젤고구마	• 도드람포크 • 회성한우 • 대관령한우 • 젤란

되고 시장에서도 본격적인 브랜드 마케팅이 진행되고 있다. 한우부문은 대규모 광역브랜드로 육성하려는 전략과 소규모 지역 명품 브랜드로 발전하려는 전략이 중첩되면서 안전성과 시장장악력을 확보하기 위한 노력이 전개되고 있다.

채소류의 경우 브랜드수준이 다른 품목에 비해 낮고, 브랜드 육성 방향의 설정에도 어려움을 겪고 있다. 다만, 식자재 납품과 같이 대량 수요업체를 겨냥한 마케팅이 새로운 경향으로 등장하고, 저장성이 높거나 품질이 아주 높은 채소류의 경우는 산지특화 브랜드로 발전할 가능성을 모색하고 있는 것으로 판단된다.

2.3. 지역공동브랜드

주목해야 할 농축산물 브랜드화 경향 중 하나는 바로 '지역공동 브랜드'의 활성화이다. 초장기 지역 브랜드는 시 · 도 또는 시 · 군의 인증표지 개념(예: 강원도 '맑은 강원', 경기도 'G-마크' 등)으로 전개되었으나, 2000년대에 들어서면서 공동브랜드 개념으로 확산 · 발전되고 있다.

단순히 박스 도안, 포장, 규격을 통일하는 단계를 넘어 마케팅 창구의 통합, 공동브랜드 홍보 및 판촉은 물론 지역축제와의 결합으로 지역 이미지화까지 추구하는 단계로 발전하고 있다. 여러 품목을 운영함에 따라 마케팅 집중도가 저하되기 쉽고 이해관계자가 복잡하여 브랜드 관리체계를 구축하기가 쉽지 않다는 문제가 있지만 농협의 연합마케팅사업 및 정책지원(공동마케팅조직, FTA 기금지원사업 등)과 연계되면서 성공적인 지역공동 브랜드로 성장하는 사례도 다수 나타나고 있다.

2.4. 농축산물 브랜드 발전수준

축산물 브랜드의 경우는 전문기업 또는 생산자단체 주도로 브랜드화가 활발하게 진행되었지만, 대다수의 양곡 · 채소 브랜드는 브랜드로 인지되는 것이 아니라 단순한 포장용기 개발수준에 그치고 있다.

특히, 우수 브랜드에 대한 객관적 평가기준이 없고 차별성이 없는 유사 브랜드가 난립하는 가운데 지자체 · 생산자단체 간에 공동브랜드의 충돌현상까지 나타나고 있다.

(주)지역농업네트워크와 *The Buyer*지에 의해 2006년 6월부터 7월까지 243명의 농축산물 유통종사자를 대상으로 진행된 농축산물 브랜드

관련 조사결과는 많은 시사점을 준다.

조사결과 축산물 브랜드가 가장 발전하였으며, 브랜드화도 가장 필요하다고 인식하고 있다. 브랜드 발전 정도는 축산(3.4점), 양곡(3.4점), 과일(3.2점), 채소(2.6점)순이었고, 브랜드화 필요성도 축산(4.7점), 양곡(4.5점), 과일(4.5점), 채소(4.2점)의 순으로 나타났다. 다시 말해, '브랜드 발전 정도에 대한 인식'에 비해 '브랜드화의 필요성'에 대한 평균점수가 1점 이상 높게 나타나고 있으며, 특히 '채소'의 발전 정도와 필요성에 대한 괴리가 가장 심한 것으로 나타났다.

3. 농축산물 브랜드정책의 현황과 과제

3.1. 농축산물 브랜드정책 현황

산지 농축산물 유통정책의 흐름

산지 농축산물 유통정책은 다음과 같은 3단계의 성장 · 발전과정을 거쳐 발전하고 있다고 이해할 수 있다.

2000년 이전의 산지 농산물 유통정책은 '산지유통기반(하드웨어)의 확보와 안정적 수급'에 초점을 두고 있었다. 이러한 경향은 2000년 산지유통 활성화 사업(산지유통 전문조직 육성사업)과 산지축산물 생산 · 유통지원사업이 시작되면서 '산지유통 주체의 육성'으로 전환되었다. 2006년에 들어서면서부터 쌀, 축산, 원예 3분야의 브랜드 육성시책이 본격화되고 우수브랜드 육성대책이 발표되면서 산지 농산물 유통정책은 '브랜드 육성'의 시대로 접어들었다.

이러한 정책흐름은, 대형유통업체를 중심으로 대량 · 직납체계가 형성되고, 이에 대응한 대규모 산지출하 주체의 등장, 대규모 유통 · 가공시설(APC 및 RPC, LPC)의 건립에 따라 새로운 집출하 및 물류기반이 갖추어져 가는 변화상황을 반영하고 있는 것으로 평가할 수 있다.

브랜드 육성정책의 특징

쌀, 원예(과수, 양념채소), 축산 각 부문의 브랜드육성 지원사업의 특징적인 점을 살펴보면 다음과 같다.

첫째, 지역과 품목을 결합한 대량 · 통합 마케팅전략의 수립을 요구하고 있다. 사업시행을 희망하는 시장 · 군수는 중장기(5년 이상) 브랜드 육성계획을 수립하고, 전문가 및 지역 내 관련기관이 참여하는 위원회(쌀: 쌀브랜드육성협의회, 원예: 원예산업발전심의위원회 등)를 구성하도록 하고 있다. 단기적인 접근이 아니라 장기적인 시각에서 지역농산물을 브랜드화하고 주체를 육성할 수 있는 기반구축을 요구하고 있는 것이다.

둘째, 규모화된 브랜드 경영체를 전제로 하고 있다. 조합공동사업법인, 기타 연합판매주체(법인)를 브랜드 주체로 하여 계약재배에 의한 원물조달체계 구축, 유통시설의 집중, 마케팅창구 단일화를 추구하고 있다.

셋째, 브랜드 관리와 고품질 생산기반 확보, 운영지원을 포함한 패키지(package) 지원방식을 채택하고 있다. 브랜드 육성이 브랜드 개발과 홍보지원에 그치는 것이 아니라 지역농산물의 차별적인 생산시스템을 구축하고 유통기반과 홍보 · 판촉의 실행을 연계할 수 있는 종합적인 사업아이템을 실행할 수 있도록 지원하고 있는 것이다.

3.2. 브랜드 마케팅 주체를 둘러싼 이슈

농축산물 브랜드 마케팅 주체가 성장하게 된 계기는 역설적으로 시장환경이 극도로 악화되고 농산업 주체는 약화된 데 있다.

축산업부문에서는 축협의 부실로 인한 합병(도드람축협, 한국양계축협, 평창영월정선축협 등)과정에서 시 · 군의 범위를 뛰어넘는 전국적인 대규모 경영체가 등장하게 되었다. 한우의 경우에는 축협 간 연합사업 및 도단위 클러스터사업 등을 통해 광역브랜드사업단이 창설되면서 규모화의 수준이 지속적으로 확대되고 있다.

청과부문의 경우 대형유통업체가 성장하면서 브랜드 마케팅 추진을 위한 선결조건은 물량의 규모화이며, 면단위 이하의 출하조직으로는 충분한 시장교섭력을 발휘하기 어렵게 되었다. 이에 따라, 시 · 군단위 이상의 농협 간 연합마케팅과 대규모 유통형 영농조합법인들이 브랜드 주체로 성장하고 있다.

쌀의 경우에는 면단위 이상의 한계를 넘어서지 못하고 있으나, 최근에는 브랜드화 및 마케팅의 단위가 시 · 군단위로 확대되면서 통합 RPC를 중심으로 한 새로운 마케팅 시스템을 구축하는 시도들이 계속되고 있다.

특이한 점은 시장의 요구에 맞춘 규모화와 함께 임의의 협의체인 지역공동 브랜드체계에서 벗어나 법인화된 통합브랜드 마케팅 시스템을 갖추려는 노력도 다수 등장하고 있다는 점이다. 이러한 광범위한 브랜드 마케팅 주체의 성장 · 발전이 이루어지고 있는 상황에서도 주체를 둘러싼 다양한 논의와 이슈들이 불거지고 있으며, 이에 따른 상당한 혼란도 나타나고 있다. 주요 이슈들을 살펴보면 다음과 같다.

첫째, 지역과 품목의 범위를 둘러싼 논란이 있다. 현재 브랜드의 범위는 주로 시 · 군단위로 묶여 있다. 쌀이 대표적인 경우이며, 청과도 전통적인 지역 주산지를 중심으로 시 · 군단위의 브랜드화가 일반화되어 있다. 그러나 현실적으로는 대규모 농축산물 브랜드 주체의 경우 연중 공급과 상품구색을 위해 시 · 군단위를 뛰어 넘는 전국적인 물량조달체계를 갖추어 가고 있는 상황이다(예: 대관령원협, 순한한우, 논산수출물류, 농산무역 등). 지역단위의 다품목 마케팅 시스템을 강화시킬 것인지, 전국단위의 대규모 품목 마케팅 시스템을 강화시킬 것인지에 대한 방향설정이 불분명한 상황이다.

둘째, 대규모 마케팅조직이 대규모 산지유통시설을 보유해야 하는가에 대한 논란이 있다. 농축산물 상품화의 요구수준이 높아지고 있고, 대형유통업체가 선진화된 유통시설의 보유를 납품의 전제조건으로 삼고 있는 상황에서 산지유통시설을 갖추는 것이 시장경쟁력 확보의 절대적인 조건이 되고 있다.

그러나 FTA 기금지원사업으로 추진되고 있는 대규모 거점APC(시설 및 장비 100억~175억 원 투자)와 같은 시설을 마케팅조직이 반드시 갖추고 있어야 하는지에 대한 의문이 제기되고 있으며, 판매규모에 따른 적정한 시설규모는 어떻게 산정되어야 하는지에 대해 혼란이 일어나고 있다. 특히, 연합마케팅 추진조직의 경우 기존 조직이 보유하고 있는 산지유통시설을 활용하고 연합마케팅 조직은 순수한 마케팅기능만을 담당하는 방식으로 이해하기도 한다.

셋째, 마케팅법인 설립의 당위성과 기존 농축산물 유통주체 간 역할분담에 대한 논란이 있다. 법인화의 장점은 마케팅 주체가 명확하게 되어 농산물 출하와 마케팅의 창구가 통합된다는 점이다. 단점으로는 저마진구조인 농축산물 판매를 통해서는 자립경영을 달성하기 곤란하다는 점과 기존 산지출하 주체와 경합되어 비협조적 관계가 형성될 경우 오히려 혼란만 가중될 수 있다는 점 등이 지적되고 있다.

농축산물 브랜드 마케팅조직은 단일 주체나 기업이 확장 · 성장하면서 발전하기도 하지만 지역조직 간의 협력체(=연합마케팅 조직)를 구축하면서 성장하는 방식으로 전개되기도 하기 때문에 이러한 현상에 대한 해석과 전망이 필요한 시점이라고 할 수 있다. 브랜드 마케팅은 시 · 군단위 이상의 사업범위를 가진 대규모 조직이 수행하고 있으며, 이들 대규모 조직의 법인격, 조직형태 등에 따라 전혀 다른 이슈들이 등장하고 있다.

현재 시 · 군단위 이상의 대규모 브랜드 마케팅조직의 유형을 분류해서 살펴보면 표 3-4와 같다. 마케팅조직은 유형에 따라 ① 지역브랜드 마케팅조직, ② 품목전문 마케팅조직, ③ 축산물계열화 마케팅조직으로 크게 분류할 수 있으며, 법인형태별로는 ① 비법인 연합사업단, ② 조합공동사업법인, ③ 대규모 유통형 법인(영농조합법인, 농업회사법인), ④ 품목 · 전문 농축협, ⑤ 계열화 기업 등으로 분류할 수 있다.

법인격과 조직유형은 품목 · 지역의 특성에 따라 달라질 수 있기 때문에 어떠한 유형이 바람직하다고 결론 내릴 수는 없다. 그러나 대규모 브랜드 마케팅조직의 구성에서 중요한 점은 통합조직의 사업범위와 참여조직 간의 역할분담에 대한 명확한 '합의(合意)'가 선행되어야 한다는 점이다.

표 3-4 농축산물 브랜드 마케팅조직의 기본 유형 (단위: 개)

유형	사업범위		사업조직	사업인프라	사례
	지역	품목			
지역브랜드 마케팅조직	시군	다품목	조합공동사업법인	대규모 거점유통시설	안성마춤공동법인
	시군	다품목	농협연합사업단	대규모 거점유통시설	여주연합사업단
	시군	쌀	조합공동사업법인	대규모 거점RPC	정읍공동법인
품목전문 마케팅조직	광역	다품목	광역영농법인	중규모 시설운영	(주)논산수출물류
	광역	1~3개	조합공동사업법인	참여조직시설 계열화	햇사레공동법인
	광역	품목군	대규모 품목농협	대규모 거점유통시설	대관령원예농협
축산계열화 마케팅조직	광역	축산물	광역축협연합사업단	대규모 직영시설 계열화	평창축협/지리산순한한우
		1개축종	계열화 기업	대규모 직영시설 계열화	(주)하림

주: 쌀의 경우 유보적임. 현재 시·군단위의 시설(RPC)통합 개념으로 진행될 것이고, 그 이후에 시·군단위의 마케팅 통합으로 발전할 것으로 예상. 쌀 전문법인으로 성장할 것인지, 원예작물과 통합된 다품목 마케팅 시스템으로 성장할 것인지의 여부는 지역보유 자원과 지역 특유의 의사결정방식에 따라 차이가 있을 것으로 예상됨.

3.3. 농축산물 브랜드의 과제

경쟁전략(競爭戰略)적 사고

농축산물 브랜드화는 전면적인 '시장경쟁'에 참여하는 것을 의미한다. 산지명(産地名)이나 출하자를 표시하던 시대에는 전적으로 생산특성에 기인하는 요소만으로 경쟁하였으며, 도매시장을 중심으로 한 수급조절이 가장 중요한 과제가 되었다. 그러나 브랜드시대에는 상품기획, 홍보판촉, 사업시스템 등 마케팅관리 전반의 요소가 모두 경쟁의 요소로 등장하고 있다.

이러한 상황에서 브랜드 마케팅 주체의 전략적인 방향설정은 매우 중요한 의미를 가지고 있다. 브랜드 마케팅 주체가 채택할 수 있는 전략에는 다양한 패러다임이 존재하지만, 모든 전략수립에서 필요한 것은 '경쟁전략'의 관점을 유지해야 한다는 것이다. 농축산물 브랜드 마케팅은 지역 간 경쟁, 대체품목 간 경쟁, 출하시기 경쟁, 마케팅주체 간 경쟁, 브랜드 간 경쟁이 일상적으로 일어날 뿐만 아니라 글로벌 경쟁에도 노출되어 있다는 점을 고려하여 전략이 수립되어야 한다.

원물조달 시스템과 사업추진조직

일반기업에서의 마케팅조직은 사업추진조직이 중심이 된다. 그러나 농축산물 마케팅 시스템에서의 조직화는 ① 소규모 생산자로부터 원물을 조달하여 규모화 하는 농가조직, ② 상품을 다루고 실제 마케팅을 수행하는 사업조직, ③ 각종 정책적 지원과 마케팅에 필요한 품질관리기관 등을 담당하는 지원조직을 포함한다.

농가조직화는 원예품목의 경우 수탁판매 시스템에 의한 '공동선별, 공동계산'조직 육성방식이 확산되어 있으며, 축산의 경우에는 계열화 시스템에 의한 계약납품 · 위탁 농가육성방식 등으로 정형화되어 가고 있다(대관령한우, 하림 사례). 조직화는 결국 브랜드 마케팅 시스템에 참여하는 농가를 선별해 내는 것이고, 이를 통해 최종적인 마케팅 전략 실행의 기초가 되는 원물의 3화('균질화', '고품질화', '규모화')를 달성하도록 기반을 구축해 나가는 장치인 것이다.

차별화를 위한 도구

마케팅실무 시스템은 상품화 시설(APC 등)과 업무효율화를 위한 장비(전산시스템) 등 하드웨어와 함께 품질관리 매뉴얼 등 소프트웨어로 구성된다. 상품화 시설의 경우 브랜드 마케팅을 위한 규모화와 상품화에 절대적인 요소로 이해되고 있고, 더 나아가 시설운영의 효율화가 브랜드 경영체의 손익에 직접적으로 영향을 미치는 등 매우 중요한 요소로 인식되고 있다.

한편, 브랜드 간 경쟁이 심화되고 있는 상황에서는 실무시스템 중에서도 소프트웨어 측면을 정교화 · 차별화하는 것이 브랜드 마케팅 시스템의 중장기적인 경쟁력 확보에 결정적인 요소가 되는 것으로 판단된다. 특히, 품질관리와 관련된 사업체계의 구축은 시장에서 가장 절실하게 요구하는 분야이면서도 많은 투자와 관리를 필요로 한다는 점에서 다른 주체가 복제할 수 없는 핵심적인 차별화 요소가 되고 있다.

브랜드 마케팅조직의 미래과제로서는 ① GAP 및 HACCP 인증을 통한 안전 농축산물 유통, ② 생산단계로부터 시작하는 총괄적인 품질관리체계의 도입, ③ 상품의 안전성 · 균일성을 확보할 수 있는 유통시설 확보, ④ 사업의 영속성과 지속적 발전을 가능하게 하는 전문인력(man-power) 및 전문역량(know-how)의 확보와 육성이라고 할 수 있다.

3.4. 농축산물 파워 브랜드의 미래 과제

브랜드 마케팅 주체의 발전과제

농축산물 브랜드는 치열한 지역 간 경쟁, 그리고 글로벌 경쟁을 통해 성장 · 발전해야 하는 어려운 상황에 처해 있다.

기존의 소규모 브랜드(농가 및 작목반, 농협 등)에서 시 · 군단위 이상의 대규모 브랜드 마케팅으로 전환되는 과정에 있으며, 본격적인 브랜드 마케팅은 이제부터 시작되고 있는 상황으로 이해할 수 있다.

현재 성장하고 있는 대규모 브랜드 마케팅조직의 발전방향을 전제로 중장기적인 시야에서 브랜드경영의 발전방향을 전망한다면 다음과 같은 과제들을 설정할 수 있다.

① 원물조달범위의 확대: 지역 또는 품목에 기반한 현재의 브랜드 마케팅 주체도 일정 규모에 도달하게 되면 원물조달의 한계점에 도달할 것으로 예상되며, 이때 적극적인 원물조달범위의 확대노력이 필요할 것이다.

② 새로운 전략과 혁신: 규모확대와 함께 유통경로의 전략적 분산, 서브 브랜드 운영을 통한 브랜드 간 충돌 회피, 상품차별화 등 새로운 전략을 도입해야 한다. 차별성, 특이성을 보유하지 않은 브랜드는 중장기적인 경쟁력을 확보하기 어렵다.

③ 마케팅실무 시스템의 고도화: 전문인력 확보, 체계화된 품질관리, 유통인프라의 효율화와 상품생산력 확대 등이 더 고도화(高度化)된 방식으로 전개되어야 한다. 가장 대표적인 고도화의 영역은 농가DB, 이력추적을 포함하는 품질관리 시스템의 확립이라고 할 수 있다.

브랜드 마케팅 주체 간 협력

대규모 조직 간에 경쟁체계를 유지하면서도 산지에서 협력체계를 갖추어야 낭비요소를 극복해 낼 수 있다. 이미, 대규모 브랜드 마케팅조직 간의 협력은 다양한 방식으로 이루어지고 있다. 대형유통업체 직납품을 위해 채소류 및 과일류 품목주체 간의 협력으로 시차별 릴레이 마케팅이 이루어지고 있으며, FTA 기금지원 과수 거점APC 간에는 ERP 시스템을 통합 개발하여 활용하는 등이 사례로 제시될 수 있다.

지역 및 품목주체들 간의 협력은 '마케팅보드(Marketing Board)'체계로 발전할 수 있는 단초가 될 것으로 전망된다. 유통명령(제주감귤의 사례)을 통한 조정과 수출창구 단일화를 통한 해외시장 개척(뉴질랜드 제스프리 사례)과 같은 역할수행이 기대되는 것이다.

신선편이 농산물을 예로 들어 대규모 마케팅조직 간의 협력의 필요성을 설명하여 보면 다음과 같다. ① 전국 각 지역에 신규 시설이 투자되면서 경제 · 기술적 타당성, 운영표준의 확립, ② 다품목 · 특수품목에 대한 원료수급의 원활성, ③ 학교급식 등 신선편이 농산물 수급을 위한 제도적 기반의 마련, ④ 수도권 등 주요 수요처 집중에 따른 통합물류 추진 등 다양한 영역에서 조직 간 협력의 필요성이 나타나고 있다.

4. 농축산물 브랜드의 정책방향

4.1. 추진원칙

추진원칙 1: 브랜드 마케팅 주체 간 경쟁체제 확립

농축산물 브랜드의 성장 · 발전은 시장성과에 따라 결정된다. 정책은 우수 농축산물 브랜드 주체가 시장경쟁 속에서 생존하여 성장할 수 있는 기회를 제공하는 데에 초점을 두어야 한다.

- 브랜드 마케팅을 통해 성과를 창출하는 주체를 육성(선택과 집중의 원리)
- 브랜드 마케팅 주체 스스로의 필요에 의해 사업아이템 선정
- 브랜드 마케팅의 성과를 엄밀하게 검증할 수 있는 체계구축

전략과제 1	우수 브랜드 주체의 육성 • 품목별 마케팅조직 육성 • 지역협력체계의 강화
전략과제 2	브랜드 품질관리 시스템의 구축 • 마케팅조직의 품질관리 강화 • 국가적 품질관리 시스템 확보
전략과제 3	전략적 브랜드 커뮤니케이션 지원 • 소비지 협력, 상생(相生)구조 창출 • 농축산물 홍보 · 판촉도구의 수준 향상 • 지자체의 브랜드 커뮤니케이션전략 정립

추진원칙 2: 브랜드 마케팅 기반제공

브랜드 마케팅 시스템의 모든 요소를 개별 주체가 직접 준비해 나가기 위해서는 상당한 시간과 비용을 필요로 한다. 정책은 브랜드 마케팅 시스템이 신속하게 확립될 수 있는 기반을 제공해야 한다.

- 계획 · 조직 이외의 실무시스템은 정책적 지원을 통해 시간단축 가능
- 하드웨어(H/W)적인 지원과 소프트웨어(S/W)적인 지원 연계

4.2. 브랜드 마케팅 주체의 육성방향

브랜드 마케팅 주체의 형태

브랜드 마케팅 주체는 지역 또는 품목을 대표하면서 시장교섭력을 발휘하는 것을 전제로 하기 때문에 최소한 거래의 주체가 될 수 있는 사업단위를 갖추어야 한다. 다만, 그 형태는 지역 및 품목의 특성에 따라

선택적으로 적용될 수 있어야 한다. 브랜드 마케팅 주체로는 조합공동사업법인, 대규모 합병조합 및 품목조합, 대규모 영농법인 등이 포함된다. 그러나 단순한 협의체, 위원회 및 임시조직은 브랜드 육성정책의 대상이 되어서는 안 된다.

품목별 브랜드 마케팅 주체의 육성방향

단기적으로는 시 · 군 및 여러 시 · 군이 참여하는 지역 브랜드 마케팅 주체를 육성하는 것이 바람직하다. 브랜드 마케팅 시스템의 모든 요소들이 균형을 이루며 완비(完備)되지 않은 상황이기 때문에 밑에서부터 브랜드 마케팅의 기반을 다져 가는 것이 중요하기 때문이다. 그러나 중장기적으로는 전국적인 광역조직, 품목조직으로의 성장을 염두에 둔 브랜드 육성전략을 수립하여야 한다.

그러나 쌀의 경우에는 '지역 이미지'화와 연계된 고품질 · 차별화의 방향으로 발전될 것으로 예측된다. 쌀은 특히 시 · 군의 경계를 넘어서기 힘들 것으로 예상된다. 평야지의 경우 다른 시 · 군을 통합하면 감당하기 어려운 물량규모가 되고, 시장에서도 지역적 특성을 강하게 인식하고 있기 때문이다. 결국 쌀 브랜드화는 시 · 군지역을 기반으로 차별화된 품종, 생산 · 가공시스템을 통해 강력한 고품질화 · 차별화의 방향으로 전개되어야 할 것으로 판단된다.

채소의 경우에는 일정 권역을 형성하면서 지역거점 중심의 발전이 이루어지도록 하되 식자재 및 식품원료용 판매를 위한 시설지원, 원물 확보를 위한 지원으로 정책의 방향이 모아져야 한다. 즉, 소비자 브랜드보다는 유통 브랜드의 특성이 중요하게 부각되어야 하며, 이를 위한 사업추진 기반의 확보가 필요하다.

과수는 전국적 품목 브랜드와 지역 명품 브랜드가 복합적으로 발전할 가능성이 있다. 특히, 전통적인 주산지의 경우 지역 이미지와 결합된 브랜드화가 강력한 시장인지도를 바탕으로 성장할 수 있기 때문이다. 그러나 장기적으로는 국내시장에서 글로벌 경쟁이 축산물 다음으로 치열하게 전개될 부문이기 때문에 전국적인 브랜드 인지도를 갖춘 대규모 마케팅조직의 육성이 추진되어야 할 것이다.

축산물은 한우의 경우 지역의 범위를 도단위 수준으로 구상하여 브랜드 주체의 발전을 모색할 필요가 있으며, 양돈 · 양계의 경우 전국을 시장으로 하는 철저한 계열화 시스템의 구축을 중장기 발전의 방향으로 설정해야 한다.

4.3. 브랜드 육성정책 체계화 방안

브랜드 및 유통주체 육성정책

농축산물 '산지유통'정책은 주체 육성과 브랜드 육성으로 크게 구분할 수 있다. 산지유통 인프라 구축의 경우 집하장, 포장장비, 물류기기 등 소규모 지원 이외에는 주체 육성 및 브랜드 육성과 결합되어 이루어지고 있다. 특징을 살펴보면 다음과 같다.

첫째, 쌀과 축산의 경우 하드웨어, 소프트웨어를 포괄하여 브랜드 육성으로 정책체계가 통합되어 있으나, 원예부문의 경우에는 공동마케팅조직 및 산지유통 전문조직 육성 등 산지주체 육성정책과 품목별 브랜드 육성정책이 분리되어 추진되고 있다.

둘째, 2007년부터 청과(채소+과일)부문의 산지유통 활성화 사업이 기존 수급안정사업(노지채소계약재배사업, 시설채소약정출하사업, 과실수급안정사업)과 통합되어 운영되고 있다. 역량 있는 대규모 산지유통 주체를 중심으로 운영자금이 집중됨으로서 브랜드 육성정책의 체계화에 또 다른 변수가 될 것이다.

셋째, 품목별 브랜드 육성 및 마케팅주체 육성계획 수립의 주체가 시장 · 군수인 경우와 산지유통 주체인 경우로 양분되어 있다. 쌀, 원예, FTA 기금지원 자율사업(전국 계획 제외), 지역공동 브랜드 육성사업의 경우 시장 · 군수가 마케팅 주체 육성을 포함한 사업계획을 수립하여 선정되는 방식이지만, 공동마케팅조직, 과일 공동브랜드 육성 등의 사업은 마케팅조직이 사업계획을 수립하여 선정하도록 되어 있다.

브랜드 육성체계의 기본 구상

농축산물 브랜드 육성의 기본 목표는 "전략적 브랜드 마케팅 시스템의 구축"이며, 이것은 주체, 하드웨어, 소프트웨어를 포함하는 통합된 지원체계를 필요로 한다(그림 3-1).

기본 구상을 요약하면 ① 쌀, 축산, 청과(과수+채소)로 품목군을 구분하고, ② 주체선정, 운영지원, 소프트웨어, 하드웨어, 평가체계 등 5개 기능을 모두 포함하는 종합적인 브랜드 마케팅 시스템 구축지원 프로그램을 확립하며, ③ 지역 및 국가 차원의 브랜드 육성계획에 근거하여 '광역브랜드', '지역브랜드', '소규모 명품브랜드'로 구분하여 육성방향을 설정하여야 한다.

먼저 광역브랜드는 과수 및 축산물에 해당하는 것으로서 전국, 도, 수개 시 · 군 이상의 주산지를 포괄하는 광역 브랜드 마케팅 주체를 육성하여야 한다.

둘째, 지역 브랜드는 쌀, 과수, 채소, 축산물 등 모든 농축산물에

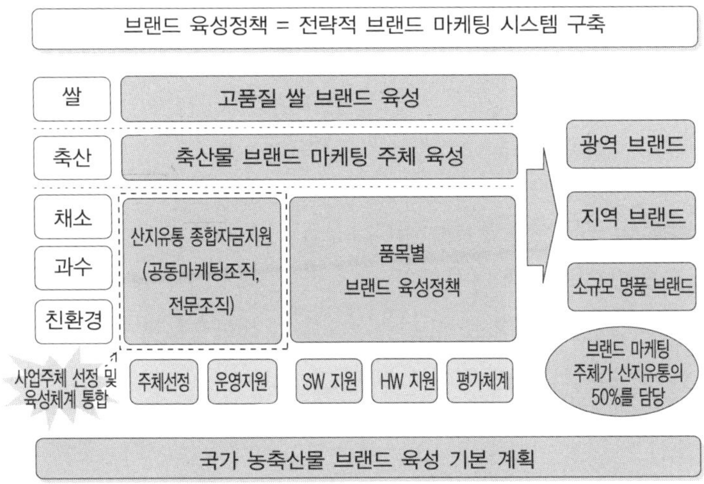

그림 3-1 농축산물 브랜드 육성체계 구상

해당되는데, 주산지의 차별성이 발휘될 수 있는 4~5가지 주요 품목을 시 · 군수준의 브랜드 주체를 육성하도록 한다.

셋째, 소규모 명품 브랜드는 특수한 품목을 고품질화하여 틈새 · 고정 출하처를 중심으로 마케팅을 수행하는 고부가가치형 브랜드 마케팅조직을 육성 · 지원한다. 단, 육성대상의 선택과 지원성과의 평가 기능은 중앙(농림수산식품부)에 둠으로써 육성대상 선택이 경쟁적으로 이루어지고 사업평가도 엄밀하게 이루어지도록 해야 한다.

5. 브랜드 육성의 비전

농축산물 브랜드 육성은 한국 농업의 생존(生存)을 위한 전면적인 농축산업 마케팅 시스템의 구축이다. 변화한 환경에 맞추어 산지가 소비자로부터 직접 신뢰를 확보하고 충성도를 획득함으로써 현재의 소득을 확보할 뿐만 아니라 미래의 존재가치도 획득해야 하는 것이다(그림 3-2).

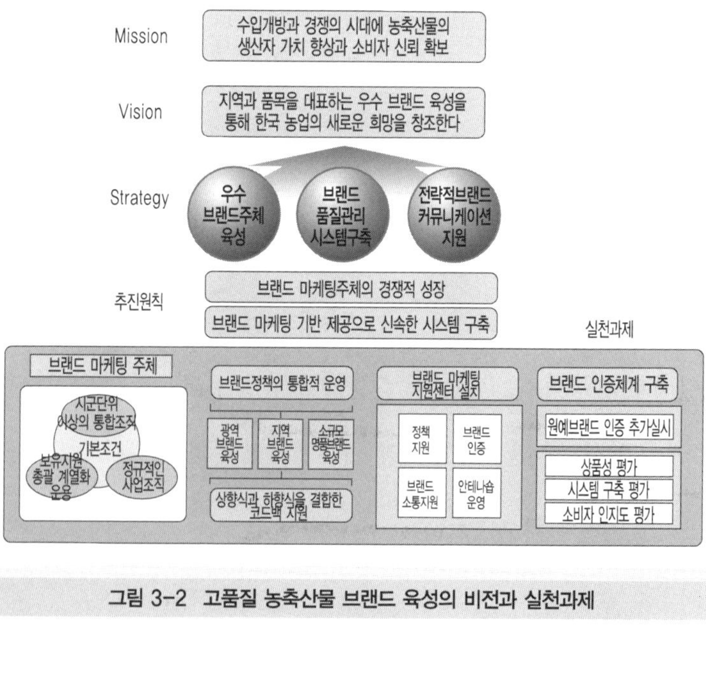

그림 3-2 고품질 농축산물 브랜드 육성의 비전과 실천과제

브랜드 육성정책은 미래에 경쟁력을 가지고 생존할 수 있는 우수 브랜드 마케팅 주체를 키워 내는 것이다. 단기간에 성패를 가늠할 수 없는 어려운 과제이기 때문에 브랜드 마케팅을 시행할 수 있는 기반을 만들어 내고, 독특하고 차별적인 사업추진의 노하우를 각 주체가 축적해 갈 수 있도록 지속적이고 일관된 지원체계를 만들어 내야 한다.

참고문헌

농림부 · 농수산물유통공사(2006), 『농산물 파워브랜드 마케팅 지침서』.

Chapter 4

농축산물 대중 브랜드를 위한 상품화 전략

1. 브랜드의 이해
2. 농축산물 대중 브랜드의 도입전략
3. 농축산물 대중 브랜드의 관리전략
4. 대중 브랜드가 성공하기 위하여

부록: 농축산물 브랜드에 대한 오해

1. 브랜드의 이해

브랜드의 의의

브랜드란 특정 상품 및 서비스를 소비자가 식별할 수 있도록 하며 경쟁자들의 것과 차별화하기 위하여 사용하는 독특한 이름과 상징물(로고, 디자인 등)의 결합체를 의미한다. 그러나 마케팅의 관점에서 볼 때 브랜드는 단순한 이름이 아니다. 브랜드는 판매자와 구매자 모두가 식별할 수 있는 것일 뿐만 아니라 교환을 통하여 가치를 창출하는 것이기 때문이다.

일반적으로 마케터의 역할은 브랜드를 만들고 운영하는 것이다. 그러한 활동의 핵심 요소는 가치창출이다. 그런데 가치창출은 여러 가지 형태로 나타난다. 많은 사람들이 브랜드가 구축되면 상품가격이 높아지는 것을 생각하나, 어떤 경우에는 상품의 가격이 낮아지기도 한다. 이마트(E-mart)가 1위를 하게 된 것은 가격인하이지 가격인상이 아니었다. 브랜드관리의 핵심은 브랜드를 통하여 가격이 높아지거나 낮아지거나 하는 것은 아니라 브랜드를 창출해서 돈을 벌 수 있는가이다.

브랜드 가치창출의 혜택은 기업과 소비자 모두에게 돌아가야 한다. 기업이 경제적 이익을 내는 것은 물론이며 소비자 또한 브랜드를

이 글은 양석준 교수(상명대학교)가 '잘 팔리는 농축산물 만들기' 심포지엄에서 발표한 내용을 편자가 정리한 것이다.

통하여 경제적 또는 사회적 · 심리적 이익을 얻어야만 제대로 된 브랜드라고 할 수 있다.

농축산물 브랜드의 중요성

브랜드란 특정 농축산물 및 이것과 결합된 서비스를 소비자에게 식별시키는 역할을 한다. 동시에 유사 제품을 판매하는 경쟁자들로부터 소비자와 생산자를 보호하는 특성을 지니고 있다. 브랜드는 장 · 단기적으로 브랜드 소유주에게 경제적인 가치를 창출하고 소비자에게도 가치를 창출하여야 한다. 그 결과 고객이 브랜드를 찾아 계속 구매하도록 만드는 것이며, 이를 통하여 이익을 창출하는 것이다.

한국의 경우 농산물시장 개방으로 무한경쟁 환경에 처해 있으나 이에 대한 전략은 매우 미비하다. 어떻게 무한경쟁을 이겨내겠는가? 마케팅의 최종적인 해답은 단순하다. 고객들이 우리 농산물만 계속 재구매하면 되는 것이다. 다른 외국 농산물이 어떻든지 말이다. 하지만 문제는 어떻게 우리 농산물만 재구매하도록 하느냐는 것이다. 그러기 위해서는 브랜드의 가치창출이라는 전략을 우리 농축산물에 실현시킴으로써 국내 농축산물의 경쟁력을 높여야 한다. 그러나 이와 같은 가치창출적 브랜드 개발은 국내에서 거의 일어나지 않고 있는 것이 현실이다.

최근 외국 농축산물의 경우 뉴질랜드의 제스프리사 등은 국내시장 확장을 위해 체계적인 브랜드전략을 전개하며 소비자들에게 파고들고 있다. 이에 대한 체계적인 대응을 못할 경우 우리 농축산물이 설 수 있는 자리는 점차 좁아질 수밖에 없다.

무한경쟁에 처해 있는 이때에 우수한 농축산물 브랜드의 개발을 통하여 이러한 어려움을 해결해 나가야 할 필요성이 시급한 상황이라고 할 수 있다.

농축산물 브랜드 구축의 목적과 과제

왜 농축산물 브랜드를 만들어야 하는가? 그 목표를 먼저 살펴볼 필요가 있다. 첫째, 농축산물 브랜드는 더 많은 고객을 확보하기 위한 것이다. 그래서 현재 및 미래에 매출을 증가시킬 수 있어야 한다. 둘째, 현재 고객이 더 많이 구매하고, 더 많이 지불하도록 하는 것이다. 마지막으로 현재 고객이 더 오랜 기간 동안 브랜드를 지속적으로 구매하도록 하기 위한 것이다. 이것은 고객이 지속적으로 프리미엄 가격을 지불하고 재구매하도록 하는 것을 의미한다.

브랜드 구축에 있어서 가장 중요한 것은 어떻게 가치를 창출할 것인가에 대한 논의이다. 브랜드는 기업에게 경제적인 이익을 줄 수 있어야 하지만 소비자에게도 경제적인 이익 또는 사회적 · 심리적 이익을 가져다 줄 수 있어야 한다. 그래서 브랜드를 구축하기 위해서는 장기적인 경쟁력의 원천이 존재해야 하며 이에 대한 객관적인 검토가 필요하다. 외국 농축산물이 따라올 수 없는 그 무엇이 있는지, 지속적으로 소비자들이 중요하게 생각하는 그 무엇을 가지고 있는지에 대한 검토가 필수적이다. 브랜드는 생산자의 필요와 소비자의 필요를 모두 충족시킬 수 있어야 한다. 생산자의 필요만을 충족시키는 것은 옳은 접근방향은 아니고 가능하지도 않다.

2. 농축산물 대중 브랜드의 도입전략

2.1. 대중 브랜드와 명품 브랜드

국어사전을 찾아보면 '명품'이라는 단어는 "뛰어나거나 이름난 물건, 또는 그런 작품"으로 정의되어 있으며, '대중'이라는 단어는 "대량생산 · 대량소비를 특징으로 하는 현대사회를 구성하는 대다수의 사람"으로 정의되어 있다. 이를 마케팅의 관점에서 해석할 경우 대중 브랜드는 국산 농산물 소비자 전체의 80% 가량에게 판매할 수 있는 브랜드라는 뜻으로 해석이 가능하다.

'대중'과 '명품'의 차이는 생산자가 아닌 소비자 중심적으로 분류하는 것이 타당하다. 한때 '명품'이었을지라도 시대가 지나감에 따라 '대중화'되는 것이 많다는 것은 이에 대한 반증이다. 그렇다면 소비자 중심적으로 분류하는 명품과 대중 브랜드의 차이는 무엇일까? 소비자는 하나의 상품을 어떻게 생각할까? 마케팅의 관점에서 살펴볼 때 소비자에게 중요한 것은 상품의 기능만은 아니다. 소비자는 하나의 상품을 살펴볼 때 기능, 디자인 등을 총체적인 입장에서 살펴본다. 이를 통하여 소비자는 해당 상품을 하나의 가치로서 판단하게 된다.

기존의 이론을 살펴볼 때 이러한 가치를 잘 설명해 주는 이론으로서 매슬로(Maslow)의 5단계 욕구이론이 있다. 매슬로는 사람의 욕구가 우선 생리적인 욕구→안전욕구→사회적 욕구→자아인정욕구→자아실

표 4-1 명품 브랜드와 대중 브랜드 간의 차이

	대중 브랜드	명품 브랜드
대상	국산 농축산물을 주로 소비하는 일반대중	국산 농축산물 소비자 중 최상위 고객(전체 국민의 5% 이내)
가치	생리적 욕구, 안전욕구, 사회적 욕구 (주로 기능적 욕구)	자아인정욕구(존경욕구) 자아실현욕구(주로 심리적 욕구)

현욕구의 순으로 발전하는 것으로 설명하였다. 마케팅의 관점에서 볼 때 이러한 욕구들은 상위단계로 갈수록 소비자들은 많은 가치를 부여한다. 생리적 욕구나 안전욕구, 사회적 욕구 등을 충족시켜 주는 가치를 제공할 수 있는 상품이 대중 상품이며, 그런 가치를 창출해 내는 브랜드가 바로 대중 브랜드라고 할 수 있다.

한국의 경우를 살펴볼 때 2000년대 이후에 와서 식품에 대한 욕구가 '생리적 욕구'에서 '안전욕구'로 진화되고 있는 모습을 보이고 있으며, 그 결과 최근 안전한 친환경 농축산물에 대한 수요가 폭발하고 있다. 상위계층에서는 식품을 '사회적 욕구'의 해결수단으로 사용되는 모습 또한 쉽게 찾아볼 수 있다. 이러한 가치를 창출하는 것을 대중 브랜드의 영역이라고 볼 수 있다.

이에 대비한 명품 브랜드는 더 높은 단계의 욕구인 '자아인정욕구' 및 '자아실현욕구'를 충족시켜 주는 가치를 창출하는 브랜드다. 예를 들어, 프라다 핸드백을 소지하는 사람의 경우 다른 사람들이 자신을 인정해 줄 것이라고 생각하고 이에 가치를 부여하여 비싼 가격에도 불구하고 프라다 핸드백을 구매한다.

명품 브랜드가 비싼 것은 그만한 가치를 소비자에게 제공해 주기 때문에 가격이 비싸다고 할 수 있다. 일부의 사람들은 가격이 비싸고,

상품이 적기 때문에 명품이 된다고 이해하는 경우도 있으나 이는 마케팅과 소비자의 소비가치에 대한 이해가 없기 때문에 일어나는 오해라고 할 수 있다.

2.2. 대중 브랜드 도입을 위한 환경분석

대중적인 가치를 창출하는 대중 브랜드를 도입하기 위해서는 무엇을 해야 하는가? 가장 먼저 해야 할 일은 대중 브랜드 도입을 위한 환경분석이다. 즉, 소비자, 자사 그리고 경쟁상대에 대한 분석이 가장 필요한 분석이라고 할 수 있다. 여기서 자사란 해당 농장이 될 수도 있고 해당 조합법인, 해당 농협이 될 수도 있다.

소비자 분석

소비자들의 욕구분석이야말로 대중 브랜드 구축의 최우선적 과제이다. 농축산물 상품별 또는 상품군별로 소비자들이 어떤 욕구를 가지고 있는지를 분석해야 소비자에게 전달할 가치를 확정할 수 있다. 이에 대한 시장세분화 분석도 동시에 수행되어야 한다. 대중 브랜드의 특성상 소비자에게 많은 메시지를 전달하는 것은 의미가 없다. 따라서 핵심 가치별로 시장을 세분화하는 것이 적절하다. 예를 들어, 안전욕구를 중심으로 하는 '친환경 선호 소비자시장', 생리적 욕구 중 하나인 맛을 중시하는 '맛있는 상품 선호 소비자시장' 등으로 분류하여 브랜드의 대상시장을 결정하여야 한다.

자사 분석

대중 브랜드는 소비자에게 단순한 의미를 전달한다. 이러한 단순한 의미가 소비자의 가치를 창출해야 한다. 소비자는 대중 브랜드가 주는 의미를 통하여 정보처리 · 해석, 구매결정에 대한 확신, 사용 만족을 느낄 수 있어야 한다. 먼저 내가 생산하고 있는 상품이 소비자에게 어떤 가치를 창출할 수 있는지를 정확하게 파악해야 할 것이다.

대중 브랜드의 생명력이 길어지기 위해서는 독점적 자산이 꼭 필요하다. 남들은 못하는 그 무엇이 필요한 것이다. 브랜드가 장기적으로 생존하기 위해서는 남들이 가지지 못한 독점적인 그 무엇인가를 가지고 있어야 한다는 것이다. 농축산물을 생산하는 생산자들의 경험 그리고 지역특성(고유의 문화, 역사, 전설, 지리적 특성, 땅의 물성 등)이 농축산물 브랜드를 형성하고 전달하며, 이러한 내적인 측면들이 브랜드의 성격 · 개성 · 특징을 부여하여 남들이 가지지 못하는 특성을 갖는 브랜드를 만들어 낸다. 이러한 독점적 자산 중 소비자에게 가치를 줄 수 있는 것을 찾아 내어야 브랜드는 장기적인 수익을 가져다 줄 수 있을 것이다. 이러한 독점적 자산은 굳이 전국적인 것, 세계적인 것일 필요는 없다. 내 농축산물을 팔고자 하는 세분시장에서 가질 수 있는 독점적 자산이면 충분하다

또한 브랜드는 명확한 관리주체가 있어야 한다. 상품의 품질을 유지하고 브랜드를 중심으로 모든 생산 · 판매활동이 통제되어야만 브랜드는 그 힘을 발휘할 수 있다. 브랜드화하고자 하는 농축산물에 대한 전권을 행사하고, 통제할 수 있는 관리 주체의 검토가 필수적이다.

마지막으로 상품수명주기(product life cycle: PLC) 단계 중 어느 단계에서 대중 브랜드를 도입할 시기인지를 검토해야 한다. 한 상품시장에

서의 주기를 도입기, 성장기, 성숙기, 쇠퇴기로 구별해 보았을 때 가장 적절한 대중 브랜드의 도입시기는 성장기 후반이다. 이미 성숙기로 넘어간 시장에서는 브랜드가 별로 의미가 없다. 만일 성숙기 이후의 시장이라면, 시장을 세분화하여 성장하는 시장을 찾아 그 속성을 중심으로 브랜드를 할 수 있도록 해야 할 것이다.

경쟁상대 분석

농축산물 대중브랜드의 경우 가장 큰 경쟁상대는 수입 농축산물이 될 수 있다. 이러한 수입 농축산물에 대하여 확고한 경쟁력을 가질 수 있는지를 검토해 보아야 한다. 즉, 외국 농축산물에 비해 소비자에게 더 큰 가치를 줄 수 있는 명확한 포지셔닝(positioning)전략을 가지고 있어야 하며, 이를 브랜드화할 수 있어야 한다. 외국 농축산물에 대한 포지셔닝이 흐려지거나, 외국 농축산물에 비해 소비자에게 줄 수 있는 가치가 떨어지는 순간 시장은 브랜드 경쟁에서 가격경쟁으로 넘어갈 것이다. 가격경쟁으로 넘어가는 순간 우리 농축산물이 시장에서 살아남기 어렵게 될 것이다.

포지셔닝은 "소비자들에게 제안하는 가치는 무엇인가?", "이 제품이나 서비스를 경쟁사와 의미 있게 차별화할 수 있는가?"라는 의문에 대한 답이라고 할 수 있다. 이 두 가지에 답변할 수 있다면 더 나아가 "소비자들은 한 번 이상 구매할 것인가?", "소비자들이 시간이 지나도 지속적으로 구매할 것인가?"라는 질문에 긍정적인 답을 할 수 있도록 브랜드가 구축되어야 브랜드가 경쟁력과 수익으로 이어질 수 있다. 이러한 질문에 모두 긍정적인 답을 하지 못해도 많은 광고를 통하여 일시적으로 명성을 높여 경쟁력을 갖는 것은 가능하나, 이는 진정한 브랜딩은 아니다. 지금까지 많은 농산물에 대한 브랜드화 작업은 단순한 이름짓기와 광고 및 품질관리로 이루어지고 있으나 이를 진정한 브랜드화 작업이라고 하기는 어렵다.

다만 농축산물의 경우 세분시장을 먼저 정해 놓고 포지셔닝을 하기 어려운 특성을 지닌다. 포지셔닝이 우선시된 이후에 그에 가장 잘 맞는 세분시장을 발견해 나가는 것이 농축산물 브랜드화에서 보다 적절한 브랜드화 과정으로 평가할 수 있으며, 해당 세분시장에서 더 확고한 경쟁력을 가질 수 있다

2.3. 대중 브랜드의 론칭

대중 브랜드에 대한 환경분석을 통하여 대중 브랜드의 도입이 타당하다고 판단되면 이제 대중 브랜드를 도입하는 작업을 해야 할 것이다. 이러한 대중 브랜드의 론칭(launching)작업에는 다음과 같은 과정이 필요하다

대중 브랜드의 목표설정

먼저, 소비자 분석-자사 분석-경쟁상대 분석을 통하여 론칭할 브랜드의 목표시장을 확정한다. 목표시장은 접근가능해야 하며, 브랜드를 통하여 생산자와 소비자 모두에게 최상의 가치가 창출될 수 있는 시장이어야 한다. 또한 이를 통하여 구체적인 비용 · 매출 · 이익목표를 확정해야 할 것이다. 그러나 목표설정만으로 성공이 이루어지는 것은 물론 아니다.

대중 브랜드가 장기적 이익을 창출하는 것이 목표이지만 이름만

짓고 홍보를 하고 품질관리를 한다는 것으로 장기적 이익이 창출되지는 않는다. 다음의 성공조건을 완비할 때 비로소 브랜드는 장기적 이익을 창출 할 수 있다.

브랜드가 창출하는 가치의 정의

브랜드가 어떠한 가치를 창출할 수 있는지에 대한 명확한 정의가 있어야 한다. 또한 이는 충분히 소비자들에게 의미가 있어야 한다. 대중 브랜드의 경우 소비자들에게 기능적 그리고 사회적 가치를 창출할 수 있어야 하며 소비자들이 이를 충분히 이해하여 추가적인 비용(지속적 재구매 또는 높은 가격)을 지불할 수 있어야 한다.

브랜드 인지도의 형성

대중 브랜드의 인지도를 구축하는 데 있어서 가장 중요한 것은 브랜드에서 전달하고자 하는 메시지가 매우 짧아야 한다는 것이다. 그리고 분명해야 한다. 또한 소비자의 입장에서 이해하기 쉬워야 한다. 이러한 원칙 아래 우리 농축산물의 장점과 소비자가 중요하게 생각하는 가치가 통합된 브랜드 이름을 결정하고, 이를 효과적으로 알리는 구체적 방안을 결정한다.

전달하고자 하는 브랜드 의미를 결정할 때 중요한 것은, 생산자들은 대개 오랫동안 해당 농축산물을 생산하기 위하여 그 업종에 종사한 전문가들이지만 소비자들은 비전문가라는 사실을 인식해야 한다. 특히, 대중 브랜드의 경우 철저한 비전문가적 소비자들이 그 대상이 된다. 대중 브랜드가 구성하는 메시지는 아무것도 모르는 소비자가 쉽게 이해할 수 있어야 한다.

가장 중요한 것은 비용효율적으로 브랜드의 이름을 고객에게 인식시키는 것이다. 가장 비용효율적인 인지도 향상방법은 매장에서 소비자들이 늘 볼 수 있는 매대를 잘 활용하는 것이다. 즉, 브랜드를 소비자의 머릿속에 각인시키기 위해서는 소비자가 매장에 들렀을 때 항상 우리 브랜드를 볼 수 있도록 할 수 있는 방법이 필요하다는 것이다.

소비자 관점에서의 품질관리

농축산물의 경우 소비자가 지각하는 품질은 해당 제품군의 최고 품질이나 평균 품질이 아니다. 소비자가 지각하는 품질은 동일한 브랜드 포장을 달고 나온 제품 중 가장 나쁜 품질의 제품이다. 가장 나쁜 품질의 제품을 소비자는 해당 브랜드의 품질로 인식하게 된다. 특히, 인터넷 구전이 발달한 현대에 와서는 이러한 현상이 심화된다. 이를 이해하고 품질에 대한 철저한 사전통제가 필요하다.

다만 품질의 경우 생산자가 생각하는 품질과 소비자가 생각하는 품질에는 차이가 나는 경우가 있어 이에 대한 주의가 필요하다. 예를 들어, 'XX참외'의 경우 소비자의 인지 속에 있는 주요한 품질이 맛이라면 크기에 대한 품질통제는 의미가 없다.

브랜드 연상의 관리와 독점적 자산의 확보

브랜드 연상이란 브랜드 이름을 들었을 때 연상되는 기억 속의 '그 무엇'이다. 현재 브랜드화하고 있는 농축산물이 어떤 기억과 함께 떠올랐을 때 우리 브랜드의 고유한 장점이 강화될 수 있는지, 즉 포지셔닝이 강화될 수 있는지에 대하여 사전조사가 필요하다.

독점적 자산은 농축산물 대중 브랜드 구축의 원천이다. 광고에 무한한 돈을 쏟아 부을 수 없는 농축산물 대중 브랜드의 경우, 고유한 독점적 자산이 없다면 장기적으로 생명력을 갖는 대중 브랜드를 구축하기는 매우 어렵다. 또한 이러한 독점적 자산이 항구적인 힘을 발휘할 수 있도록 지속적인 홍보와 각인작업이 브랜드 구축과 함께 진행되어야 한다.

3. 농축산물 대중 브랜드의 관리전략

3.1. 브랜드 관리주체의 결정

대중 브랜드의 경우 브랜드를 중심으로 모든 것을 통제할 수 있는 관리주체가 명확하지 않은 경우, 브랜드가 줄 수 있는 수익이 사라지기 쉽다. 따라서 모든 통제권을 가진 관리주체가 결정되어야 한다. 브랜드 관리주체는 마케팅활동뿐만 아니라 검품 · 생산활동까지 모두 관여하여 브랜드가 제시하는 소비자가치를 지킬 수 있도록 해야 한다. 브랜드는 꼭 지역적으로 묶일 필요는 없다. 한 지역에서 생산되는 물량이 부족하더라도 여러 지역을 네트워크로 묶어 단일브랜드를 형성할 수도 있다. 만일 '홍길동'이란 브랜드가 오직 '단맛'을 강조하는 의미를 지녔다면 '단맛'을 통제할 수 있는 상품에는 어느 지역 상품이나 '홍길동'이라는 브랜드를 붙이는 것도 브랜드 주체가 할 수 있는 일이 될 것이다.

브랜드 로열티의 형성

브랜드의 이익은 로열티에서 나온다고 할 수 있다. 소비자들이 한 번 우리 농축산물을 사먹고 다음에 또 그 상품을 골라야 할 명확한 가치와 이유를 고객에게 제공할 수 있어야 한다. 브랜드 로열티를 얻을 수 있는 상품이 만들어지고, 브랜드 로열티가 실현되어야 '고가' 또는 '시장점유율 확대' 등의 기업수익과 직결되는 혜택을 볼 수 있다.

이러한 브랜드 로열티를 고려할 때, 농축산물의 경우 충분한 양의 상품을 공급할 수 있는 조직과 유통망관리가 핵심적인 관건이 된다. 현재 많은 농축산물 브랜드가 로열티를 형성하기 어려운 실정에 처해 있다. 소비자들이 어떤 브랜드가 맛있거나 자신에게 맞다 할지라도, 현재의 도매시장 경매시스템에서는 그 다음 번에 소매점에 가서 같은 브랜드를 구매할 수 없는 경우가 대부분이다. 즉, 소비자가 해당 브랜드를 다시 구매하고자 하였을 때 우리 브랜드가 바로 소비자가 원하는 자리에 있도록 할 수 있는 환경조성이 필요하다. 이를 위해서는 자사 브랜드 상품의 공급량이 적은 경우에는 공급처를 특정 매장 또는 지역으로 제한하는 것도 한 가지 방법이 될 수 있다.

3.2. 브랜드 지속을 위한 관리

브랜드는 단지 만드는 것으로 끝나지 않는다. 아기가 끊임없는 보살핌으로 튼튼하게 자라나 집안과 사회에 기여를 할 수 있는 성인으로 자라나는 것과 같다. 브랜드는 만드는 것보다 유지하는 데 더 많은 자원이 투입되어야 하며, 브랜드의 지속성을 위해서는 브랜드 자산의 구성 요인들을 다음과 같이 지속적으로 관리하는 것이 중요하다.

첫째, 일반대중들이 항상 해당 상품에 대하여 인지할 수 있도록 관리해야 한다. 예를 들어, 유통과정에서 박스 갈아타기나 유통업체 브랜드로의 갈아타기 등이 일어나지 않는지에 대해서 항상 감시하고, 그러한 일이 발생하면 원브랜드가 살아 있을 수 있도록 조치를 취해야 한다.

둘째, 품질에 대해서는 지속적 모니터링이 필요하다. 대중 브랜드의 경우 다양한 일반농가로부터 원료를 공급받는 것이 보통이다. 이때 브랜드의 명성을 떨어뜨리는 품질의 상품이 브랜드를 달고 시장에 나올 수 없도록 철저하게 통제해야 할 것이다.

셋째, 브랜드 연상은 포지셔닝의 결과라고 볼 수 있다. 경쟁대상인 외국 농축산물의 이미지를 항상 체크해야 한다. 또한 소비자의 욕구동향도 항상 체크해야 한다. 이 두 가지를 항상 체크하여 현재 포지셔닝의 위협과 기회를 판단하여 브랜드 연상을 관리해야 할 것이다.

넷째, 브랜드 로열티를 관리하는 것이 중요하다. 기업에게 수익을 가져다 주는 것은 고객의 재구매에서 나오기 때문이다. 언제나 브랜드 로열티가 높아질 수 있도록 소비자를 관찰하고 유통망을 조절해야 한다. 새로운 수요처가 생겼다고 할지라도 전반적인 로열티를 떨어뜨리는 경우 신수요처를 포기하는 것이 현명한 일이다.

마지막으로 독점적 자산에 대하여서는 끊임없는 관리 및 홍보가 필요하다. 특히, 대중 브랜드의 경우 모든 브랜드 자산의 토대가 되기 때문이다.

브랜드의 지속성을 유지하려면 소비자의 경험관리도 중요하다. 사람들이 그 브랜드를 지속적으로 찾게 되는 것은 브랜드를 사용한 경험에 의해서이며, 지속적인 판매를 유도하는 것은 브랜드 자체가 아니라

표 4-2 대중 브랜드와 명품 브랜드 관리전략의 비교

자산요인	대중 브랜드	명품 브랜드
브랜드 인지	일반대중의 동향파악	소수 표적집단의 동향파악
지각된 품질	하품(下品) 품질의 안정화 관리 중요 (품질에 대하여 안심시키는 것이 중요)	상품(上品)만을 사용 (언제나 놀라움을 주는 품질 추구)
브랜드 연상	경쟁상품이 현 상품의 포지셔닝을 뚫고 들어오는지에 대한 관리 필요	브랜드 개성(personality) 또는 브랜드 관계(relationship)의 적극적 관리
브랜드 로열티	• 제품의 안정적 공급을 통한 행동적 로열티 관리가 중요 • 대규모 안정적 공급 중요	• 브랜드 관계에 대한 감정적 로열티 관리가 중요 • 소규모 공급 · 기대관리가 중요
독점적 자산	독점적 자산보유에 대한 이미지의 유지 관리	끊임없이 독점적 자산에 대한 새로운 이미지를 생성 · 각인 관리

브랜드 체험이기 때문이다. 좋은 브랜드 경험을 제공하기 위한 첫 번째 관리대상은 품질이다. 소비자들이 기대한 품질 이상의 것을 항시 제공해야 한다. 다만 식품류에 있어서 소비자들은 최상의 품질이나 평균 품질이 아닌, 가장 하급의 품질만을 기억한다. 알려진 브랜드에 있어서는 한 번의 품질관리 실수가 돌이킬 수 없는 타격이 될 수 있다.

상품의 어떠한 측면이 좋은 것인지를 소비자들에게 명확하게 알려, 소비자들이 알고 그 부분을 즐기도록 하는 것도 필수적이다. 이는 주로 포장이나 매장 내 광고를 통해서 하는 것이 바람직하다. 예를 들어, 제주 '한라봉'에서 즐겨야 하는 것은 향이다. 그러나 실제로 많은 소비자들은 잘 모른다. 제품의 활용법을 알려 주는 것도 브랜드 경험을 고양시키는 데 중요하다. 특히, 농축산물의 경우 보관을 어떻게 하는지에 따라서 소비자들의 상품사용 경험이 매우 달라질 수 있다. 얼리지 말아야 할 것은 얼리지 않도록 하고, 며칠 숙성시켜야 하는 것은 어떻게 숙성시켜야 맛있게 먹을 수 있는지를 충분히 알려 주는 것이 브랜드 경험을 고양시켜 브랜드 로열티로 이어지게 하는 방법이다.

3.3. 브랜드 감사

브랜드 계획단계에서의 감사

브랜드가 왜, 그리고 어떤 방식으로 수익을 줄 수 있을 것인지가 우선적으로 브랜드계획에 명시되어 있어야 한다. 브랜드 구축은 돈을 들이기 위해서 하는 것이 아니라 수익을 내기 위해서 하는 것이기 때문이다. 브랜드 계획단계부터 브랜드를 통한 수확과정이 명시되어 있어야 한다. 또한 이러한 수확전략을 위해서 브랜딩 과정 중의 여러 가지 지표들이 명시되어 있어야 한다.

예를 들어, 목표세분시장 내부의 재구매율(1차년도 50%, 2차년도 70%)이라든지 추가지불 의도가격(1차년도 5%, 2차년도 10%) 등 조사가능하고 수익과 직접 관계되는 목표들이 명시되어 있어야 한다. 단순히 브랜드의 이름이 알려지면 잠재적인 시장이 형성될 것이라는 믿음으로만 계획이 구성되어서는 안 된다. 많은 경우 브랜드의 성과는 '이름을 알리는 것'까지라고 생각한다. 그러나 그것은 광고회사나 컨설팅회사의 수익을 올리기 위한 성과모델이지 브랜드를 만드는 공급자의 수익모델이 될 수 없다. 2~3년 내에 매출과 이익을 창출하여 비용을 넘어설 수 있다는 근거가 없다면 그러한 브랜딩 작업은 자원낭비일 뿐이다. 브랜드 계획단계에서 비용에 의해 효과를 높일 수 있다는 구체적인 근거가 명시되어야 한다.

브랜드 전개 이후의 감사

브랜드가 성공적으로 전개되어 농축산물 생산자들에게 직접적인 수익이 되고 있는 경우에도 지속적인 브랜드 감사는 필요하다. 브랜드는 정지해 있는 것이 아니라 지속적으로 소비자와 상호작용을 하면서 진화해 나간다. 또한 브랜드는 만드는 것보다 지키는 것이 더 어렵다. 브랜드 자산의 구성요소(브랜드 로열티, 브랜드 인지, 브랜드 연상, 제품의 품질, 독점적 자산)들이 잘 관리되고 있는지에 대하여 '브랜드 체험'의 관점에서 지속적으로 검토해야 한다. 이를 통하여 위협요소들을 제거하는 것이 필요하며, 이를 통하여 브랜드가 지속적으로 이익을 창출해 주고 있는지를 검토해야 한다.

4. 대중 브랜드가 성공하기 위하여

농축산물 브랜드의 핵심은 '가치창출'이다

브랜드는 돈을 쓰기 위한 것이 아니라 돈을 벌기 위한 것이다. 가치, 즉 기업에게 '매출과 이익'을 창출해야 한다. 이뿐만 아니라 소비자에게도 마찬가지로 가치를 창출해야 한다. 가치창출을 위해서는 우선 소비자 욕구를 조사하고, 일반대중의 욕구를 채울 수 있는 '브랜드 가치'를 찾아야 한다. 또한 우리 농축산물의 어떠한 고유한 장점이 어떤 소비자의 욕구를 어떻게 충족시켜 줄 수 있는지를 찾아야 할 것이다.

대중 브랜드가 가져야 할 핵심 가치는 '안전'과 '사회적 교류'이다

대중 브랜드가 충족시키는 가치는 주로 기능적 가치들이다. 삶의 공간을 확보하기 위한 생리적 욕구, 안정적인 삶을 위한 안전욕구, 사회적 교류를 위한 사회적 욕구 중 현재 한국의 소득수준과 문화수준으로 살펴볼 때, 농축산물이 추구해야 하는 가치는 '안전욕구'와 '사회적 욕구'가 될 수 있으며 이를 중심으로 고객가치를 찾아보는 것이 타당하다.

대중 브랜드라 할지라도 하루아침에 이루어지지는 않는다

대중 브랜드에 있어서 기존의 독점적 자산을 발견하는 것은 바로 대중 브랜드의 토대가 될 수 있다. 광고비를 많이 들일 수 없는 현실에 비추어 보았을 때 기존의 독점적 자산(사람, 지역적 특성 등)을 발굴하고 대중의 욕구에 부합하는 것이 무엇인지를 찾는 것이 가장 우선시되는 작업이다. 또한 이것은 시간이 매우 많이 걸리는 작업이기도 하다.

대중 브랜드라 할지라도 갖추어야 할 조건이 있다. 일반대중에게 쉽게 다가갈 수 있는 단순한 메시지를 담은 브랜드 네임, 비용을 적게 들이고 인지도를 확산시킬 수 있는 전략이 필요하다. 또한 소비자가 중요하게 생각하는 품질을 인식하고 품질실패가 생기지 않도록 관리할 수 있는 능력이 있어야 한다. 또한 소비자들이 언제든지 원하면 해당 브랜드를 다시 살 수 있도록 유통망을 조정해야 한다. 이러한 작업이 끝난 이후에 브랜드전략을 실제로 실천하는 것이 가능해진다.

지속적인 브랜드 체험관리와 감사가 필요하다

브랜드는 가치를 창출하여 수익을 내기 위한 것이다. 브랜드 론칭 이후에도 지속적으로 해당 브랜드가 목표한 가치를 창출하고 있는지를 감시하고, 이 결과를 관리에 지속적으로 반영할 때만이 브랜드는 지속적 수익창출을 위한 도구로서의 역할을 해낼 수 있을 것이다. 어린 아기는 끊임없는 보살핌이 있어야 튼튼하게 자라나 집안과 사회에 기여를 할 수 있는 성인으로 자라난다. 브랜드도 만드는 것보다 성장시키는 것에 더 많은 자원이 투입되며, 이를 통하여 장기적으로 이익을 창출할 수 있다. 이를 위해서는 브랜드가 론칭된 이후에 소비자에게 중요한 것은 브랜드에 대한 체험이다. 이 체험이 결국 소비자의 로열티로 이어진다. 이러한 브랜드에 대한 긍정적 체험을 강화하는 방안을 지속적으로 추진하고 감사해야 할 것이다.

참고문헌

양석준(2007), 「농축산물 대중브랜드를 위한 상품화 전략」, '잘 팔리는 농축산물 만들기' 심포지엄 발표자료, GSnJ 인스티튜트.

부록: 농축산물 브랜드에 대한 오해

브랜드는 좋은 이름이다?

브랜드를 만드는 작업은 마치 용을 그리는 작업과도 같다. 용 그림에서 눈이 매우 중요하기는 하지만, 그 눈만으로는 아무것도 할 수 없다. 용의 눈을 그리기 위해서는 우선 훌륭한 나머지 그림이 그려져 있어야 한다. 브랜드도 마찬가지다. 좋은 브랜드 구축을 위한 사전작업들이 모두 완성되었을 때만이 브랜드 이름은 그 효과를 발휘한다.

브랜드를 구축하기 위해서는 많은 돈이 들어간다?

브랜드에서 중요한 것은 브랜드에 얼마를 지출하였는지가 아니라 브랜드를 통하여 무엇을 얻을 수 있는가이다. 브랜드를 구축할 때는 어떻게 수익을 낼 것인지를 먼저 살펴보고, 그에 따른 비용에 대한 것을 논해야 할 것이다. 브랜드를 창출하는 가장 큰 이유는 미래 수익성 때문이지 현재 수익을 바닥내기 위함이 아니다. 브랜드 구축의 첫 번째 큰 과제는 고객들이 어떻게 우리 브랜드를 인지할 수 있는가가 아니다. "이 브랜드가 잠재고객에게 어떤 핵심 가치를 제공할 것인가"이다. 또 "어떤 형태 또는 형식으로 선보여 잠재고객이 구매하게 만들 것인가?"이다.

좋은 브랜드라는 것은 높은 가격을 받을 수 있다는 것을 의미한다?

E-Mart는 좋은 브랜드의 요건을 모두 갖추고 있다. 하지만 E-Mart는 더 좋은 브랜드 이미지를 가지려면 가격을 계속 낮추는 수밖에 없다. 브랜드는 가격을 높게 받는 것이 목적이 아니다. 브랜드는 생산자에게 경제적 가치를 창출하는 것이 목적이지 더 높은 가격을 받는 것이 목적이 아니다. 저가에 판매를 한다고 하더라도 더 많은 고객들이 선택하여 준다면 브랜드는 박리다매를 통하여 더 많은 이익을 창출할 수 있게 되는 것이다.

브랜드를 구축하면 다른 마케팅문제는 모두 해결이 된다?

아무리 잘 구축된 브랜드라 할지라도 조악하고 부실한 생산물을 구원해 주지는 못한다. 반대로 제품이 품질을 잃는 순간 브랜드는 순식간에 무너질 수 있다. 아무리 잘 구축된 브랜드라도 소유자와 관리자에게 영원한 수익을 가져다 주지 않는다. 다른 모든 것처럼 관리가 철저해도 때로는 시들어져 퇴출되기도 하는 것이 브랜드이다.

Chapter 5

농축산물 명품 브랜드를 위한 상품화 전략

민 승 규

1. 소득양극화와 소비 트렌드의 변화
2. 명품의 정의와 명품을 선호하는 이유
3. 패션 명품 브랜드의 성공비결
4. 농축산물 명품 브랜드 상품화를 위한 3P전략
5. 농축산물 명품 브랜드 상품화를 위한 과제

부록: 농축산물 명품화를 위한 움직임: '1촌 1명품 만들기'

1. 소득양극화와 소비 트렌드의 변화

1.1. 심화되는 한국의 소득양극화 현상❶

소득양극화(income polarization)란 "중간 소득계층이 줄어들면서 소득분포가 양 극단으로 쏠리는 현상"을 말한다. 우리나라는 외환위기 이후 경기침체와 성장률 저하로 소득양극화가 촉발되었다고 볼 수 있다. 소득양극화 정도를 측정하는 Wolfson지수❷와 ER지수❸의 값을 외환위기 직후인 1998년과 외환위기 직전인 1997년을 비교하면, Wolfson지수는 7.7%, ER지수는 10.5% 상승하였다. 외환위기 직후 대폭 상승한 소득양극화 지수는 2000~2002년 사이에 약간 하락하는 듯하였으나 2003년 이후 다시 상승하여 최근까지 완만한 상승추세를 보이고 있다(ER지수는 이보다 빠른 2002년부터 상승추세가 가속되었다).

이러한 소득양극화 현상은 외국의 경우도 우리와 시기를 달리하였을 뿐 비슷한 형태를 보여 왔다. 미국의 경우 1970년대 초반부터 시작된 소득불균등이 1980년대 경제회복기에도 완화되지 않고 확대되었다. 세계화, 기술진보, 제도적 변화 등에 따른 임금격차 확대가 원인이

❶ 민승규(2006a), 민승규(2006b).

❷ Wolfson지수는 중위소득으로부터 소득의 분산 정도가 클수록(양극화될수록) 중산층의 규모가 감소한다는 설정을 통해 중산층의 몰락 정도를 표시한 지수로, 수치가 높을수록 중산층이 더 몰락하고 있다는 것을 나타낸다.

❸ ER지수는 계층 간 소득격차를 계층의 비중으로 가중 평균한 값이다.

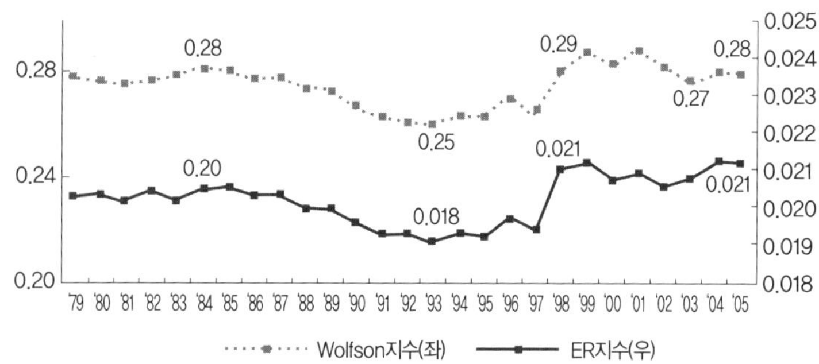

주: 소득은 소득10분위별 도시근로자 소득을 기준.
자료: 민승규(2006b).

그림 5-1 한국의 소득양극화 지수(Wolfson지수 및 ER지수) 추이

었다. 일본의 경우도 1990년대 후반 이후 중산층 사회를 상징하던 임금노동자 가구의 평균저축률이 점차 저하하기 시작하여 1998년부터는 소득양극화가 급격히 확대되고 있는 추세이다. 장기불황에 따른 고실업, 비정규직 비중의 급등에 따른 임금격차 확대, 고령화의 급진전 등이 주요 원인으로 들고 있다. 우리나라도 향후 소득양극화가 더욱 확대될 것으로 예상된다.

1.2. 소득양극화에 따른 소비패턴의 변화

외환위기 이후 소득이 양극화됨에 따라 소비도 양극화되는 양상을 보이고 있는데, 이런 경향은 먹거리에서도 예외 없이 나타나고 있다. 소득계층 간 자산격차가 더욱 확대되면서 소비의 양극화가 나타나고 고급시장을 두텁게 형성해 나가고 있다. 특히, 젊은 계층을 중심으로 한 모방소비가 고가품 시장을 확대시키면서 소득과 관계없이 고소득층의 소비를 모방하는 현상도 나타나고 있다. 예를 들면, 명절에 백화점에서 판매하는 멸치, 조기, 버섯 등이 수십만 원대에 팔려 나가는 것도 소비양극화의 한 단면이다.

소비자의 지적 능력이 성숙되고, '웰빙'에 대한 관심이 높아지면서 질적 풍요를 추구하는 가치관이 확산되고 있다. 이는 경제성장과 더불어 생활수준이 향상됨에 따라 육체적 · 정신적 건강의 조화를 통해 행복하고 아름다운 삶을 추구하는 '웰빙(well-being)'이라는 개념이 사회 전반적인 분위기를 형성하고 있기 때문이다. 여기에다 주 5일 근무제가 확산되면서 '삶의 질'을 추구하는 소비행태가 두드러지고 있다.

소비자들은 가격, 품질 등 기본적 속성 외에 브랜드, 디자인, 이미지 등 감성적 요소를 함께 고려하여 상품을 구입하는 특성을 보이고 있다. 과거 회상이나 자연친화적인 상품에 대한 애착이 본격화되고, '제품'이 아니라 '제품과 서비스의 체험'을 함께 구매하려는 경향이 두드러지고 있다.

소비의 양극화와 더불어 고령화 및 저출산현상이 심화되어 감에 따라 액티브 시니어(active senior, 구매력이 높은 50대) 시장, 아동시장이 부상하여 이들을 적극적으로 공략할 수 있는 새로운 제품개발이 확산되고 있다.

2. 명품의 정의와 명품을 선호하는 이유

명품을 논하기에 앞서 향후 5년 후를 생각할 때 농업분야의 블루오션은 무엇일까? 현재의 웰빙 바람은 어떻게 달라질 것인가? 생각해 볼 필요가 있다. 국민소득 증가 및 소득양극화의 진전과 더불어 앞으로 '명품'은 중요한 화두 중의 하나가 될 것으로 생각된다.

농업에서 어떤 농산물(품)의 가치가 100이라고 할 때 100+1은 101이 아닌 200 또는 300 그 이상도 될 수 있는데, 그것은 100에 행복, 문화, 정성 등을 담으면 부가가치가 훨씬 높아질 수 있다는 것이다. '명품'은 이러한 철학을 바탕으로 만들어지는 것이다.

2.1. 명품의 정의

명품이란 "뛰어나거나 이름난 물건, 또는 그런 작품"(엣센스 국어사전, 2006)을 의미한다. 일반소비자들의 경우 명품을 샤넬, 에르메스와 같은 제품 자체보다는 제품의 브랜드에 초점을 맞추어 고가의 외제상표 또는 사치품으로 인지하고 있는 경우가 많다. 미국에서는 우리가 명품으로 부르는 고급 브랜드를 최고급품(high-end product) 또는 고급품(premium product)이라고 부르며 대량생산방식에 의해 만들어진 물건에 대해서는 좀처럼 명품(masterpiece)이라고 하지 않는다. 일본은 명품을 장인이 만든 훌륭한 물건을 일컫는 단어로 고급 브랜드를 넘어서 매우

귀한 물건을 의미한다.[4]

명품 농산물은 비싸게 팔리고 있다고 명품이 아니다. 비싸게 팔리고 있는 농산물은 고가의 농산물은 될 수 있지만 명품이라고 말할 수는 없다. 명품 농산물은 가격과 기능을 뛰어넘는 뭔가 특별한 것이 있어야 한다.

농축산물(품) 명품화는 "먹거리의 기능 · 품질 · 안전을 초월하여 고객이 높은 품격을 느끼도록 하는 것"이라고 정의할 수 있다. "기능이 우수함을 뛰어넘어 품질과 서비스를 만족시키되 가치와 철학이 담긴 농축산물", "소비자에게 꿈과 환상을 심어 주어, 가지고 싶은 욕망을 불러일으키는 제품이 바로 명품 농축산물"이라고 정의할 수 있다.

2.2. 명품을 구입하는 이유

왜 사람들은 명품을 선호하게 되는 것일까? 명품 선호심리에는 자신을 드러내고 싶어 하는 현시욕이 깔려 있다. 프랑스의 철학자인 장 보드리야르는 그의 저서 『소비의 사회』에서 현대를 소비사회로 규정하면서 명품이 자신의 아이덴티티를 나타내는 수단으로 보았다. 즉, 필수품이 아닌 욕망을 자극하는 물건을 생산 · 소비하며 철저히 교환가치의 법칙에 의해 지배된다는 것이다. 다수와는 구별되는 소수의 자기표현과 자기만족인 셈이다. 학자들이 주장하는 명품 선호이유를 정리하면 다음과 같다.

[4] 김병숙(2006).

베블런효과

미국의 사회학자인 소스타인 베블런이 『유한계급론』에서 주창한 베블런효과(Veblen effect)란 "가격이 오르면 그만큼 소비는 감소한다"는 경제학의 기본 전제인 수요의 법칙과는 반대로 가격이 비쌀수록 오히려 수요가 늘어나는 소비행태가 나타나는 현상, 즉 '비쌀수록 사고 싶어지는 인간의 심리'를 말한다. 이것은 확실한 신분제도가 없는 현대의 대중사회에서 누가 더 잘 사는지, 누가 우월한지를 명확히 판별하기가 어렵기 때문에 소비행동을 통해 자신을 표현하고, 과시하고 싶은 경향이 있다는 것이다. 자신의 존재를 남들과 차별화하기 위해 좋은 상품을 구매하거나 구매한 상품 그 자체를 통해 자신을 드러낸다는 것이다. 이러한 이유로 현대사회에서 명품 브랜드의 중요성은 아무리 강조해도 지나치지 않다고 하겠다.

백로효과

백로효과(白鷺效果, snob effect)란 1950년에 하비 레이번슈타인(Harvey Leibenstein)이 처음 사용한 용어로 "다수의 소비자가 구매하는 제품을 꺼리는 구매심리효과"를 말한다. 소비자가 제품을 구매할 때 남과 다른 자신만의 개성을 추구하는 방식으로 의사결정을 내리기 때문에 타인의 사용 여부에 따라 구매의도가 감소하는 현상을 설명하는 말이다. 이것은 명품 브랜드 소비에서 흔한 현상으로 특정 상품을 소비하는 사람이 많아질수록 그 상품에 대한 수요는 줄어들고, 값이 오르면 오히려 매수심리가 올라가는 현상이다. 소비자가 제품을 구매할 때 자신은 남과 다르다는 생각을 갖는 것이 마치 백로 같다고 하여 백로효과라고 한다. 스놉(snob)은 '속물'이란 뜻으로 원래는 신사인 체하는 속물을 뜻하지만, 패션에서의 스놉은 다른 사람과 구별되려고 값비싼 의상을 입는 자기과시적인 사람을 말한다. 이들은 사치만을 추구하는 것 같으나 한편으로는 댄디즘(dandyism)에 대한 동경, 지성과 새로움에 대한 추구 등으로 인생을 보다 아름답고 풍요롭게 살아가려고 노력하는 사람들이라고 평하기도 한다.

벤드웨건효과

밴드웨건효과(bandwagon effect)란 특정 상품에 대한 어떤 사람의 수요가 다른 사람들의 수요에 의해 영향을 받는 현상으로 '편승효과'라고도 한다. 유행에 따라 상품을 구입하는 소비현상을 뜻하는 경제용어로 곡예나 퍼레이드의 맨 앞에서 행렬을 선도하는 악대차(bandwagon)가 사람의 관심을 끄는 효과를 내는 데서 유래하였다. 명품의 과시적 소비가 상류층 소비자들의 고가 명품의 구매동기라고 한다면 편승효과는 상류층에 한정된 것이 아니고 그보다 낮은 계층의 소비자들이 상류층의 유행을 따라가는 소비심리라고 할 수 있다. 이들은 상류계층으로의 소속감을 목표로 명품을 구입한다.

3. 패션 명품 브랜드의 성공비결

명품 브랜드는 어떤 특징을 가지고 있을까? 우리가 익히 알고 있는 샤넬, 구찌, 에르메스, 루이뷔통, 레미 마르탱 등 패션의 명품들은 몇 가지 특성을 가지고 있다.

명품 브랜드는 실질적인 사용가치를 웃도는 Aura(신비한 기운)를 지닌 물건으로 대중들이 쉽게 인식하고 수용하는 '명성'이 있다. 세대를 뛰어넘어 자신만의 향기와 가치를 일관되게 유지하고 대중의 동경을 유발할 수 있는 희소성을 가진다.

또한 한정마케팅을 통해 아무나 소유할 수 없는 귀한 물건이라는 이미지를 심어 줌으로써 고객으로 하여금 남들과 다른 고품위를 느끼게 해 주며, 남이 따를 수 없는 기술과 기획력으로 불멸의 가치를 가지고 있으며, 대물림할 수 있을 정도의 질을 담보한다. 브랜드의 전통과 혼, 품질에 대한 강박적 집착, 희소성의 신화가 명품의 이야기를 만들어 내고 소비자들을 열광시킨다.

또한 명품을 만들어 내는 것은 이야기(story)이다. 여기에는 연예인이나 왕족을 이용한 VIP마케팅을 적절하게 잘 활용하기도 한다. 샤넬 No.5는 "밤에 샤넬 No.5만 걸치고 잔다"는 마릴린 먼로의 말 한 마디 때문에 전 세계적으로 30초에 한 개씩 팔려 나가고 있다. 에르메스 가방은 영화배우 출신 모나코 왕비 그레이스 켈리가 임신한 배를 가린 것으로 '켈리 백'으로 브랜드화되면서 고가에 팔린다. 명품을 만들어 내는 사람들은 제품에 스토리를 만들어 소비자들이 환상을 갖게 하고 고가의 로망으로 만들어 가는 재주가 있다. 에르메스의 경우 1956년 그레이스 켈리가 임신한 배를 커다란 에르메스 가방으로 감춘 사진이 『라이프(*Life*)』 표지에 실리자 에르메스는 재빨리 모나코 왕실의 허가를 얻어 이 가방을 '켈리 백'으로 부르기 시작하였다. '켈리 백'은 가방을 구입하는 여성들에게 신데렐라의 꿈을 주는 가방이 되어 마니아층을 형성한 일례라 할 것이다.

또한 명품들은 저마다 고집스런 품질관리와 고가전략을 고수한다. 에르메스의 경우 오늘날도 대량생산과 분업을 거부하고 장인 한 사람이 처음부터 끝까지 제작을 한다. 완성된 제품에는 장인 고유의 ID가 새겨진다. 해당 제품에 대한 수리 의뢰가 들어오면 원제작자가 수리를 담당한다.

4. 농축산물 명품 브랜드 상품화를 위한 3P전략

패션산업의 명품 특성을 우리 농산물에 접목시켜 세계적으로 자랑할 수 있는 명품 농산물을 만들 수는 없을까? 전통식품 명인이나 농업 CEO는 이미 농산물에 행복, 이야기, 예술을 담아 내며, '명품'을 만들어 가고 있다. 농산물의 기능성, 품질, 안전은 기본이고 철저하게 소비자 입장에서 '명품'을 만든다는 철학을 바탕으로 한다.

4.1. 한국 농업 업그레이드를 위한 3P전략

상품혁신(product innovation)

농축산물을 단지 먹거리 정도의 상품으로만 생각한다면 그것은 농축산물이 지닌 본원적인 기능상품에 불과하다. 이러한 본원상품들은 대부분 수입농산물과의 가격경쟁에서 밀리기 때문에 품질과 서비스에서 차별화시키고 상품성을 높인 확장상품의 개발이 필요하다. 품질만을 너무 강조할 경우 한계가 있다. 물론 품질이 기본이 되어야 하겠으나, 품질뿐만 아니라 서비스도 중요한 요소임을 인식해야한다. 상품에 생명과학, 관광, 예술, 문화 등을 포함하는 타산업과의 연계와 융 · 복합을 모색해야 한다.

농업경영체 및 가공 · 유통업체는 소비트렌드를 구현할 수 있는 새로운 제품을 생산할 수 있도록 연구와 개발에 힘쓰고 친환경적이고 안전한 농산물을 구입하려는 소비자들이 증가하고 있는 추세에 있으므로 이러한 소비자들의 니즈를 충족시키기 위한 기대상품의 틈새시장을 확대시키고 개척하는 노력이 필요하다.

이를 위해 기존의 고정관념을 과감히 버리는 발상의 전환을 통해 소비패턴에 맞춘 새로운 시장구축이 필요하다. 새로운 유통채널 구축과 차별화된 판매방법 등으로 자신만의 제품을 선호하는 고객층을 만드는 것이 중요하다.

명품이 되기 위해서는 농산물만 파는 것이 아니라 이야기를 팔 수 있어야 하므로 농산물과 식품에 담겨 있는 감성과 문화, 삶의 질이라는 요소가 중요한 소비결정요인이 될 것이다. 브랜드는 단순한 이름이 아닌 상품에 대한 스토리를 담아 낼 때, 비로소 고객에게 진정한 만족감을 선사한다. 상품을 만들어 낸 사람에서부터 특수한 제조방법, 브랜드의 발전과정 등에 대한 이야기가 그 상품을 소비하는 고객들로부터 단순히 소비에 대한 갈증해소 이외의 커다란 만족감을 선사하는 것이다.

프로세스 혁신(process innovation)

이제까지는 농업인이 열심히 생산한 후 소비자가 구매해 주기를 바라는 형태가 주를 이루었다고 볼 수 있다. 지금부터는 "농업인의 역할은 품질 좋은 농산물을 생산하는 데까지"라는 고정관념에서 벗어나 소비자가 원하는 것은 무엇인지 알고 새로운 기술과 아이디어로 시장에서 잘 팔리고, 고부가가치의 농산물을 생산하고 판매하는 데까지 영역을 확장해야 한다. 따라서 농산물의 생산에서 가공 · 판매에 이르는 전 과정의 프로세스를 혁신하여 효과성과 효율성을 제고해야 한다.

이를 위해 농업인들도 경영과 마케팅에 눈을 떠서 농업을 비즈니스로 접근하여 마케팅을 하고 네트워크를 활용해 새로운 시장을 찾아 나서야 한다. 왜냐하면, '소비자와 함께 생각하고, 소비자와 함께 감동하는' 농업경영의 시대가 전개되고 있기 때문이다.

다음은 개별 농가보다는 품목별로 연합하여 규모의 경제 및 범위의 경제를 달성하여 시장교섭력을 강화하고, 상품개발 및 디자인, 고객관리 등에서 비교우위를 선점해야 한다. 가공과 판매를 담당하는 전문인력을 갖춘 경영체와 가족경영체를 조직화함으로써 가족경영체가 지닌 한계를 극복해야 한다.

더 나아가 고품질 농축산물을 수출상품화하는 발상의 전환이 필요하다. 농축산물시장 개방은 위기이면서 기회이기도 하다. 위기라는 관점에서만 볼 것이 아니라 기회로 활용한다는 발상이 필요하다. 가격

위주의 경쟁방식으로 외국산 농축산물과 경쟁이 어려운 상황에서 한국 농업의 돌파구는 상품차별화에 있다. 가격을 뛰어넘는 품질과 소비자를 감동시키는 서비스 제공을 통해 한국 농업의 새로운 돌파구를 모색할 수밖에 없다. "무엇을 만들면 잘 팔릴까"라고 하는 마케팅 개념이 농가경영의 경쟁력을 크게 좌우하게 될 것이다. 5년 후, 10년 후의 소비자기호를 전망하고 남보다 빨리 새로운 아이디어와 기술을 통해 새로운 제품을 만드는 것이 중요하다.

사람혁신(people innovation)

농업환경이 시장경제라는 큰 틀 속에서 변화하고 있음을 농업인 스스로가 인식하고 각자의 분야에서 전문성과 경쟁력을 확보하려는 노력이 필요하다. 결국 한국 농업의 희망은 '경쟁력 있는 한국 농업 만들기'를 실천에 옮길 주체인 '사람'의 문제이다. 농업인 스스로 경영마인드와 기업가정신, 핵심 역량을 갖추고 주체적이고 실질적인 변화를 이끌어 내야 한다.

제품에 혼을 담아야(장인정신)한다. 단순 먹거리의 개념에서 벗어나 만드는 사람의 혼과 신뢰를 담는 것이 중요하다. 소비자가 구입하는 농산품에서 완벽을 추구하는 농업인의 장인정신을 느낄 수 있게 해야 한다. 농업인은 소비자의 행복을 최우선으로 고려하는 확고한 철학이 필요하다.

CEO적인 경영마인드, 신뢰경영을 해야 한다. 과거 농경시대 농업인과는 달리 현대 농업경영체에서 의사결정을 담당하는 농업경영자는 일반기업의 CEO와 동일하다. 농업경영자들이 경영활동을 함에 있어 CEO적인 경영마인드와 기업가정신은 가장 필수적인 요소이다. 기업가정신이란, 기업의 본질인 이윤추구와 사회적 책임의 수행을 위해 기업

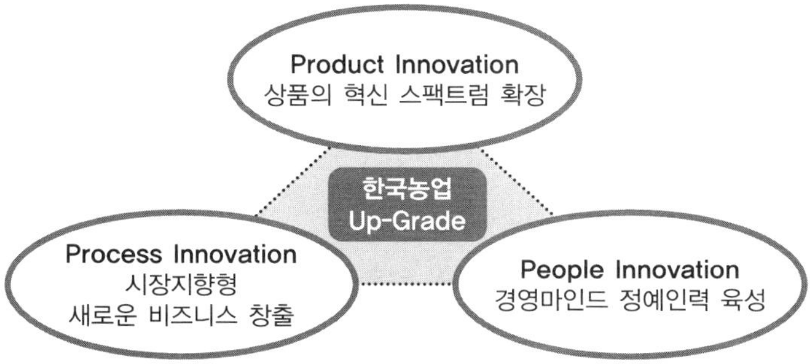

① Product Innovation	② Process Innovation	③ People Innovation
• 시장이 원하는 신제품 개발 • 역발상으로 틈새를 노려라 • 상품에 스토리를 넣어라	• 시장지향적 프로세스 • 개별 농장을 조직화하라 • 세계를 겨냥하는 상품차별화	• 제품에 혼을 담아라 • 경영마인드, 신뢰경영 • 끊임없는 벤치마킹과 학습

그림 5-2 농업경영에서 필수적인 요소인 3P 혁신

가가 마땅히 갖추어야 할 자세나 정신을 말한다.

끊임없는 벤치마킹과 학습이 뒤따라야 한다. 농업경영자들은 농업환경이 시장경제라는 큰 틀 속에서 변화하고 있음을 농업인 스스로가 인식하고 농업경영자는 변화무쌍한 대내·외 환경변화를 농업경영에 적용하려면 끊임없는 벤치마킹과 학습이 필요하다.

4.2. 명품 농산물의 조건: 품질로, 감성으로, 행복으로 소비자를 유혹

어떻게 하면 명품 농축산물을 만들 수 있을까? 지난 2007년 4월 21일 700여 명의 벤처농업인이 모여 한국벤처농업대학에서는 '농업농촌의 명품만들기 7가지 전략'을 채택하였는데, 농업인이 현장에서 생각하는 명품만들기 7가지 전략은 다음과 같다. ① 소비자의 행복을 최우선으로 고려하는 확고한 철학을 가져라, ② 농산품과 농촌에 이야기를 만들어라, ③ 농산품에 예술과 우리 고유의 문화를 접목하라, ④ 농산품에서 만드는 사람의 장인정신과 신뢰를 느낄 수 있게 하라, ⑤ 먹거리를 뛰어넘어 느끼고 체험할 수 있도록 하라, ⑥ 미학적 포장과 품격을 통해 브랜드 이미지를 만들어라, ⑦ 남에게 입소문을 낼 수 있는 구전 마케팅을 활용하라이다.

결국 명품 농축산물은 상품에 만드는 사람의 혼과 신뢰를 심어야 한다. 농산물이 명품으로 인정받으려면 소비자가 상품을 통해 완벽을 추구하는 장인정신을 느낄 수 있어야 하고, 이를 가지거나 먹음으로써 자신만의 정체성을 드러낼 뿐 아니라 남에게 입소문을 낼 수 있는 강한 이미지를 제공할 수 있어야 한다.

5. 농축산물 명품 브랜드 상품화를 위한 과제

생산자 관점

생산자는 고품질의 제품을 만들고 명품이라고 생각하거나 높은 가격을 받으면 명품이라고 생각하기 쉽다. 그러나 고품질이거나 가격이 높다고 명품인 것은 아니다. 소비자가 명품으로 인정해야만 명품이며 고가전략은 '명품화'를 위한 하나의 전략일 뿐이다. 소비자가 우리 농산물하면 명품이라는 이미지를 떠올릴 수 있어야 한다. 스위스하면 정밀시계가 떠오르듯 대한민국 하면 명품 농산물이라는 이미지를 가질 수 있도록 노력해야 한다.

명품화를 추구하되 명품과 일반제품 모두를 추구하는 양면전략도 필요하다. 브랜드 차별화와 계층화로 소비자를 폭넓게 공략할 수 있기 때문이다.

고객의 관점

패션제품과는 달리 농산물로부터 소비자가 고품격을 느끼기는 쉽지 않다. 그러나 그렇다고 포기하면 명품 농축산물 생산은 불가능할 것이다. 농산물에서 소비자가 고품격을 느낄 수 있도록 생산자의 고품격전략이 더욱 요구된다. 패션명품도 처음에는 기능을 중심으로 시작하여 발전하였기 때문에 농산물도 지금부터 노력하면 된다. 오히려 소비자가 농산물에 대해서는 브랜드를 중요하게 생각하지 않는 지금, 수많은 브랜드가 있으나 차별화된 브랜드가 미약한 지금이 브랜드 이미지를 고객에게 심어 줄 수 있는 가장 적기일 수 있다.

유통 · 마케팅의 관점

자연산 또는 신선농산물은 패션명품과 같이 균질한 품질의 명품을 만들기가 어렵다. 생산자와 지역을 브랜드화해야 하는 이유가 여기에 있다. 명품을 만들어도 유통이 없으면 명품으로 인정받지 못하는 것이 현실이므로 차별화 · 계층화된 브랜드에 따라 유통경로를 달리해야 할 것이다.

농산물은 VIP마케팅이 어렵다 그렇기 때문에 인내와 끊임없는 노

표 5-1 중산층의 세분화

구분	중산층 내 비중	가치관	월평균 가구소득
예비부유층 (Almost)	9%	• 성취지향적 가치관 - 돈과 일을 가장 중시 - 건강, 가족에 대해서는 상대적으로 소홀	420만~ 499만 원
전형적 중산층 (Typical Middles)	24%	• 균형적 가치관 - 일, 건강, 가족을 고르게 중시	350만~ 419만 원
무관심형 중산층 (Inward & Unconcerned)	29%	• 내부지향적 가치관 - 돈에 대한 관심이 낮음 - 가족과 건강을 상대적으로 더 중시	270만~ 349만 원
생계형 중산층 (Surviving & Conservative)	38%	• 기본 생활지향적 가치관 - 돈과 건강을 중시, 일에 대한 관심은 낮음	200만~ 269만 원

자료: 최순화(2007).

력이 필요한 것이다. VIP마케팅이나 초저가 제품개발에 힘쓰는 등 '고급 아니면 저가'라는 이분법적 사고에 입각해 시장을 공략한 결과로 중산층을 세분화하여 다양한 니즈를 반영한 상품개발에는 소홀한 것이 사실이다. 이제부터는 중산층 라이프스타일과 소비성향에 따라 시장을 세분하고 세분화된 시장별로 별도의 마케팅전략이 필요하다. 중산층도 4개의 단계로 나누어 단계별 소비특성을 파악하고 각 단계에 맞춘 별도의 마케팅전략이 필요하다.

참고문헌

김병숙(2006), 「명품의 쇼핑요인과 소비자의 추구가치가 쇼핑 만족도에 미치는 영향에 관한 연구」, 동의대학교 대학원.
민승규(2006a), 「소득양극화의 현상과 원인」, 삼성경제연구소 CEO Information 547호.
_____(2006b), 『소득양극화의 현황과 원인』, 삼성경제연구소.
최순화(2007), 「4人4色의 중산층 소비시장」, 삼성경제연구소 CEO Information 619호.

부록: 농축산물 명품화를 위한 움직임: '1촌 1명품 만들기'

2006년 CJ홈쇼핑과 한국벤처농업대학이 자매결연을 체결하고 농축산물 명품화를 위한 '1촌 1명품 만들기'운동을 전개하고 있다. 한국벤처농업대학이 CJ홈쇼핑과 농업 · 농촌 간의 중간 매개역할을 수행하고 CJ홈쇼핑은 상품개발, 홍보, 디자인, 고객창출, CRM 등의 경영노하우를 전수한다. CJ홈쇼핑의 이용가능한 판매채널을 동원하여 선택된 상품 판매를 돕는다. 이를 통해 농업인의 유통 · 마케팅 · 서비스 역량 향상, 농축산물의 품질개선 및 지역특성화를 통해 우수 농식품의 국내외 판매를 촉진, 소비자들에게 우수한 품질의 우리 농산물을 제공하는 것이 목적이다.

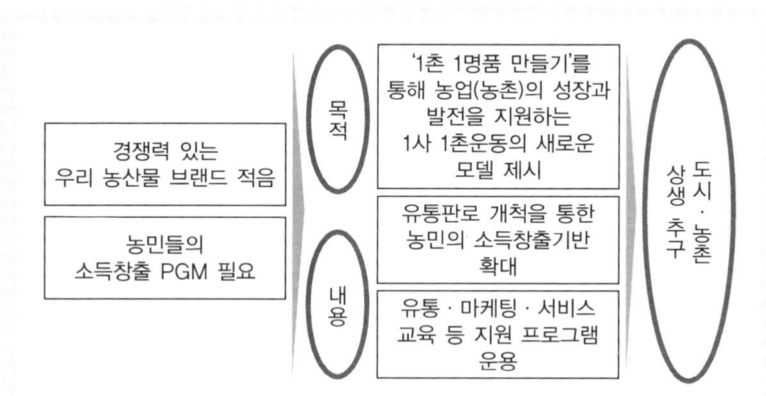

부도 1 1촌 1명품 사업추진 목적과 내용

부도 2 CJ몰의 1촌 1명품관에서 소개된 상품 일부

첫 단계로 명품으로 발전가능한 상품을 선정하여 CJ몰의 '1촌 1명품관'에 소개한다. 제품선정을 위해 CJ와 한국벤처농업대학은 6개월간 400여 농가 제품을 심사하여 1차로 이연원 유기돼지, 가을향기 유기농 장류, 현명농장 친환경 배즙 등 10개 농가의 상품을 선정하였다.

제2부

잘 팔리는 농축산물 만들기 실천방안

Chapter 6

잘 팔리는 농축산물 브랜드 기획을 위한 시장환경 분석방법

1. 시장환경 분석 개요
2. 시장환경 분석의 기본 틀: 3C분석과 SWOT분석
3. 외부환경 분석을 통한 새로운 브랜드 개발
4. 시장분석을 통한 미래 트렌드 파악
5. 경쟁분석을 통한 전략적 대안 마련
6. 고객분석을 통한 소비자 욕구 탐색
7. 내부환경 분석을 통한 마케팅전략 방향결정
8. 시장환경 분석을 위한 시장조사방법
9. 농산물시장 환경변화의 예측과 활용

1. 시장환경 분석 개요

1.1. 시장환경이란

환경이란 기업의 목표달성에 영향을 미치는 기업의 내적·외적 요인의 집합을 의미하며 거시적인 환경과 미시적인 환경이 존재한다.

환경변화는 소비자 욕구에 영향을 미치고, 기업은 소비자의 욕구와 필요를 찾아 이를 해소시켜 주는 과정에서 신상품 기회를 갖게 되며 이를 바탕으로 기업은 성장을 이루게 된다. 새로운 브랜드는 우리 주변의 환경변화에 의하여 탄생되고 탄생된 신상품은 또 다른 환경조건을 변화시킨다. 때문에 시대에 맞는 상품을 만들기 위해서는 변화되는 환경에 대한 분석과 예측이 필요하다.

여기서 환경이란 기업이나 조직체의 활동 및 목표달성에 영향을 미치는 기업 내외부의 모든 요인의 집합이다. 이러한 환경은 크게 거시환경, 내부환경, 과업환경으로 구분할 수 있다(그림 6-1).

거시환경은 외부환경으로 기업이 통제불가능한 환경이다. 예를 들면, 인구통계적 환경, 법률적 환경, 정치적 환경, 자연적 환경, 기술적 환경, 문화적 환경 등이 이에 속한다. 외부환경은 기업의 입장에서 통제가 불가능한 거시환경요인으로 기업에 다양한 기회와 위협요인을 제공한다.

미시환경은 기업의 노력에 의해 어느 정도까지는 통제할 수 있는

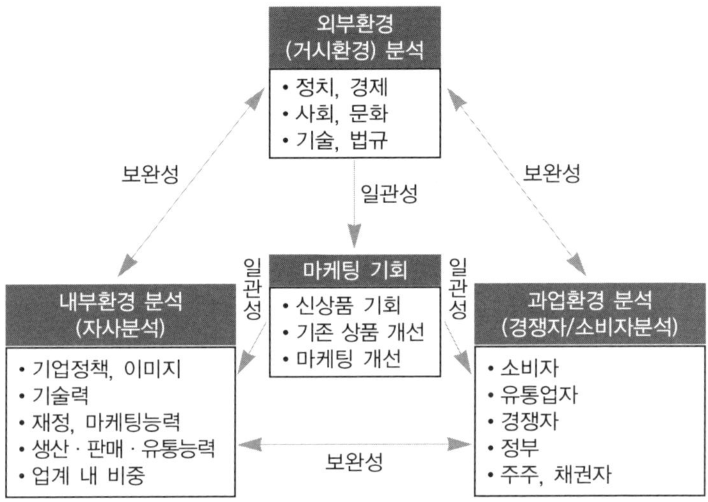

그림 6-1 시장환경 분석체계

요인으로 과업환경과 기업 내부환경이 있다. 과업환경은 기업을 둘러싸고 있는 이해관계자인 소비자, 경쟁사, 조합원, 내부의 경영진, 주주, 그리고 은행, 회사와 거래하는 거래당사자, 원자재 공급자 등이 속한다. 내부환경은 기업 내부의 정책이나 각 부문들의 능력을 의미하는 것으로, 기업마다 서로 다른 강점과 약점을 가지고 있다. 기업 내부에는 인사 · 생산 · 재무 · 영업부서 등이 따로 존재한다. 이들이 기업 내부환경이다. 기업 내부환경은 통제가 가능하다. 결국 내부에서 관리할 수 있는 것은 최소의 지출로 최대의 효과를 얻어 낼 수 있도록 하는 것이다.

1.2. 시장환경 분석의 중요성

시장환경 분석은 잘 팔리는 농산물을 만들기 위한 첫 단계이다. 시장은 늘 변한다. 항상 똑같지 않다. 그러므로 변화하는 시장환경을 알아 고객이 원하는 상품을 만들고, 마케팅활동을 전개하는 것이 잘 팔리는 농산물 만들기의 첫걸음인 것이다. 예를 들면, 최근 대두되고 있는 에너지 고갈도 큰 시장변수가 될 수 있다. 2007년부터 원유가 배럴당 100달러를 넘고 있는데, 1970년대만 해도 3달러였고, 1980년대 에너지파동 때 30달러 정도였다. 20년 전보다 지금 3배 이상이 오른 것이다. 이러한 변화는 무엇을 요구하는가? 에너지절약형 기계를 요구하고, 경차가 선보이며, 하이브리드 자동차가 세계시장을 석권할 것이라는 전망이 나오는 것은 모두 이처럼 급변하는 시장 때문이다. 리더들은 이런 변화를 읽어 내는 눈을 가져야 한다.

과거에 유명기업, 유명브랜드가 지금은 시장에서 없어진 예는 수없이 많다. 그들이 시장에서 사라진 이유는 모두 환경변화에 적응하지 못한 탓이다. 그러므로 농축산물 유통을 선도하는 마케터는 변화를 읽어 내는 눈을 가져야 하며, 할 수 있다면 변화에 앞서 가서 변화를 리드하고 유도해 내는 사람이 되도록 노력해야 한다.

따라서 시장환경을 바로 아는 것이 마케팅의 힘이다. 마케팅전략의 수립은 시장환경 분석에서부터 시작된다. 시장환경 분석은 기업이나 조직체가 직면할 수 있는 국내외 시장의 현재와 미래의 환경요인을 평가 · 분석하는 과정이다.

마케팅에서 성공하기 위해서는 시장환경 분석이 우선되어야 한다. 즉, 마케팅은 '소비자 만족을 통한 이익창출과정'이라고 한다면 먼저 소비자를 만족시키기 위해 시장의 환경과 소비트렌드를 분석하는 것이 마케팅에서 가장 중요한 우선순위가 되어야 한다. 따라서 환경변화가 소비자 욕구에 미치는 영향을 주목해야 한다. 환경변화의 어떤 요소가 고객의 욕구에 영향을 미치는지를 파악하여, 그에 따른 대처방안을 모색해야 한다. 또한 현재의 환경뿐만 아니라 미래의 환경변화까지도 예측하여 경쟁사보다 먼저 시장기회를 선점해 나가야 한다. 기업이나 조직체는 자신을 둘러싼 환경과 끊임없이 상호작용을 통해 생존하고 성장해 가기 때문에 환경의 변화를 아는 것이 매우 중요하다.

1.3. 시장환경요인 분석

마케팅전략에 영향을 미치는 시장환경요인으로 시장의 규모 및 성장률, 제품수명주기, 소비자의 구매력 변화, 소비자 기호 및 소비패턴 변화, 사회문화환경의 변화, 법규의 변화, 정치적 변화 및 정부정책 등을 들 수 있다.

여기에서 중요한 것은 이러한 시장환경 흐름들의 긍정적 영향과 부정적 영향을 분류해 내는 것이다. 즉, 기업에게 유리한 영향을 주는 기회와 불리한 영향을 주는 위협을 분석하는 것이다.

시장환경 분석을 보다 용이하게 하기 위하여 다음과 같은 모델을 사용할 수 있다. 먼저 시장환경 분석에서 해야 할 일은 핵심 환경요인을 선정하여 이들의 흐름을 찾는 것이다. 예를 들어, 경제적 환경, 사회문화적 환경, 산업환경, 기술환경 및 정부정책분야에서 해당 제품의 마케팅활동에 중요한 영향을 미치는 중요 환경요인을 선정하여 이들의 흐름을 찾아 내는 일이다. 이들 핵심 환경요인이 차후의 마케팅목표 설성 및 전략개발에 중요한 영향을 미치므로 핵심 환경요인의 선정은 매우 중요하다. 이때 환경요인들의 선정범위는 기업의 마케팅활동 범위에 부합되어 이루어져야 한다. 다음으로 이들 핵심 환경요인이 기업에 미치는 영향을 기회와 위협의 측면에서 분석하는 것이다.

1.4. 시장환경 분석단계

시장환경 분석은 '외부환경 분석→내부환경 분석→경쟁자 분석→소비자 분석'의 단계로 이루어진다.

첫째, 외부(거시)환경 분석에서는 시장의 기회와 위험뿐만 아니라 변화방향을 나타내는 트렌드를 사전에 점검해야 한다.

둘째, 내부환경 분석단계에서는 자사가 속해 있는 시장이나 산업을 분석하여 시장에서 중요한 성공요인은 무엇인지, 경쟁의 룰은 무엇인지, 시장성장률은 어느 정도나 되는지 등을 분석하여 자사가 진입하기 좋은 매력적인 목표시장을 찾는 작업을 수행해야 한다.

셋째, 경쟁자 분석단계에서는 경쟁자를 분석함으로써 자사의 경쟁우위를 어디에서 확보할 것인지, 약점은 어떻게 극복할 것인지, 미래의 경쟁자는 어떤 방식으로 경쟁에 임할 것인지를 사전에 파악해 두어야 한다. 이러한 과정을 거쳐야만 자사가 어떤 세분시장에 뛰어들 수 있는지를 가늠할 수 있기 때문이다.

넷째, 소비자 분석단계에서는 시장에서 실제로 움직이는 소비자 행동을 분석함으로써 소비자의 특징과 심리적 동인을 찾아 내어 마케팅에 활용해야 한다. 그 시장 안에 포함되어 있는 소비자를 정확히 파악해야만 현존하는 또는 잠재적인 소비자의 니즈를 파악할 수 있으며,

이를 통해 차별화 기회를 찾고 고객의 욕구를 채울 수 있는 기회를 발견할 수 있다.

시장환경을 분석하는 방법은 긍정적 · 부정적 환경요소를 먼저 생각하고, 이러한 환경요소가 시장에 어떤 영향을 미칠 것인지를 분석해 보고, 그 영향을 고려하였을 때 어떤 마케팅전략이나 새로운 시장기회가 있는지를 분석해야 한다.

2. 시장환경 분석의 기본 틀: 3C분석과 SWOT분석

시장환경 분석을 위한 가장 기본적은 틀은 3C분석과 SWOT분석 기법이다. 3C분석을 통해 고객, 경쟁자, 자사의 능력을 분석해 보고, SWOT 분석을 통해 내부환경에서 자사의 강점과 약점을 찾아 내고, 외부환경에서 미치는 기회와 위협요인을 찾아 내어 변화하는 환경에 적절히 대응할 수 있는 전략적 대안을 강구해야 한다.

2.1. 3C분석

고객분석

고객분석(customer)은 다양한 기준을 사용하여 고객의 특성을 파악하는 것이다. 고객분석을 통해 고객의 욕구파악, 소비자 기호변화 분석, 소비자 구매행동 분석, 소비문화 및 소비시장 트렌드 변화 예측 등을 종합적으로 분석해야 한다.

우리나라 농축산물 시장환경은 수입개방폭이 크게 확대된 반면, 소비는 정체상태를 보이면서 공급초과의 수급구조가 지속되고 있다. 그러나 문제는 애그플레이션(agflation)현상이 확산하면서 각종 원자재 가격 상승에 따른 제품가격의 상승으로 마케팅에도 많은 변화가 예상된다.

특히, 수입 농축산물의 국내 시판이 확대되면서 치열한 품질 및 가격경쟁체제로 들어섰으며, 소비자들이 품질과 안정성을 중시하는 소비행태가 확산되고 있다.

농산물시장 및 고객환경 분석단계에서는 특정 농산물의 시장규모와 성장률, 가격수준, 주요 유통경로, 대체과일에 대한 고객의 선호도 등을 알아야 한다. 특히, 대형유통업체의 영향력이 급격히 커짐에 따라 그들의 농산물 공급선 선택조건 및 거래방법 등에 대하여 정확한 이해가 효과적인 마케팅전략 수립에 필수적이다.

"고객이 특정 제품에 대하여 진정으로 원하는 것은 무엇인가, 우리 브랜드가 제공하는 차별화된 고객가치는 무엇이며 경쟁사는 누구인가, 그리고 고객이 현재 자사 브랜드의 가치를 어떻게 평가하고 있는가"를 파악하는 것은 매우 중요하다. 왜냐하면, 현재 브랜드 가치가 시장상황 또는 경쟁력을 객관적인 시각으로 가장 명쾌하게 알려 주기 때문이다.

고객이 원하는 브랜드 가치를 언어로 정확히 파악하기 위해서는 단기적 정량조사보다는 고객과의 일대일 심층면접이나 FGI(그룹인터뷰)와 같은 정성조사방법이 효과적이고, 자체적으로 이와 같은 조사를 하기 어려울 경우 외부전문가를 활용하는 것도 필요하다.

표 6-1 시장 트렌드 변화와 농축산물 마케팅전략

트렌드	추구	농축산물 마케팅전략
건강+환경 중시	웰빙확산+로하스 등장으로 안전 · 건강 · 행복중시 경향 확산	→ 고품질, 친환경, 기능성 농축산물 부상 → 웰빙 마케팅, 그린 마케팅
유목성향 (트랜슈머)	인터넷, 유비쿼터스, 모바일 발달로 편리성과 시간절약 추구	→ 무점포판매망 확대 (인터넷쇼핑, 홈쇼핑, M(T)-commerce 등) → 인터넷 마케팅, 무점포 마케팅
감성중시, 체험소비	이미지와 디자인 중시, 체험소비	→ 세련된 디자인, 화려한 색상, 시식품 제공 → 감성마케팅, 체험마케팅
스마트소비	구매하고자 하는 제품에 대한 다양한 정보수집을 통한 합리적 구매	→ 정직한 마케팅으로 소비자 신뢰확보 → 합리적 가격
아름다움 추구, 레저소비	생활 및 소득수준 향상, 주 5일 근무 등 레저분위기 확산	→ 다양한 소포장, 맞춤형 농축산물 준비 → 맞춤마케팅, CRM마케팅 → 저칼로리 제품 각광

경쟁분석

경쟁분석(competition)은 마케팅활동을 전개하는 업체의 경쟁환경을 파악하는 것이다. 경쟁분석을 통해 경쟁자의 강점과 약점 그리고 전략 등을 이해함으로써 앞으로 예상되는 시장환경 변화에 대한 경쟁자의 대응방향을 이해할 수 있게 된다.

경쟁분석은 크게 두 단계로 이루어진다. 첫 번째 단계는 경쟁의 원천, 즉 현재 및 잠재적인 경쟁자들을 확인하는 것이며, 두 번째 단계는 1단계에서 파악된 주요 경쟁자의 전략을 찾아 내어 강점과 약점으로 나누어 평가하는 것이다. 고객의 관점에서 우리의 경쟁자는 누구이며, 그들의 마케팅전략과 방법, 강점과 약점은 무엇인가? 특히, 고객 인식상에 경쟁사의 가장 치명적인 약점과 고객의 마음속에 경쟁브랜드에 대한 지각된 품질을 정확히 파악하는 것이 필요하다.

농축산물의 경우에는 유통채널별 경쟁브랜드 제품의 품질, 포장, 가격, 포지셔닝을 위한 브랜드 이미지 등에 관한 강 · 약점을 파악하는 것이 중요하다. 자사 고객에 대한 경쟁브랜드를 정하고 그들의 시장 내 포지션을 정확히 파악하는 것이 브랜드 마케팅 전략수립에서 중요한 요소임에도 불구하고, 자사 브랜드의 명확한 포지셔닝에 대한 중요성과 함께 간과하고 있는 업체들이 매우 많은 것이 현실이다. 특히, 농축산물분야는 고객 중심의 마케팅과 브랜드라는 개념이 최근 도입되기 시작하였기 때문에 이 부분에 대한 인식이 매우 미약한 실정이다. 우선 사내토론과 인터뷰를 통해서 "경쟁 브랜드를 선정하고, 자사 브랜드가 시장에서 경쟁사와 비교하여 어떤 지위에 있는가, 어떤 고객층을 갖고 있는가"등을 조사 · 분석해야 한다.

분석결과 "자사 브랜드가 어느 정도 강한가, 경쟁 브랜드와 비교하여 어떤 이미지 포지셔닝을 하고 있는가"등을 파악해야 한다.

자사분석

자사(내부, company)분석은 자사의 역량 및 경쟁력을 분석하는 것으로 강점과 약점분석, 기업 내부능력 분석(경쟁력, 가격력, 품질력, 연구개발력, 기술력 등), 원가분석(현재 원가구조와 수준, 미래 예상원가수준, 경쟁기업 대비 지속적 원가우위 여부) 등을 통해 이루어진다.

자사분석의 핵심은 조직의 강점과 약점을 파악하는 데 있으며, 자사의 제품별 성과수준(매출액/수익), 현행 전략의 문제점, 제약조건 등을 정확히 파악해야 한다. 구체적으로 ① 자사의 내부 강 · 약점에 대한 규명 및 평가, ② 자사가 직면한 외부시장 기회와 전략적 기회에 대한 규명 및 평가, ③ 자사의 경쟁적 위치의 강 · 약점 평가 등을 실시해야 한다.

이를 통해 고객인식상에 "우리는 브랜드력(인지도, 충성도, 지각 품질, 브랜드 이미지 등), 제품속성, 가격경쟁력 및 유통망, 마케팅능력 중 무엇이 강한가, 우리가 경쟁사보다 잘 할 수 있는 것은 무엇인가" 또한 유통 및 고객의 요구, 시장매력도, 산업의 핵심 성공요인이 무엇인지 정확히 파악하여 자사의 강점을 적절히 믹스하여야 한다.

한편, 브랜드에 대한 사내평가(토론과 인터뷰)를 통해서 전 임직원이 브랜드의 강점과 약점, 기회와 위협요인이 어디에 있는가를 파악하여 공유하고 초점을 좁히는 것이 브랜드 마케팅전략을 성공시키는 데 매우 중요하다.

수차례 사내토론을 통해 "현재 브랜드의 강점과 약점은 각각 무엇인가? 브랜드 전략 전개상의 과제는 무엇인가? 향후 고객의 인식은 어떻게 변화할까? 위협이 되는 경쟁 브랜드는 무엇인가? 신규진출 브랜드는? 브랜드 전략상의 과제는 무엇인가?"이 밖에 브랜드가 처한 상황에 대한 다양한 측면을 살피는 것은 매우 효과적이다.

자사분석을 통한 전략적 방향성은 크게 3가지 관점에서 설정된다.

첫째, 자사의 핵심 자원이 무엇인지 파악하여 마케팅 자원배분의 기준을 마련해야 한다. 여기서는 먼저 자사의 사업 중 어떤 사업을 키우고 축소해야 하는지를 사업포트폴리오 관점에서 살펴보아야 한다. 다음으로는 여러 가지 가치사슬과 핵심 역량을 파악하여 경쟁우위의 원천을 기반으로 한 전략방향을 설정해야 한다.

둘째, 자사가 처한 상황에 알맞은 마케팅전략을 구사할 수 있어야 한다. 이때 자사의 상황을 알려 주는 기준으로는 경쟁적 위치와 자사가 속한 시장의 수명주기가 있다. 경쟁적 위치에 따라 마케팅의 방향이 달라질 것이며, 시장단계를 말해 주는 수명주기단계에 따라 마케팅 목표는 물론이고 마케팅믹스가 달라진다.

끝으로, 거시환경과 자사 및 경쟁사 분석을 종합하는 SWOT분석을 통해 궁극적인 전략방향을 수립해야 한다.

2.2. SWOT분석

SWOT분석은 앞에서 이루어진 외부환경 분석과 내부환경 분석의 결과를 결합하여 앞으로 마케팅부문에서 해결해야 할 전략적 과제를 개발하는 단계이다. SWOT란 용어는 강점(strength), 약점(weakness), 기회(opportunity), 위협(threat)의 첫머리 알파벳을 따서 만든 것이다. 즉, SWOT분석은 그림 6-2에서 보는 것처럼 외부환경 분석의 결과인 기회·위협과 내부환경 분석의 결과인 강점·약점을 결합하여 마케팅 관리자가 해결해야 할 전략적 과제들을 찾아 내는 작업이다.

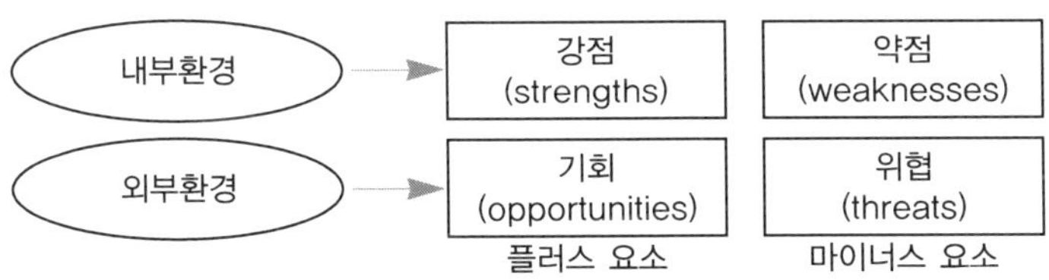

그림 6-2 SWOT분석기법 도표

표 6-2 SWOT분석 주요 요인(사례)

구분	• 독특한 제품 • 우수한 서비스 • 높은 기업 · 브랜드 인지도	약점	• 운영자본 부족 • 경영능력 부족 • 구매효율성 부재
기회	• 틈새시장의 존재 • 고객 기호의 변화 • 고객의 미충족 욕구	위협	• 경쟁기업의 활동 • 법률적 제약 • 시장 트렌드의 변화

SWOT분석을 이용하여 전략과제를 개발하는 과정은 크게 세 단계로 나누어 이루어진다. 1단계는 외부환경 분석의 결과를 정리하여 기업의 성장과 발전에 기회와 위협이 되는 요인들을 찾아 내어 기회와 위협요인으로 정리한다. 마찬가지 방법으로 내부환경 분석의 결과를 정리하여 강점과 약점으로 정리한다.

2단계는 이들 강점 · 약점과 기회 · 위협요인을 결합하여 크게 네 가지 성격의 마케팅전략 과제들을 개발한다. 네 가지 전략과제는 각각 기회와 강점이 결합된 기회활용을 위한 강점이용 과제, 기회와 약점이 결합된 기회활용을 위한 약점보강 과제, 위협과 강점이 결합된 위협제거를 위한 강점활용 과제, 그리고 위협과 약점이 결합된 위협제거를

표 6-3 SWOT분석과 마케팅전략

구분	강점(S)	약점(W)
기회 (O)	**공격적 마케팅** 기회를 살리기 위해 강점을 사용하는 마케팅전략	**우회전략** 약점을 극복함으로써 기회를 활용하는 마케팅전략
위협 (T)	**다각화 전략** 위협을 회피하기 위해 강점을 사용하는 마케팅전략	**방어적 마케팅** 위협을 회피하고 약점을 최소화하는 마케팅전략

위한 약점보강 과제 등이다.

마지막 3단계에서는 2단계에서 개발된 전략과제들 중에서 앞으로 전략기간 내에 마케팅부문에서 중점적으로 추진하여 해결해야 할 핵심 전략과제를 추출한다. 각각의 전략과제를 중요도와 긴급성의 관점에서 평가하여 우선순위를 매겨서, 이러한 우선순위에 의거하여 상위 5~7개의 마케팅전략 과제를 핵심 전략과제로 최종적으로 선정한다.

3. 외부환경 분석을 통한 새로운 브랜드 개발

거시환경 분석은 변화하는 환경에서 기업경영의 기회와 위협을 발견하여 대책을 수립할 수 있게 해 준다는 점에서 의의를 갖는다. 성공하는 기업이라면 환경변화 속에서 기회의 발견과 활용을 통해 생존과 성장을 도모해야 한다.

3.1. 외부환경의 변화와 기회의 포착

외부환경은 거시환경이라고도 하는데, 거시환경은 한 나라 또는 한 사회의 모든 기업이나 경영체에 영향을 미친다. 거시환경은 기업(경영체) 입장에서 통제가 거의 불가능한 요인으로 기업(경영체)의 성장방향·경영전략·기업조직의 구조에 영향을 미칠 뿐 아니라, 간접적으로는 기업에게 다양한 기회와 위협요인을 제공하기도 한다.

기업(경영체)은 자신을 둘러싼 환경과 끊임없이 상호작용하기 때문에 환경에 대한 면밀한 분석 없이는 장기적으로 기업의 생존과 성장이 불가능하다. 따라서 환경변화에 적절하게 대응하고 성공의 가능성을 높이기 위해서는 거시환경 분석이 필요하다.

인구통계학적 환경, 자연적 환경, 정치 · 법률적 환경, 기술적 · 경제적 · 문화적 환경을 우리가 거시환경이라고 부르는데, 이 거시환경은 어느 하나가 독단적으로 작용하는 것이 아니라 하나의 결과를 위해서 연속적이고 주기적으로 서로의 역량이 작용하고 그래서 전체가 변하게 된다.

우리나라는 고령화 사회로 몸살을 앓고 있지만 지구 전체로 보면 인구가 폭발적으로 증가하면서 몸살을 앓고 있다. 인구증가로 인해 소비가 늘어나 자원이 고갈되고 환경이 심각하게 훼손되고 있기 때문이다. 환경이 악화되면 자연적 환경의 변화와 법적 환경의 변화를 초래한다. 자원을 많이 사용하면 그만큼 폐기물들이 생겨나기 마련이다. 정부가 이를 통제하지 않으면 환경이 파괴되기 때문에 이를 조정하기 위해 환경법을 강화하게 된다. 즉, 정치 · 법률적 환경의 변화가 일어나는 것이다.

정치 · 법률적 환경이 변화되면 기업환경도 변한다. 당연히 자원을 덜 쓰면서 오염물질이 덜 나오는 방안을 찾아야 될 것이다. 이것을 기술적 환경의 변화라고 부른다. 기술적 환경이 변화되면 새로운 자원을 찾게 되고, 가능하면 자원을 덜 쓰면서 더 편리하고 코스트는 낮으며 가치는 높아지는 여러 가지 제품들을 만들어 내야 한다.

이로 인해 경제가 활성화되면 소비패턴이나 경제환경도 변한다. 경제적인 환경이 변하면 거기에 속한 집단들의 행동과 의식, 커뮤니티와 문화도 변하기 마련이다. 즉, 문화적 환경이 변하는 것이다.

그런데 이 거시환경이 왜 문제가 되는가 하면 통제가 불가능하다는 것 때문이다. 왜 통제가 불가능할까? 그것은 환경적인 요인 자체가 큰데다 각각의 사안들이 서로 얽혀 있어서 기업이나 개인 차원에서 통제와 조정이 쉽지 않기 때문이다. 결국 거시적인 측면이라는 것은 관리대상이 아니라는 것이다. 이 가운데는 모르고 있으면 당할 수밖에 없는 요인들이 수두룩하다. 그래서 기업들이 더 신경을 써야 하고 시대를 읽는 눈이 있어야 한다.

석유제품의 고갈이 예상되고 대기오염 환경기준이 점점 강화되는 것에 시각을 맞추지 않으면 자동차 신제품 개발은 이미 물 건너 간 것과 마찬가지이다. 일본이 세계 하이브리드 자동차시장을 석권하고 있는 것은 이런 거시적 환경문제를 이미 읽고 있었기 때문이다.

결국 기업은 외부(거시)환경 분석을 통해 기업경영의 기회와 위협을 발견하고 대책을 수립할 수 있다. 특히, 경영환경은 지속적으로 변화하기 때문에 어제에 없었던 기회가 오늘은 있을 수 있고, 오늘의 변화추세 속에서 미래의 기회를 예측할 수도 있다.

예를 들어, 1990년대 초반까지만 해도 웰빙에 대한 관심이 우리 사회의 핵심 트렌드로 자리잡을 것이라 아무도 예상하지 못하였지만, 풀무원 유기농 콩나물과 두부, 웅진식품의 초록매실, 남양의 17차, 광동제약의 비타 500 등은 이러한 트렌드의 변화를 미리 예견하고 웰빙 브랜드를 개발하여 시장기회를 잡는 데 성공하였다.

3.2. 외부환경 구성요인

기업의 마케팅전략 수립에 영향을 미치는 거시환경의 구성요인은 인구통계학적 요인, 경제적 요인, 사회 · 문화 · 자연환경적 요인, 법률적 요인, 정치적 요인, 기술환경적 요인 등이 있다. 기업은 이러한 거시환경의 구성요인 중 자사가 속한 산업에서 어떤 거시환경이 중요한지를 분석해야 한다. 즉, 전략적 의사결정에 영향을 미칠 만한 영역으로 분석의 범위를 제한할 필요가 있는데, 이는 기업이 고려해야 할 거시환경적 요인들이 해당 산업의 특성에 따라 달라지기 때문이다. 우리나라의 마케터들이 공통적으로 당면하고 있는 외부환경의 각 요인은 다음과 같다.

첫째, 인구통계학적 요인이다. 즉, 인구구조의 주요 요소인 전체 인구, 연령별 인구, 지역별 인구를 파악함으로써 미래에 다가오는 시장이 어떻게 변해 가며 이러한 변화가 자사에 어떠한 기회와 위협이 되는가를 파악할 수 있다.

둘째, 경제적 요인 측면에서 소득을 빼놓을 수 없다. 소득에서 저축과 세금을 제외한 부분이 곧 시장의 수요로 전환되기 때문이다. 소득의 증가는 교양 · 오락비 · 통신비 · 건강관리비 등의 지출을 늘려 전반적으로 서비스제품의 소비를 증가시킨다. 소득은 계층별로 차이를 보이고 계층별 소비성향을 결정하기 때문에 시장세분화의 중요한 기준으로 이용될 수 있다.

셋째, 사회문화적 요인이 있다. 사회적 환경의 구성요소에는 라이프스타일, 사회적 가치관 등이 있다. 국제결혼 비중의 증가가 좋은 예가 될 수 있다. 현재 농림어업에 종사하는 남성의 30~40% 정도가 외국인 여성을 신부로 맞아들이고 있다. 그런데 이 여성들과 이들이 낳은(낳을) 아이들을 생각해 보면 향후 가치관뿐만 아니라 생활풍습, 법제도적인 변화가 생길 것으로 예상된다. 따라서 우리 기업도 이제 이러한 변화에 대해 체계적이고 장기적인 대책을 세워야 한다.

넷째, 자연환경적 요인은 기후 등 자연환경 변화에 따르는 영향을 점검하는 것이다. 가령 지구온난화, 사막화 진전 등은 사업적 기회를 감소시키거나 확대시킬 수 있다. 최근 우리나라의 기온이 점차적으로 상승하는 현상을 비추어 볼 때 어쩌면 미래에 우리나라가 아열대기후에 속할 수도 있다. 만일 그렇게 된다면 난방과 관련된 사업은 그 규모가 축소될 것이고, 휴양이나 관광산업이 기회를 맞을 수도 있다. 기후변화는 농작물의 재배지역에도 영향을 줄 것이며, 지역별 주 재배작목이 바뀔 것으로 예측된다.

다섯째, 기술환경적 요인이 있다. 즉, 생산자는 자사가 속해 있는 산업에 영향을 미치는 기술적 변화를 인지하고 있어야 한다는 것이다. 특히, 신제품을 개발하거나 기존 제품의 개선을 위해 제품의 제조공정이나 유통경로를 개선시키는 등의 창조적 기술혁신은 기업환경과 경영에 충격을 준다. 인터넷의 등장으로 인한 사회 · 경제적 변화가 가장 두드러진 사례이다. 유비쿼터스시대의 핵심 기술인 RFID(전자테크)는 농축산물 유통에도 실시간 생산이력 추적을 가능하게 하여 큰 변화를 가져올 수 있다.

여섯째, 정치 · 법률적 요인이 있다. 이는 다른 환경요인과 마찬가지로 마케팅활동 성과에 영향을 미치는데, 여기에는 해외의 정치환경뿐만 아니라 정부의 정책 및 규제, 각종 정부기관의 방침, 국회의 입법, 기타 압력단체들의 활동 등이 모두 포함된다. 특히, 새로운 법률, 법률의 강화, 각종 압력단체들의 활동 등에 의해 마케터의 재량권이 크게 제약될 수 있다. 최근 이슈가 되고 있는 WTO/DDA, FTA(자유무역협정) 같은 국가 간 협약도 마케팅활동에 큰 변화요소가 된다.

이러한 거시환경의 변화에 따라 새로운 상품기회가 생기기도 하며, 가격결정이나 판매촉진활동, 제품컨셉 결정 등에 영향을 미치기도 한다. 현재 제3세대 통신이라고 불리는 화상통화기술의 발달로 각 이동통신업체들이 신제품을 내놓고 나름의 차별화된 광고와 판촉전략을 수행하는 것이 좋은 사례이다. KTF가 내세우고 있는 SHOW 브랜드도 이런 맥락에서 이해할 수 있다.

3.3. 외부환경 분석방법

거시환경을 분석하는 기법에는 시나리오 분석기법, 인과관계모형에 의한 분석, 시계열분석 등이 있으며, 예측기법을 선택할 때에는 예측 목적에 따라 예측의 정확성이나 비용이 달라지므로 이를 고려해 선택해야 한다. 또한 각 환경분야에 대한 전문기관이나 민간연구소의 보고서 또는 언론 보도자료 및 시장조사기관 보고서 등의 2차 자료를 효과적으로 활용하면 된다. 문제는 환경변화요인을 파악하여 기업성장의 기회와 위협요인을 발견해 내는 통찰력과 이를 사업에 적용시킬 실행력을 가지는 것이 중요하다.

인구통계적 환경(인구변화의 특성을 읽어라)

예를 들어, 노령인구가 증가한다든가 어린이 소비자의 구매력이 증가한다든가 하는 것이 마케팅 포인트에서는 중요하게 작용한다. 최근 신세대를 X세대, N세대라고 부르는데, 세대의 변화가 극심하기 때문에 세대차에 대한 거리감이 생각보다 심각하다. 세대별로 연령층별로 서로가 보는 TV 채널이 다르고 먹는 음식도 다르다. 그래서 이 두 계층이 극단적으로 말하자면 서로 구분되는 뚜렷한 상품군을 갖고 있다는 것이다. 그러므로 특정 지역에 특정 세대가 많다는 것은 오히려 마케팅 입장에서는 공략하기 좋은 환경이 된다.

이처럼 인구통계적인 환경은 마케팅에서 중요한 요인이 된다. 우리나라의 경우에 노령인구가 급격히 증가하고 있어 노인층에 대한 마케팅의 중요성이 커지고 있다. 아울러 핵가족화가 심화되고 이혼율이 급증하면서 SSWD현상이 늘어나고 있다고 한다. S는 싱글(single), 즉 홀로 살아도 괜찮은 사람이다. 또 다른 S는 세퍼레이트(seperate), 즉 별거족을 말한다. W는 위도우(widow)로 과부를 말하며, D는 디버스(divorce)로 이혼족을 가리킨다. 이들을 대상으로 하는 세부적이고 심층적인 마케팅도 늘어나고 있다. 대표적인 예가 재혼기업의 성시를 들 수 있다.

과거에는 거실에 큰 TV 하나만 있던 것에서 지금은 대형 벽걸이 TV 한 대에 방마다 컴퓨터나 TV 등이 배치되어 있다. 그것은 우연히 이루어진 것이 아니다. 마케터들이 머리를 맞대고 시대의 흐름과 환경변화를 읽어서 만들어 낸 것이다. 이혼율 증가, 원룸의 확산, 혼자 쓰는 가구, 고급 명품의류가 다 시대흐름과 연관되어 태어난 것이다. 핵가족화가 되고 유아숫자가 감소되면서 과거의 라이프스타일과 생활패턴이 달라졌기 때문이다. 마케터들이 그 시장의 특성에 맞는 새로운 상품을 새로운 디자인으로 만들어 내고 시장에 적용시켜 온 결과 지금의 시장환경이 형성된 것이라는 말이다.

마케터들은 이와 같은 환경의 변화를 마케팅적으로 어떻게 이해를 하고 고객의 가치를 높여 줄 것인가를 연구해야 한다.

경제환경(경제의 리듬을 타라)

경제라는 것은 구매와 연결된다. 호경기와 불경기의 차이는 무엇인가? 불경기라는 것은 제품이 팔리지 않는 것이다. 그래서 우리는 불경기에 기업만 손해보는 것으로 생각한다. 그러나 안 팔리면 기업도 손해를 보고 그 구성원도 손해를 본다. 주주들도 손해를 보고 이 기업의 거래과정에서 이득을 보아 온 모든 경제인구들이 손해를 본다. 결국 경제가 불경기라고 하는 것은 그만큼 소비자의 소득이 줄어든다는 이야기로 귀결될 수밖에 없다. 불경기의 악순환이 일어나는 것이다. 그러므로 기업이 살고 종업원도 사는 방법으로, 소비가 잘 되도록 정부가 유도해 주어야 하는 것이다.

경제주기란 호황기, 쇠퇴기, 불황기, 회복기의 순환구조를 말한다. 기업의 경우, 보통 호황기 때 투자를 확대하는 경향이 있다. 호황기니까 물건이 잘 팔리고 현금이 잘 돌게 되니 기업도 미래를 내다보고 투자를 하는 것이다. 그러나 호황기이기 때문에 하는 이 투자는 정말 위험하다고 할 수밖에 없다. 호황기는 반드시 쇠퇴기로 내려가고 이어서 불황기로 가는 법이다. 투자는 잔뜩 해 놓았는데 이제 경기는 하향곡선을 그리고 있어서 점점 나빠지게 된다. 그래서 심하게 말하자면 호황기 때 투자를 하는 회사는 백이면 백 다 망하기 십상이라는 것이다.

기업은 호황기 때보다 회복기에 투자를 해야 호황기 때 빛을 보게 된다. 경제지표에 투자선행지수라는 것이 바로 기업의 미래 투자동향을 보여 주는 것으로, 이것이 낮으면 기업은 회복기가 아직 멀었고 이것이 높으면 기업들은 곧 회복기가 될 것으로 본다는 이야기가 된다. 기업 입장에서는 회복이 눈앞에 있고 경쟁사들이 아직 미약할 때, 미래에 있을 수요를 예측하여 투자를 하는 것이다.

경제적 환경에서 인플레이션과 스태그플레이션에 대해 살펴보자. 스태그플레이션(stagflation)은 스태그네이션(stagnation)과 인플레이션(inflation)이 합해진 것이다. 인플레이션은 돈이 너무 많이 풀려 있어 물건 값이 상대적으로 비싸진 경우이다. 생산성은 별로 안 높아지는데 월급만 높여 주어서 돈 많이 가져간다고 종업원이 득볼 일은 없다. 물건 값은 비싼 데 얻을 것이 없는 셈이다. 스태그플레이션은 경기도 불황인데 물가가 올라가는 것이다. 경기혼란상태라고 할 수 있다. 경기가 엉망이라 수입도 줄고 거래도 주는데 인플레이션이 일어나는 것이 가장 해결하기 어려운 문제들이다. 기업은 이런 경제주기에 따라 마케팅의 변화를 주어야 한다.

최근 거시적 경제환경 중에서 우리 시장환경에 가장 큰 영향을 미치는 요인은 애그플레이션(agflation)현상이다. 애그플레이션은 농업(agriculture)과 인플레이션(inflation)의 합성어로, 농산물가격이 오르면서 전체 물가도 영향을 받아 인상되는 현상을 표현한 신조어다. 최근 국제곡물시장에서 밀, 옥수수, 콩 등 국제곡물가격이 폭등하면서 국내 식료품가격이 줄줄이 따라 올라 국제유가를 비롯한 에너지가격 상승 못지않게 경제에 큰 부담을 주고 있는 것이다.

자연적 환경(그린 마케팅이 대세)

자연적 환경은 결국 하나밖에 없는 지구라는 데서 비롯된다. WTO는 무역장벽을 없앴지만 그린 라운드가 대두되면서 환경이 중요한 국가간 및 기업 간 의제가 되었다. 우리나라도 2005년도 1월부터 음식물쓰레기를 묻지 못하게 되어 있다. 그래서 음식물쓰레기를 전부 어떻게 할까? 재활용으로 보낸다. 사료로 주든가, 아니면 퇴비로 주어야 한다. 이 때문에 음식물쓰레기를 잘못 버리면 큰 일을 당할 수 있다. 따라서 마케터는 자연적 환경을 염두에 두고 마케팅 방향을 확실하게 잡지 않으면 안 된다. 어차피 그린 라운드 아래서 그린 마케팅을 펼쳐 나가야 한다.

그린 마케팅이란 환경보호적 상품, 즉 직 · 간접적으로 인간에게 유해하지 않는 상품, 재활용 가능성이나 부패성이 높은 포장지, 환경오염을 방지 · 감소시키는 기계장치, 그리고 에너지를 절약하는 상품 등을 개발 · 판매함으로써 인간의 삶의 질을 향상시키는 마케팅이라고 정의할 수 있다.

구체적인 예를 들면, 모 항공사가 그린 마케팅을 염두에 두고 자사의 사례를 홍보하기 시작하였다. 이 항공사는 대단히 훌륭한 오염물질 처리시설을 설치하여 손님들이 기내식을 먹고 남긴 음식물쓰레기를 완벽하게 처리하게 되었다고 자랑하였다. 이게 과연 잘한 것일까? 음식물쓰레기를 완벽하게 처리하는 것도 중요하지만 아예 발생 자체를 줄이는 발상이었어야 한다는 것이 지적사항이었다. 이들은 음식물쓰레기를 많이 발생시키고 있음을 자랑한 셈이었다.

이것을 처리하는 방법으로는 방어적인 처리방안과 공세적인 처리방안이 있을 것이다. 방어적 처리라는 것은 비행기를 타고 다닐 때 발생하는 많은 기내식 쓰레기를 환경친화적으로 처리할 수 있는 장치를 설치하는 것이다. 이건 방어적인 자세로서 나오는 쓰레기를 치우는 수준에 불과하다.

공세적인 자세는 이와 다르다. 기내식 중에서 스테이크, 햄버거 이런 것이 나올 때, 사람마다 먹는 양이 다르므로 음식량을 대중소로

니누어 일단 나간 음식은 승객이 다 먹게 만드는 것이다. 음식물쓰레기를 아예 발생시키지 않는 쪽으로 가겠다는 의지의 표현인 것이다. 그래서 환경정책은 “이미 만들어져 있는 것들을 무엇으로 어떻게 처리할까?”가 아니라 아예 발생 자체를 줄여 나가자는 적극적인 자세로 바꿔어야 한다.

그린 마케팅은 철저하게 공세적으로 나갈 필요가 있다. 그린 마케팅의 화두는 결국 무엇일까? 가칭 ‘초(超)웰빙’의 실현이다. 초웰빙은 삶의 질을 대폭 높이는 것이다. 초웰빙을 실천하는 것이다. 비 그린 마케팅 제품에 대해서는 어떻게 될까? 불매운동이 일어나고 기피하게 될 것이다. 소비자는 그린 마케팅 제품을 더 선호하고 더 적극적이고 능동적으로 소비하게 된다. 그래서 이제는 그린 마케팅이라고 해서 수세적으로 방어만 할 것이 아니라 철저하게 공세적으로 갈 필요가 있다.

가령 억지로 사료를 먹여 이상 발육한 북경오리(베이킹 덕)나 프랑스 거위간, 곡물사료를 과도하게 먹여서 키운 닭이나 달걀, 꽃등심 같은 농산물이 앞으로도 소비자에게 인기가 있을지에 대해서는 생각해 볼 필요가 있다.

기술적 환경(창조적 파괴를 주도하라)

기술적인 면에서 영구적인 것은 없다. 이것을 창조적 파괴라고 말하기도 하는데, 아무리 훌륭한 기술이라도 그것을 능가하고 극복하는 기술이 나오면 그 기술은 폐지된다는 것이다. 그러니 경쟁사와의 기술우위가 얼마나 중요한 것인지 두 말할 필요도 없을 것이다. 창조적 파괴라는 이런 기술변화를 통해 국가의 등급도 매겨진다. 선진국과 후진국으로 나누어지는 변화가 다 기술수준의 차이를 말하는 것이다.

기술적 환경이 변하면 생활도 달라지고 라이프스타일도 바뀌기 마련이다. 1970~1990년대에는 카세트 플레이어인 워크맨을 허리에 차고 다녔지만 지금은 손가락 두 마디만한 MP3로 음악을 듣는다. 최근에는 아예 핸드폰 안에 MP3를 장착시킨 컨버전스 제품이 각광을 받고 있다. 이것이 기술적 환경에서 벌어지는 현상들이다. POS, EDI, 인터넷, 전자텍(RFID), 컨버전스 기술확산 등으로 농축산물 유통에도 큰 변화가 일어날 것이다.

정치적 · 법률적 환경(정치 · 법률적 환경에 민감하라)

기업에 영향을 미치는 정치적 · 법률적 환경에는 여러 가지가 있다. 그 중 하나가 정치로 그것은 법률을 입법할 수 있는 힘이다. 한 · 미 FTA에 막강한 힘을 행사하는 미국 제약업체, 농산물 생산업자들, 자동차업계 등이 정치적 환경을 통해 기업에 유리하도록 법을 바꾸려 드는 것이다.

법률적으로는 기업 상호간을 보호하는 것이 법적 환경의 기본 정신이다. 물론 대기업이 작은 기업이 경쟁수준까지 올라서지 못하도록 막는 견제장치가 될 악법도 만들 수 있지만 원칙적으로는, 불공정기업을 퇴출하고 공정한 기업을 보호해 주면서 사회이익을 제대로 구현하도록 하는 공정하고 선한 법을 만들어 가는 것이 목적이다.

정치적 환경이란 사회에서 발생하는 사회적 지배의 구조와 과정을 포함한 것으로서 주로 법률과 공공정책이 포함되며, 법률과 공공정책이 사회 이해관계자 집단에 의해 영향을 받아 형성되는 과정을 말한다. 정치적 환경에는 사회의 일반적인 정치풍토나 권력집중의 정도, 정치조직의 성격, 정치 정당체계 등이 포함된다. 따라서 정치적 환경의 가장 핵심이 되는 주체는 두 말할 필요 없이 정부이다.

법률적 환경이란 기업이 경영활동을 수행할 때 이에 관련되는 규칙이나 질서와 같은 요인이다. 어떤 법률이 제정되느냐에 따라 사회변화가 발생되며 기업은 다양하게 직간접적으로 규제 또는 지원을 받는다. 정치적 · 법률적 환경 내에서의 규제활동은 상품개발에서부터 판매에 이르기까지 마케팅의 모든 측면에서 영향을 미친다. 따라서 마케터는 마케팅활동에 영향을 미치는 중요한 법률 등 규제사항을 주지하여야 한다.

문화적 환경(문화가 소비행태를 결정한다)

문화적인 환경은 결국 앞에서 언급한 이런 모든 것들이 어우러져 한 사회의 문화를 만들어 낸다는 점에서 종합적인 환경이라고 말할 수 있다. 소비자의 소비행태를 만들고, 경제환경을 결정하고, 기술적인 모습들을 변화시켜 나가면서 이들이 모여 결국 우리 사회의 문화가 되는 것이다.

먼저 주 5일 근무제가 생기면서 환경이 어떻게 바뀌었는지 살펴보자. 과거에는 매출이 금요일 오후가 많았던 것이 요즘은 목요일로 당겨졌다. 도심의 식당가들은 청계천 주변을 제외하곤 주말에 파리만 날리고 있어 대부분 문을 닫고 있다. 금요일 저녁은 거의 옛날의 주말과 같은 형태의 생활패턴을 보이면서 레저 · 스포츠산업들이 활성화되었다.

특히, 요즘에 주목받는 사업으로는 펜션사업이 있다. 2박3일짜리 또는 1박2일짜리 주말 펜션 프로그램이 선보이면서 많은 관광객을 유인하고 있는 것이다. 펜션사업이란 것이 가족단위로 편하게 자연친화적으로 쉽게 다녀올 수 있는 공간을 찾는 사람에게 쉴 만한 공간을 제공하고 좋은 프로그램으로 즐겁게 만들어 주기 때문에 최근 인기가 상

표 6-4 거시환경 분석 체크리스트

구분	평가내용
정치적 환경	• 규제에 어떤 변화가 일어날 것인가? • 사업의 수요에 어떤 영향을 미칠 것인가? • 기업이 진출하려는 국가에 어떤 정치적 위험이 존재하는가?
경제적 환경	• 기업이 현재 활동중이거나 미래에 활동할 계획이 있는 시장들의 경제적 전망은 어떠한가? • 그것들이 사업에 어떤 영향을 미칠 것인가?
사회문화적 · 인구통계적 환경	• 기업이 활동하고 있는 사회적 · 문화적 분야와 소비자 라이프스타일 분야에서 어떤 경향이 부각되고 있는가? • 이런 추세들이 기존 제품 및 새로운 제품의 수요를 창출하는 데 어떻게 영향을 미치겠는가? • 향후 몇 년간 인구성장과 인구이동에 어떤 경향들이 존재하겠는가? • 이러한 경향들에 기인한 기회와 위협들은 무엇인가?
기술적 환경	• 현재 제품이나 제조공정에 영향을 미칠 새로운 기술들이 존재하는가? • 현재 기술의 라이프사이클 추세는 어떠한가?
기타	• 여러 가지 추세들 중 미래환경의 시나리오가 부각될 것 같은가? • 어떻게 기업이 이런 변화에 적응해야 하는가?

한가를 치고 있는 것이다. 깊고 깊은 산골에 이게 될까 싶지만 인터넷으로 다 연결되면서 요즘 휴가철에는 빈 방이 없어서 대기자들이 수두룩할 정도란다. 이처럼 주 5일 근무제에 따라 문화적 환경은 급변하고 있다. 또 야간에 움직이고 쇼핑하는 사람들이 늘어나면서 밤에 문을 여는 쇼핑몰도 크게 늘었다.

한 나라에는 독특한 자기 문화가 있는데 이 문화가 마케팅에 영향을 미친다. 예를 들면, 우리나라에서는 녹색이 어떤 색일까? 평화와 안녕과 사랑을 가져다 주는 좋은 색이다. 그런데 아랍권에는 이처럼 단순한 이미지의 색이 아니라 경건한 신의 색이다. 그래서 녹색으로 포장하면 물건을 사지 않는다. 미국 같은 경우에는 세일즈맨 문화라서 방문판매가 자연스럽지만 유럽은 전혀 다르다. 아예 문을 열기조차 힘든 것이다. 소니의 캠코더는 전 세계적으로 유명한데 영국에서는 삼성전자에 밀린다고 한다. 영국인이 유독 푸른색을 좋아하기 때문이란다. 이처럼 문화적인 특성을 이용한 마케팅도 적극 활용할 필요가 있다.

4. 시장분석을 통한 미래 트렌드 파악

시장은 물품의 매매가 이루어지는 교환의 장소이며 동일한 유형의 소비자 욕구를 만족시켜 주기 위한 제품의 집합장소이고, 제품거래를 광범위하게 수행하는 사람들과 조직체의 집합이다. 기업은 시장분석을 위해서 제품의 시장범위를 규정하고 이를 구성하고 있는 요소들에 대해서 파악해야 한다. 또한 끊임없이 움직이고 변화하는 시장의 동태성을 이해하기 위해 제품의 수명주기를 분석하여야 한다.

마케팅관리자는 자사 제품의 시장에 대한 분석을 통하여 시장의 매력도를 알아낼 수 있다. 시장의 매력도를 구성하고 있는 요소로는 시장의 외형적인 요인, 시장구조요인 및 환경적 요인을 들 수 있다. 이 중 시장의 외형적 요인에는 시장규모, 시장성장률, 제품수명주기단계, 판매의 주기성, 수익성이 있다. 산업분석은 현재의 경쟁자 및 잠재적 진입자가 특정 사업에 대해 느끼는 매력도를 측정하기 위하여 수행되는데, 기업은 산업에서 자사의 현재 시장 내의 경쟁, 잠재적 진입자,

구매자의 교섭력, 공급자의 교섭력, 대체품을 파악할 수 있다.

21세기 정보화 시대에 수많은 정보를 알게 된 똑똑한 소비자들이 스스로 소비트렌드를 만들어 간다. 따라서 트렌드를 알고 미리 대비하면 사업성공의 기회를 잡을 수 있게 된다.

유행과 트렌드

변화를 알려면 흐름을 알아야 한다. 흐름에는 유행과 트렌드가 있다. 유행은 패드(fad)인데, 이는 일시적인 유행, 열기, 붐 등을 뜻한다. 유행은 순간적이고 즉흥적이고 거시경제에 큰 영향을 미치지 않는 것들이다. 하지만 그 당시에는 훌륭한 관심을 받는 것이다. 그런데 이것을 환경의 변화라고 보면 곤란하다.

트렌드(trend)는 추세라고 하지만 호흡이 패드보다 훨씬 긴 장기적인 추세를 말한다. 반향도 길고 결과나 원인도 장기적이다. 아울러 트렌드는 논리적인 원인과 이유가 있다. 최근에 나타나는 트렌드로는 건강중시, 친환경상품 선호, 저출산, 노령화, 노인복지, 육아시설 증가, 아이들 과보호, 취학아동의 감소, 연금상품의 증가 등 이런 것들이 트렌드에 해당한다.

최근 고령화 사회가 주요한 사회트렌드로 대두되고 있다. 고령화 사회로 들어서면서 상품들도 그에 맞는 트렌드를 쫓아 가고 있다. 여기서 잠시 노인들이 좋아할 만한 인기상품을 개발해서 파는 것은 유행 세일즈이고, 고령화 사회에 필수적이고 기초적인, 그리고 꼭 필요한 상품을 개발해 판매하는 것이 트렌드 마케팅이다.

시장의 미래 트렌드

마케터들은 경제적인 흐름을 쫓아가는 것이 중요하지만 무엇보다도 그 기저에 이런 트렌드의 흐름을 정확히 읽을 수 있는 안목을 갖추어야 한다. 우리가 마케팅환경의 변화에서 관리하고자 하는 것은 유행이 아니라 그보다 더 길고 장기적이며 훨씬 앞을 내다보는 미래의 큰 흐름에 대한 변화 및 대처방안들이다.

시장을 분석하기 위해서는 앞서 살펴보았던 것처럼 경쟁사 · 고객 · 자사의 적합도 등을 살펴보아야 하지만, 미래에 시장의 변화가능성도 면밀하게 살펴보아야 한다. 시장은 멈춰 있지 않고 끊임없이 진화하고 변화하기 때문에 이러한 시장흐름을 파악하여 대처하는 정도에 따라 기업의 명운을 좌우하게 되는 것이다. 이러한 시장흐름을 이른바 '트렌드'라고 하는데, 이 트렌드를 선도하느냐 기존의 것에 안주하느냐에 따라 기업의 성과가 달라진다. 특히, 시장의 변화속도가 점차 빨라짐에 따라 트렌드 분석이 시장분석의 주요 내용이 되고 있다.

기업이 새로운 계획을 세울 때는 반드시 트렌드가 어떻게 바뀔 것인가를 고민해야 한다. 만일 기업이 트렌드를 주도할 수 있다면 불황기에도 높은 수익을 올릴 수 있다. 트렌드에는 변화가 수반되기 때문에 신규 수요를 수반할 뿐만 아니라 유행으로 퍼져 고객들이 트렌드를 따르는 데 결코 돈을 아끼지 않기 때문이다. 또한 트렌드는 기업전략의 방향성을 결정하는 데 중요한 단서를 제공하기도 한다. 대표적인 성공사례는 웰빙과 웰루킹 트렌드에 대응한 '비타500', '초록매실', '17차', '옥수수수염차', '검은콩 차' 등이 있다.

과거의 트렌드가 미래의 트렌드에 영향을 준다는 사실을 염두에 두고 항상 그 연속선상에서 트렌드를 파악해야 한다. 표 6-5는 소비의

표 6-5 시장소비 트렌드 분석방법

요소	내용	예
소비하는 주체의 변화	누가 소비할 것인가? → 인구구조 변화에 따른 수요의 변화	출산감소에 의한 유아 분유 수요의 감소
소비대상의 변화	무엇을 소비할 것인가? → 시장의 글로벌화와 디지털경제의 확산	시간의 소비: 미니홈피와 블로그/소비대상의 변화: 게임, 해외쇼핑, 아바타 구매
소비방식의 변화	어떻게 소비할 것인가? → 자기노출: 공개적 소비, 개인소비와 집단소비: 커뮤니티를 통한 공동구매	유비쿼터스 관련제품: 휴대폰으로 보는 영화
소비의식의 변화	어떤 마음, 어떤 가치관으로 소비할 것인가? → 적극적인 참여의식, 합리적인 소비, 소비의 양극화	프로슈머의 등장, 고객이 제공하는 상품정보 중시 등
소비동인의 변화	소비 전체에 흐르는 사회적인 변화는 무엇인가? → 건강 및 안전에 대한 관심 증가	웰빙상품의 등장: 혼합차, 검은콩 음료, 녹차빵
변화의 추세	변화의 지속성은? → 경기성장 둔화세 지속: 가격, 시간이 지날수록 까다롭고 합리적인 고객의 성향 증가	가격이 저렴하면서 품질이 확보되는 제품: 프랜차이즈 음식점
변화가 표출되는 키워드	소비변화가 어떤 형태로 나타나는가? → 경기침체, 유비쿼터스 기술 등장, 여성의 사회참여 증가, 건강에 대한 욕구 증가	비타민, 모바일, 초저가 웰빙, 로하스, 웰루킹

트렌드를 파악하는 7가지 요소를 나타낸 것이다. 도표를 통해 알 수 있듯이 트렌드는 소비하는 주체와 대상 · 방식 · 의식의 변화로 나타난다. 이러한 트렌드의 동인을 정확하게 파악하여 어떤 키워드를 통해 현상이 발현되는지 한 발 앞서 파악하는 것이 바로 마케터의 몫이다.

5. 경쟁분석을 통한 전략적 대안 마련

경쟁은 혁신의 원동력이며, 고객에게 좀더 나은 양질의 제품을 싼 가격에 공급할 수 있는 시장원리다. 기업의 입장에서 본다면 기업의 기본 목표는 경쟁기업을 지속적으로 능가하는 경쟁우위를 확보하는 것이 된다.

경쟁의 범위는 제품형태에 따른 경쟁과 유사한 속성을 보유한 제품이나 서비스를 경쟁자로 파악하는 제품범주에 따른 경쟁, 고객의 동일한 욕구를 충족시키는 제품 모두를 경쟁관계에 있다고 보는 본원적 추구 효익경쟁 및 고객의 한정된 예산을 확보하기 위해 경쟁하는 모든 제품과 서비스를 경쟁관계에 있다고 파악하는 예산경쟁이 있다. 경쟁은 기존 시장구조를 개선하고 자사의 경쟁우위를 강화하며 잠재적 진출기업의 진입을 저지하는 이점을 가지고 있다.

경쟁분석은 경쟁자의 목표를 파악하고 경쟁자의 현재 전략과 경쟁자의 능력을 파악함으로써 경쟁자의 미래 전략을 예측하는 것으로, 이를 통해 기업 스스로에 적합한 마케팅계획 수립이 가능해진다.

경쟁분석을 통해 경쟁자의 강 · 약점 그리고 전략 등을 이해함으로써 앞으로 예상되는 시장환경 변화에 대한 경쟁자의 대응방향을 이해할 수 있다.

경쟁분석은 크게 두 단계로 이루어진다. 첫 번째 단계는 경쟁의 원천, 즉 현재 및 잠재적인 경쟁자들을 확인하는 것이며, 두 번째 단계는 첫 번째 단계에서 파악된 주요 경쟁자의 전략을 찾아 내어 강점과 약점으로 나누어 평가하는 것이다.

5.1. 누가 경쟁자인가를 먼저 확인하라

경쟁분석을 위해서는 우선 경쟁회사가 어디인지를 파악해야 한다. 삼성전자가 휴대폰 수출에 나섰을 당시 세계시장에서는 노키아, 모토로라, 소니에릭슨 등 굴지의 다국적기업들이 중 · 저가 시장에서 혈투를 벌이고 있었다. 삼성은 초기부터 이들과 경쟁하지 않고 다른 길을 걸었다. 삼성은 새로운 시장을 찾기 위해 우선 휴대폰이 무엇을 하는 제품인지부터 고민한 결과 휴대폰을 단순한 통화수단이 아니라 '사람과 사람, 또는 사람과 정보기기 간 커뮤니케이션 도구'로 정의하였다.

이처럼 제품에 대한 컨셉이 달라지면서 경쟁사와 전혀 다른 전략을 수립할 수 있었다. 당시 외국 휴대폰업체들이 경쟁사에 비해 얼마나 통화품질을 높이고 원가를 줄이느냐에 온 힘을 쏟았던 반면, 삼성전자는 유선전화뿐만 아니라 편지, 햄(아마추어 무선통신), 팩시밀리, TV, 시계, 전자수첩, PDA(개인휴대단말기) 등 모든 정보 · 커뮤니케이션 기기를 휴대폰의 비교대상으로 삼았다. 이러한 노력으로 삼성전자의 휴대폰에는 이러한 경쟁자를 고려한 기능들이 누구보다 먼저 그리고 빨리 장착될 수 있었다. 당시 기능성 제품으로 인식되었던 휴대폰을 감성적 제품으로 전환할 수 있었던 것도 이러한 고민 덕분에 가능하였다. 또한 삼성전자는 디지털기기의 컨버전스(융 · 복합화)가 가속화됨에 따라 항상 몸에 지니고 다니는 휴대폰이 융합의 중심에 설 것이라고 확신하고 이를 준비하였다. 결국 이러한 노력들이 오늘날의 삼성전자를 있게 만든 것이다. 삼성전자의 사례를 통해 알 수 있듯이 경쟁자를 어떻게 규명하느냐에 따라 마케팅의 노력과 컨셉이 달라질 수 있고, 이를 통해 그 기업의 운명이 결정된다.

경쟁자를 확인하는 방법에는 공급 측면에서 확인하는 방법, 수요 측면에서 확인하는 방법 및 관리적 판단에 의해 확인하는 방법이 있다. 공급 측면에서 경쟁자를 확인하는 방법은 표준산업분류를 이용하거나 기술적 유사성을 기초로 판단하는 것이고, 수요 측면에서 경쟁자를 확인하는 방법은 브랜드 전환에 의한 확인방법, 수요의 교차탄력성을 이용하는 방법, 인지도를 사용하는 방법 및 고객의 의사결정과정 분석을 통한 방법이 있다. 관리적 판단에 의해 경쟁자를 확인하는 방법은 마케팅관리자가 자신의 경험, 판매원의 보고, 유통업자, 다른 기업의 정보 등을 활용하여 미래의 경쟁자를 판단하는 것을 말한다.

표 6-6은 자사의 경쟁자를 규명하는 대표적인 방법이다. 예를 들어, 대학교 앞의 당구장과 맥주집을 예로 들어 보자. 언뜻 보면 두 업종 간에는 경쟁관계가 없어 보이지만, 이 두 가지 업종은 학생들의 방과 후 시간, 놀이 및 여가시간, 용돈의 사용 등을 감안하였을 때 매우 첨예한 대립 및 경쟁관계에 놓여 있다. 예를 들면, 남자 대학생들에게

표 6-6 경쟁자 규명방법

경쟁영역	사례
고객의 사용가능한 예산	가처분소득: 여행을 갈 것인가? 보험에 가입할 것인가?
고객이 제품을 언제 이용하는가?	저녁시간 활용: 야구경기냐? 영어회화학원이냐?
추구하는 혜택	농산물 구매: 가격으로 결정하느냐? 맛으로 결정하느냐? 재배방법 · 기능성으로 결정하느냐?

"수업이 끝난 후 당구를 하지 못한다면 무엇을 하겠습니까?"라고 물어 보면 호프집이나 게임방 등에 간다는 대답이 가장 많이 나온다. 이렇듯 서로 상관이 없어 보이지만 상호간에 경쟁이 존재는 이유는 각각의 대안들 간의 대체가능성이 있기 때문이다.

이처럼 마케팅에서는 상품의 형태나 종류가 다르더라도 고객 입장에서 대체가능성이 있는 경우 모두 경쟁상대자로 간주되며, 특히 대체가능성이 높을수록 경쟁강도가 높아진다고 본다.

5.2. 고객 중심 경쟁분석

경쟁의 원천을 찾아 내기 위한 또 다른 접근방법은 고객의 관점, 즉 고객의 본원적 욕구를 중심으로 경쟁자를 파악하는 방법이다. 기존의 브랜드(brand) 위주의 경쟁자 분석에서 벗어나서 고객의 본원적 욕구에 입각하여 경쟁자를 파악해야 한다는 것이다. 지금까지의 경쟁자 분석은 주로 경쟁의 차원을 제품 브랜드에 놓고 경쟁자를 분석해 왔다. 예를 들어, 코카콜라의 경쟁기업은 펩시콜라, 맥도널드 햄버거의 경쟁기업은 버거 킹(Burger King) 또는 OB맥주의 경쟁기업은 하이트맥주 등이었다.

마케터는 이러한 고객관점의 경쟁구조 분석을 기반으로 하면 보다 효과적인 경쟁전략을 수립할 수 있다. 즉, 기존의 경쟁전략은 주로 브랜드 간 경쟁에 초점을 맞추어 경쟁자를 분석하고, 여기에 대응하는 전략을 수립하였던 것에 비해 고객 중심의 본원적 경쟁전략은 경쟁구조를 고객의 관점에서 분석하여 고객의 본원적 욕구에 대한 해결책의 제공을 목적으로 하여 경쟁하는 주요 경쟁업체들의 현행 전략 및 강·

약점을 분석하여 경쟁전략을 수립하는 것을 의미한다. 새로운 고객중심경쟁 분석에서는 경쟁의 원천을 단순히 이와 같은 브랜드 차원에서 벗어나서 고객의 본원적 욕구에서 찾고 있다.

최근 시장의 주도권이 기업에서 고객으로 넘어가 고객의 제품선택범위가 커지면서 경쟁구조도 고객 중심적으로 보아야 한다. 고객의 관점에서 시장의 경쟁구조를 보면 브랜드 간 경쟁 이전에 고객의 본원적 욕구를 어떤 제품형태가 가장 잘 충족시켜 줄 수 있는가 하는 제품 간 경쟁이 먼저 시작된다.

음료수시장의 경쟁구조를 판매자인 기업의 관점에서 보면 동일 업종 내 기존 업체 간의 경쟁, 즉 브랜드 간의 경쟁만이 보이기 쉽다. 그러나 고객의 관점에서 살펴보면, 음료수시장의 경쟁은 음료수에 대한 고객의 본원적 욕구인 갈증해소를 어떤 제품이 가장 잘 해결해 주는가 하는 경쟁, 즉 제품 간 경쟁이 특정 제품의 브랜드 경쟁보다 먼저 시작된다.

예를 들어, 갈증해소를 위한 해결책으로 사이다, 콜라, 과일주스, 스포츠음료, 생수 등의 다양한 제품이 존재하는데 고객의 욕구를 해결하기 위한 경쟁은 이들 제품 간 경쟁부터 먼저 시작한다는 것이다. 즉, 소비자들은 갈증욕구를 해소하기 위하여 코카콜라냐 펩시콜라냐를 먼저 결정하지 않고 어떤 음료수, 즉 제품의 종류를 먼저 결정한다. 그리고 이 제품 간 경쟁단계에서 콜라라는 제품이 결정되면 그 다음 단계로 콜라제품의 브랜드 경쟁, 즉 코카냐 펩시냐의 경쟁이 시작되는 것이다. 물론 이 제품 간 경쟁단계에서 콜라가 결정되지 않으면 코카와 펩시 브랜드 간의 치열한 경쟁은 의미가 없는 것이다. 즉, 소비자들의 본원적 욕구의 충족이라는 관점에서 보면 브랜드 간의 경쟁보다 중요한 것은 제품 간 경쟁이다. 따라서 단순히 기존 업체 간의 브랜드 간 경쟁에 집착하다 보면 전혀 생각하지 않던 기업에서 본원적 욕구에 대한 더 좋은 해결책을 제품으로 내놓아 기존 기업들의 시장을 잠식하는 경우를 많이 본다.

예를 들어, 술에 대한 소비자들의 본원적 욕구는 스트레스(stress)를 해소하는 것이다. 이와 같이 스트레스를 해소하기 위한 술의 제품에는 여러 가지가 있다. 따라서 맥주회사가 경쟁업체인 다른 맥주회사만을 주시하고 있다 보면 갑자기 소주업체가 맥주시장에 뛰어들어 낭패를 보는 경우가 있다. 따라서 맥주회사에서는 경쟁업체로서 다른 맥주회사뿐만 아니라 소주, 위스키, 심지어 청주회사까지 포함하여 이들의 동향 및 전략을 분석할 필요가 있는데, 이는 바로 고객 중심의 경쟁전략 수립의 필요성 때문이다.

6. 고객분석을 통한 소비자 욕구 탐색

고객행동을 분석하는 요인으로는 문화적 요인, 사회적 요인, 인구통계적 요인, 심리적 요인이 있다. 가장 거시적인 영향을 미치는 문화적 요인은 한 사회가 가지는 특유의 삶의 방식을 의미한다. 사회적 요인에는 사회계층, 준거집단, 가족, 라이프스타일 등이 포함되며, 인구통계적 요인으로는 연령, 성별, 소득, 교육, 계층의식, 직업이 있다. 또한 심리적 요인에는 욕구, 동기, 태도, 학습, 개성이 포함된다.

고객은 일반적으로 마케팅자극에 의해 노출되었을 때, 자신이 처한 환경에 영향을 받아 정보를 처리하고 의사결정을 내리며 이를 바탕으로 구매행동을 하게 된다. 이러한 과정에서 마케터가 알아야 할 고객과 관련된 정보를 알아내는 것이 고객행동 분석이다. 마케터는 고객행동 분석을 통해 고객을 몇 개의 세분시장으로 분류할 수 있고, 이 중에서 표적시장을 선정하여 효율적인 마케팅전략을 수립할 수 있다.

6.1. 고객분석의 이해

고객분석은 여러 가지 다양한 기준을 사용하여 고객의 특성을 파악하는 것을 의미한다. 고객분석은 일반적으로 인구통계적 변수, 사회심리적 변수, 고객구매행동 등을 활용할 수 있다.

인구통계적 변수를 사용한 고객분석

여기서는 주로 고객의 나이, 성, 소득수준, 직업 등 인구통계적 변수에 의해 고객의 특성을 파악 한다. 구체적으로 이 방법은 먼저 고객의 연령에 의해 고객을 나눌 수 있다. 예를 들어, 장난감이나 의류의 경우 연령층에 따라 고객을 나눌 수 있다.

인구통계적 고객분석의 두 번째 변수는 고객의 성(sex)이다. 담배시장의 경우가 성에 의한 고객분석의 좋은 예이다. 독한 담배는 전통적으로 남성이 주 고객이며, 연한 담배는 여성이 주 고객이다.

소득도 인구통계적 고객분석의 좋은 변수이다. 특히, 자동차, 의복, 화장품 등은 고객의 소득수준에 따라 제품의 선호도와 구매행동이 달라진다. 예를 들어, 자동차시장의 경우 고객의 소득수준에 따라 배

기량 500cc의 경차 또는 3,000cc 이상의 대형 고급차에 대한 선호도가 달라진다.

고객분석의 세 번째 기준은 고객이 거주하는 지역이다. 예를 들어, 우리나라 화장품시장의 경우 영남지역의 소비자가 호남지역의 소비자보다 강한 색상을 선호하는 것으로 알려지고 있다. 이처럼 지역에 따라 제품의 선호도와 구매행동이 달라지는 경우에는 지역이 중요한 고객분석 변수가 된다.

사회심리적 변수를 사용한 고객분석

최근 들어 고객 중심의 사고가 중요시되면서 새로이 많이 이용되는 고객분석방법이 사회심리적 변수, 즉 라이프스타일과 성격에 의해 고객의 특성을 파악하는 방법이다. 특히, 라이프스타일이 중요한 고객분석 변수로 등장하고 있는데, 이는 최근 소비자들의 기호가 개성화 되고 다양화됨으로써 전통적 고객분석 변수인 인구통계적 특성, 예를 들어 연령, 직업, 소득수준이 설명력을 잃어 가고, 라이프스타일에 따라 구매행동이 달라지는 고객이 점점 늘어나기 때문이다. 예를 들어, 여성기성복시장의 경우 직장여성의 경우에는 활동하기 편리한 복장에 대한 선호도가 높은 반면, 일반주부의 경우에는 활동성보다는 패션이 강조되는 정장에 대한 선호도가 높다. 따라서 여성기성복시장의 경우에는 라이프스타일이 중요한 고객분석기준이 된다.

사회심리적 고객분석의 또 다른 변수는 고객의 성격 또는 개성이다. 예를 들어, 자동차, 화장품, 담배, 보험, 주류시장의 경우 고객의 성격 및 개성에 따라 제품에 대한 선호도 및 구매행동이 달라지는 경우가 많다. 자동차시장의 경우 스포티하고 자유로운 이미지의 차를 선호하는 고객이 있는 반면, 권위적이고 보수적 이미지의 차를 선호하는 고객도 있다.

고객의 구매행동을 활용한 고객분석

고객분석의 또 다른 기준으로 사용하는 것이 고객의 구매행동이다. 고객의 구매행동을 활용한 고객분석의 기준에는 구매혜택, 구매동기, 구매빈도, 이용상태 등이 있다.

첫 번째 기준인 구매혜택에 의한 고객분석은 고객이 제품을 구매함으로써 얻게 되는 혜택을 분석하는 것이다. 예를 들어, 치약시장의 경우 경제성, 즉 가격중시 고객, 충치예방 등의 구강건강중시 고객, 미용효과를 중시하는 고객 등으로 전체 고객의 구매혜택을 나누어 분석할 수 있다.

두 번째 기준인 구매동기는 고객이 제품을 구매하는 동기에 의해서 고객을 분석하는 것이다. 예를 들어, 항공시장의 경우 비행기를 타는 고객들을 그 동기에 따라 비즈니스 고객, 가족 고객, 휴가 고객 등으로 나누어 분석하고 있다.

세 번째 기준은 사용빈도 또는 구매량이다. 이는 고객들의 제품 사용량과 사용빈도를 분석하는 것이다. 예를 들어, 맥주시장의 경우 일반적으로 대량음주자, 중간 음주자, 소량음주자 등으로 나누어 고객을 분석하고 있다.

네 번째 기준은 이용상태이다. 이는 고객의 제품 사용상태에 따라 정기적 사용자, 이전 사용자, 비사용자, 잠재사용자 등으로 나누어 분석하는 것이다.

6.2. 고객의 마음을 읽는 법

소비자들은 자신의 욕구를 충족시키기 위해 제품을 구매한다. 과거에는 이러한 소비자 욕구를 주로 마케터의 주관적인 판단이나 경험에 의존하여 파악하였다. 그러나 시장환경이 점점 복잡해짐에 따라 마케터와 소비자의 거리가 점점 멀어짐으로써 마케터의 주관적인 판단만으로는 소비자의 욕구를 정확하게 파악하거나, 자사의 마케팅활동에 대해 소비자들이 어떻게 생각하고 있는지를 파악하기 어려워졌다.

따라서 마케터는 급변하는 시장환경 속에서 다양한 소비자욕구를 만족시킬 수 있는 마케팅전략을 세우기 위해 소비자행동을 체계적으로 이해하고 있어야 한다. 이때 중요한 것은 소비자가 시장에서 제시되는 마케팅 믹스[1]에 대해 어떻게 반응하는가 하는 부분과 소비자가 어떠한 과정을 거쳐서 제품을 구매하는가 하는 부분으로 구분하여 파악해야 한다는 것이다.

위와 같이 마케터는 시장에서 얻는 소비자 정보와 이에 영향을 미치는 요인들을 파악함으로써 소비자를 몇 개의 세분화된 시장으로 분류하고, 이 중에서 목표시장을 선정하여 효율적인 마케팅전략을 수립하고 마케팅 믹스를 수행할 수 있다.

소비자의 행동구조

소비자의 행동은 사회 · 문화적 요인과 심리적인 요인의 영향을 받아 이루어지기 때문에 소비자를 체계적으로 파악하기 위해서는 소비자

[1] 마케팅 믹스란 마케팅을 위한 네 가지 요소, 즉 상품의 특성, 가격, 유통과정, 판매촉진활동 등을 의미한다.

행동에 대한 개념의 틀이 필요하다. 이때 소비자에 영향을 주는 요인으로는 크게 문화적 요인, 사회적 요인, 인구통계적 요인, 심리적 요인, 마케팅자극 등이 있다.

소비자는 특정 사회의 문화와 그가 속한 사회계층의 영향을 받으며, 또한 가족구성원으로서 또는 또래집단 · 연예인 등과 같은 준거집단(reference group)의 일원으로서 영향을 주고받는다. 예를 들면, 연예인들이 입는 옷이나 액세서리가 청소년들에게 유행처럼 번지는 경우가 그 예이다. 특히, 같은 상황에 있더라도 개인별 특성과 심리적인 요인에 따라 서로 다른 구매행동을 보인다는 점에 주의해야 한다.

위에서 설명한 요인들은 소비자가 필요에 의해 제품을 구매할 때 소비자가 접하게 되는 정보를 처리하는 과정이나 구매의사결정에 작용하여 다양한 형태의 소비행동을 나타나게 하고, 마케터는 이를 마케팅 기회로 활용할 수 있다.

소비자의 정보처리과정

고객이 제품을 구매할 때 위의 요인들은 고객이 노출된 정보를 처리하는 정보처리과정과 구매를 결정하는 과정인 구매의사결정과정에 영향을 미친다. 고객의 정보처리과정은 마케팅자극에 감각기관이 노출된 후, 노출된 자극에 주목하는 주의과정을 거쳐 고객이 주어진 자극을 지각하게 되고 이 자극에 반응하는 과정을 거치게 된다. 최종적으로는 그 자극이 고객의 기억 속에 기억 및 저장되는 과정을 거친다.

소비자는 제품구매에 대한 의사결정시 마케터가 제공한 여러 가지 마케팅자극 정보에 의도적이든 비의도적이든 노출되어 주의를 기울이고 내용을 지각하여 최종적으로 긍정적 또는 부정적인 반응을 보이게 된다. 이러한 일련의 과정을 '정보처리과정'이라고 하며, 이러한 과정을 통해 소비자의 신념과 태도가 형성되거나 변화된다. 따라서 소비자의 상표에 대한 태도나 구매의사결정에서 소비자가 사용하는 평가기준 등은 모두 소비자의 정보처리 결과라고 할 수 있다.

이처럼 소비자의 정보처리과정을 세분화하여 살펴보면 쉽게 기회를 찾을 수 있는데, 이때 유용하게 사용되는 도구가 바로 'AIDMA 모델'이다. AIDMA 모델이란 소비자가 구매행동을 일으키기까지의 과정을 알기 쉽게 표현한 것이다. 즉, 소비자가 상품을 구입하기까지의 행동이 '주목(attention)→흥미(interest)→욕구(desire)→기억(memory)→구매행동(action)'으로 움직인다고 보는 것이다(이들의 머리글자를 따서 AIDMA 라고 한다).

예를 들어, 하이트라는 새로운 맥주가 출시되었을 때, 어떤 소비자가 TV 광고에서 '깨끗한 맥주, 하이트'라는 카피를 몇 번 듣게 될 경우 무심결에 '주목'하게 되고, 어느 사이에 '흥미'를 느끼게 된다. 또한 어느 날 주간 경제지를 읽다가 '마시자, 하이트', '지하암반수 150m에서 끌어 올린 물로 만든 깨끗한 맥주, 하이트'라는 광고를 보게 될 경우 한 번 시험삼아 먹어 보고 싶은 '욕구'가 생길 수도 있다. 그리고 '지하 150m 암반수→깨끗한 맥주→하이트' 식으로 '기억'하게 되며, 며칠 뒤 그 소비자가 슈퍼마켓 등에서 하이트라는 제품을 발견하였을 때 "정말 깨끗할까" 하며 '구매행동'을 일으키는 것이다.

이와 같이 소비자의 행동과정들을 면밀히 살펴보면 새로운 마케팅 기회를 찾을 수 있다.

6.3. 소비자 구매의사결정 과정

고객의 구매의사결정 과정은 문제인식→정보탐색→선택대안의 평가→구매→구매 후 행동으로 이루어진다. 문제인식이란 자신이 처한 실제 상태와 이상적인 상태에 차이가 있다고 생각하고 이를 해결하려는 욕구를 말한다. 정보탐색이란 문제해결을 위하여 필요한 정보를 자신의 기억(내적 탐색) 또는 외부로부터(외적 탐색) 얻고자 하는 것을 말하며, 선택대안의 평가란 정보탐색을 통해 입수한 정보를 이용해 고객이 평가기준과 평가방식을 결정하여 비교하는 것을 말한다. 고객은 이러한 평가를 통하여 제품을 구매하게 되고, 구매 후에는 자신의 구매에 대한 만족과 불만족을 평가하여 다음 번 구매의 참고로 삼게 된다. 구매의사결정과정에서 주어진 상황이나 특정 대상에 대한 개인의 중요성에 대한 지각 정도나 관심, 또는 개인의 관련성 정도를 나타내는 관여도는 각 구매의사결정단계에서 중요한 역할을 한다.

마케터는 고객의 구매과정, 즉 고객이 어떤 과정을 거쳐 제품을 구매하고 소비하는가를 관찰함으로써 새로운 마케팅 기회를 찾을 수 있다. 1997년에 맥밀란과 맥그래스 교수가 『하버드 비즈니스 리뷰』에서 소개한 고객 구매과정을 통한 차별화의 접근방법이 매우 유용한 도구가 된다.

① 고객들은 귀사의 제품이나 서비스를 어떤 방법으로 주문하고 구매하는가? 이 항목은 상대적으로 낮은 가격이면서 대량구매가 자주 일어나는 제품군에서 특히 중요하다. 대량구매의 경우 구매 자체가 지속적으로 발생한다는 특성과 많은 품목을 다루는 경우가 많아 구매과정이 복잡하다는 특징 모두를 가지고 있기 때문에, 기업들이 주문이나

표 6-7 관여도[2]에 따른 고객 의사결정단계별 특징

구분	고관여 상품	저관여 상품
문제인식	• 공통	• 공통
정보탐색	• 탐색동기가 높다. • 다양한 정보원을 이용 • 능동적으로 제품 및 브랜드의 정보를 탐색함.	• 탐색동기가 낮다. • 광고에 수동적으로 노출 • 판매시점광고(POP광고: point of purchase advertisement)에 영향을 받음.
선택대안의 평가	• 까다로운 평가절차 사용 • 여러 가지 평가기준의 사용 • 신념, 태도, 구매의도가 강하게 형성 • 보상적 평가방식을 적용	• 제한된 평가기준 사용 • 대안들을 서로 비슷한 것으로 인지 • 비보상적 평가방식 사용 • 평가의 수단으로 구매하려 함.
구매	• 비교쇼핑 • 의사결정을 통해 점포선정 • 구매시 협상과 커뮤니케이션 사용	• 판촉수단에 이끌려 구매 • 사용 후 제품평가를 할 경우가 있음.
구매 후 행동	• 자신의 구매에 대해 인정받으려 함. • 구매에 대하여 만족한 경우 브랜드 충성도가 형성됨.	• 브랜드 충성도에 의해서가 아니라, 타성으로 동일 브랜드 재구매 • 불만족한 경우 브랜드 이탈

자료: Courtland L. Bove and John V. Thil(1992).

[2] 관여도(involvement)란 관심의 정도, 흥미의 정도, 개인적 중요도의 정도를 말하는 것으로 소비자의 관여수준은 소비자특성, 제품특성, 구매상황에 등에 따라 다르게 나타난다. 저관여(low involvement) 상품은 가격이 낮은 식품이나 생활용품 같은 것으로 구매 후 위험이 낮기 때문에 구매의사결정과정이 짧다. 반면 고관여(high involvement) 상품은 관심 정도가 높아 구매 후 위험이 높기 때문에 신중한 구매의사결정과정을 거친다. 마케터는 자사 제품과 브랜드를 저관여 제품에서 고관여 제품으로 전환시키기 위해 끊임없이 노력하는 것이다. 예를 들면, 콩나물은 저관여 제품이었다. 그런데 GMO 농산물이 들어오면서 풀무원은 100% 국산콩을 사용하여 콩나물을 만들었다. 건강과 환경에 관심이 높아진 주부들은 이제 더이상 "콩나물 주세요" 하지 않고 "풀무원 콩나물 주세요" 한다. '풀무원 콩나물'은 고관여 제품으로 전환된 것이다.

구매과정을 편리하게 해 주는 것만으로도 고객 니즈를 채울 수 있다.

② 귀사의 제품이나 서비스가 어떤 방법으로 배달되는가? 귀사의 제품이나 서비스가 전달되는 방식에서 고객이 느끼는 가치를 경쟁사와 차별화하는 것이다. 가령, 오프라인 서점의 경우 고객이 책을 구입함과 동시에 읽을 수 있었던 것에 비해, 온라인 서점의 경우 제품구매 후 3~4일 길게는 1주일씩 걸리던 배송이 문제였다. 이러한 구매와 제품 사용시점 간의 시간간격으로 인해 구매를 꺼리는 고객들이 있어 한때 온라인 서점시장이 정체된 적이 있었다. 그러나 점차 배송기간이 단축됨에 따라 이 간격이 줄게 되었고 현재는 온라인 시장의 규모가 오프라인 서점시장을 잠식할 정도로 성장하였다.

③ 귀사의 제품이나 서비스가 배달될 때 어떤 일이 발생하는가? 제품을 배달하는 때부터 고객이 그 제품을 실제로 이용하는 상황에서 마케팅 기회를 찾을 수 있다. 제품이 배달되는 상황에서 제품을 개봉 · 검사 · 수송 · 조립하는 것도 고객에게는 중요한 이슈가 된다. 예를 들어, 현대해상 하이카보험의 경우 자동차사고시 고객이 가장 번거로워 하던 다툼 및 보상문제를 해결해 줌으로써 고객들의 호응을 얻고 있다.

④ 귀사의 제품이나 서비스는 어떤 방법으로 대금이 결제되는가? 이 과정을 통한 차별화는 고객들의 실질적인 결제행태와 제품특성, 판매상황을 잘 이해해야만 성공할 수 있다. 예를 들어, 어떤 카탈로그를 이용한 통신판매업체는 자사의 브랜드가 널리 알려지지 않는 상황임을 감안하여 고객에게 자사의 제품을 구매해도 금전적으로 안전하다는 것을 보여 주기 위해 과감히 후불제를 실시함으로써 매출이 2배나 상승하는 성과를 나타내기도 하였다.

⑤ 귀사의 제품이 어떤 방식으로 포장되고, 보관되는가? 이 항목은 취급에 불편하거나, 비싸거나, 위험성이 큰 제품에 특히 유용하다. 예를 들어, 화장품이나 향수, 고급농산물 같은 제품의 경우 케이스만 바꾸어도 제품에 대한 이미지가 달라지고 가격이 달라질 수 있다.

⑥ 귀사의 제품이 어떤 방법으로 이동되는가? 이 항목은 제품이 한 장소로부터 다른 장소로 이동할 때 겪는 고객의 어려움을 해소해 주면서 차별화에 다가갈 수 있다. 예를 들어, 펩시콜라는 기존에 유리병에 담겨 있던 콜라를 플라스틱병으로 교체하여 고객이 콜라를 가지고 다니면서 즐길 수 있도록 함으로써 일시적이나마 독특한 차별화에 성공할 수 있었다.

⑦ 보상이나 교환은 어떠한가? 고객들은 어떠한 제품을 구매하더라도 어느 정도의 불안감을 느끼게 된다. 이때 보상을 쉽게 해 줄 수 있는가, 교환이 쉬운가의 조건은 이런 고객의 불안을 감소시켜 준다. 결과적으로 고객은 이러한 차이를 통해 해당 기업을 다른 기업과 다르게 인식하게 된다.

⑧ 귀사의 제품이 어떤 방식으로 유지 · 보수되는가? 또 그것이 신속히 이루어지는가? 유지 · 보수가 고객이 구매한 제품의 수명을 좌우한다는 점에서, 이 항목은 첨단제품의 경우에 중요한 차별화 포인트가 된다. 이러한 제품을 구매한 경우 A/S를 쉽고 빠르게 받을 수 있는지에 매우 민감하게 반응하기 때문이다. LG전자가 압도하던 국내 가전시장에서 어느 순간 삼성전자가 경쟁지위를 구축할 수 있었던 것 역시 경쟁사보다 우수하고 친절한 A/S센터 덕분이었다.

6.4. 소비자 욕구 분석

소비자 욕구는 소비자가 어떤 문제를 해결하고자 하는 데서 발생한다. 즉, 어떤 특정 상황에서 가치를 추구하는 것이라 할 수 있다. 기업의 역할은 바로 이러한 소비자의 욕구를 찾아 제품으로 그 문제해결을 도와 주는 것이다. 기업은 소비자 욕구 해소 차원에서 신제품의 기회를 발견하게 되고, 기존 제품을 개선하게 되며, 새로운 시장이나 새로운 사업기회를 갖게 된다. 따라서 소비자 욕구는 기업에게는 사업의 원천(source of business)이며, 소비자 욕구를 찾아 내는 일이야말로 마케팅의 가장 핵심 요소라 할 수 있다.

소비자 욕구 분석은 누가, 언제, 어디서, 어떻게, 그리고 왜 이 상품을 사용하는가를 소비자 욕구 차원에서 분석한다. 왜(why)는 그 제품의 속성이나 사용목적을 성능(functional)이 중시되는 제품인가, 경험적(experiential) 제품인가, 아니면 상징(symbolic)제품인가에 따라 구분해야 하며, 어떻게(how)는 사용방법, 사용과정, 보완제품 등에 관하여 보다 구체적으로 기술해야 한다.

기존 시장에 대한 소비자 욕구를 분석하다 보면 기존 시장의 개념을 소비자 입장에서 새롭게 다시 정의할 수 있고, 기존의 경쟁업체가 참여하거나 생각지 못한 새로운 기회시장을 발견할 수 있다. 이를 위해 마케터는 어떤 시장을 있는 그대로만 보지 말고 소비자 욕구 측면에서 기존 사고의 개념을 바꿔 바라볼 필요가 있다. 예를 들어, 녹차를 음료라고 볼 수 있지만, 시장재정의(market redefining)에 의해서 건강식품, 미용제품까지를 대체하는 제품으로 확대해서 볼 수 있고, 그렇게 새롭게 정의하면 그만큼 시장기회가 넓어진다.

7. 내부환경 분석을 통한 마케팅전략 방향결정

7.1. 내부환경 분석의 필요성과 고려요인

기업의 마케팅전략 개발은 단순히 시장환경 및 고객, 경쟁자의 분석만으로서 이루어지는 것은 아니다. 마케팅 관리자는 외부환경 분석에서 밝혀진 기회를 활용하는 데 필요한 자원과 능력을 갖추고 있는지를 파악하기 위하여 자사(내부) 분석을 하여야 한다.

자사(내부)분석에는 현재 하고 있는 사업방식에 대한 평가뿐만 아니라, 기업의 자원, 조직구조, 조직의 분위기, 기술수준 및 관리기술, 그리고 마케팅능력 등이 포함된다. 이러한 내부평가의 목적은 기업이 시장에서 성공하기 위한 핵심 역량을 갖고 있는지를 분석하는 것이다.

이러한 자사(내부)분석은 경쟁기업과 비교하여 기업의 강점과 약점을 찾아 내는 것으로 귀착될 수 있다. 즉, 전체 기업의 활동을 부가가치 활동별로 분류하고, 각 분야의 핵심 요인에 따라 현재 기업이 수행하는 전략을 평가하여, 기업의 강점 · 약점을 추출해 낸다. 이러한 과정을 모형화한 것이 아래의 현행 전략평가 및 강 · 약점 추출표이다.

이러한 강 · 약점 분석과 함께 내부분석에서 고려되어야 할 것은 기업의 자원흐름을 파악하는 것이다. 전략의 실행에 있어 중요하게 고려되는 부분이 자원의 배분문제이므로, 이를 위하여 기업의 자원이 산업 또는 제품들에 대해 어떠한 형태로 배분되고 있는지를 분석하여야 한다. 마지막으로 내부분석에서 고려되어야 할 점은 조직 측면의 문제이다. 기업의 조직이 마케팅전략을 실행할 만한 여건을 지녔는가가 전략의 성공에 중요한 영향을 미치므로 이 부분에 대한 충분한 평가가 이루어져야 한다.

7.2. 자사분석 내용 및 방법

자사분석의 핵심 내용은 자사의 내부 강 · 약점에 대한 규명 및 평가, 자사가 직면한 외부시장기회와 전략적 기회에 대한 평가, 자사의 경쟁적 위치의 강 · 약점 분석, 자사의 핵심 역량 구축을 위한 경영우위 및 경영자원의 분석을 포함한다. 이러한 내용들은 어떠한 사업전략이 자사의 전반적인 상황에 적합한가를 판단하는 데 핵심적인 역할을 하게 된다.

기업은 특정 시장에서 경쟁기업에 비해 비교우위를 갖고 있을 때가 시장 자체의 매력도가 높은 시장에서 경쟁자에 비해 비교우위가 낮은 경우보다 이익을 남길 수 있는 가능성이 크다. 기업은 경쟁에서 살아남기 위해서 차별화되고 지속가능한 경쟁우위를 창출할 수 있는 전략을 만들어야 하며, 이러한 전략은 자사분석을 통해 구체화된다.

자사를 분석하는 방법에는 성과분석, 원가분석, 강 · 약점 분석, 기업 내부능력 분석 및 과거 · 현재 전략분석이 있다. 또한 기업의 SWOT분석을 통해 일정 시점에서 기업활동에 영향을 미치는 주요 환경요인을 기회와 위협으로 분류하고 이들을 전략적 관점에서 자사의 강 · 약점과 결합시킴으로써 효과적인 전략을 수립할 수 있다.

8. 시장환경 분석을 위한 시장조사방법

8.1. 시장조사는 마케팅의 핵심 역량이자 출발점

다양한 시장조사기법을 활용하여 고객의 속마음을 파악하는 것은 마케팅의 핵심 역량이자 출발점이다. 각 기업들은 고객의 숨어 있는 욕구를 끄집어 내 신제품 개발과 매출로 연결시키려는 노력을 기울이고 있다. 특히, 시장이 포화되면서 여론조사나 인터뷰 등으로는 수요를 창출하는 데 한계가 있다는 판단에 따라 몰래카메라, 쇼핑동행, 함께 놀기 등 고객밀착형의 다양한 소비자 분석기법이 도입되고 있다.

시장조사를 할 때는 무엇을 목적으로, 어떤 정보를, 어느 정도의 시간과 비용을 들여 수집할 것인지를 명확히 하는 것이 중요하다. 그 구분에 따라 앙케트조사, 문헌조사, 데이터베이스조사를 실행하여 마케팅 데이터를 수집하게 된다.

이 밖에 신제품을 안테나숍에서 판매함으로써 신상품의 물량을 검토하기도 한다. 여기서 안테나숍이란 홈쇼핑업체들이나 제조업자가 홍보나 전시목적으로 오프라인(off-line)에 점포를 가지는 것을 말한다. 최근에는 오프라인뿐만 아니라 인터넷 쇼핑몰에서도 테스트 마케팅(test marketing)의 장소로 안테나숍을 많이 활용하고 있다.

시장조사방법은 다음과 같이 크게 정량적 접근방식과 정성적 접근방식으로 구분된다.

8.2. 정량적 시장조사: 서베이를 통한 시장조사

정량조사란 서베이(표본조사)를 진행해 그 결과가 정량적으로 산출될 수 있는 조사방식을 말하며, 전국단위의 일반인 전화여론조사 결과가 대표적인 예가 될 수 있다. 특히, 정량조사는 전체의 의견을 계량화해서 파악하는 데 적절한 방법이며, 대부분의 통계분석은 이러한 양적인 조사결과에 적용이 가능하다.

정량적 조사의 대표적인 기법으로 설문지를 이용한 서베이를 들 수 있다. 서베이는 시간과 돈이 소요되기는 하지만 수집된 데이터의 신뢰도가 비교적 높은 편이다. 서베이의 구체적인 실사법에는 다음과 같이 우편조사법[3] · 전화조사법[4] · 개인면접법[5] 등이 있다.

참고로 이 중에서 마케팅조사에서 가장 널리 이용되는 서베이는 개인면접법으로, 이는 조사원들이 일반소비자들로부터 설문조사를 통해 제품관련 정보를 수집 · 분석하는 방법이다. 서베이조사의 목적은 주로 시장의 전반적인 상황파악, 소비자들의 제품구매 및 이용실태, 경쟁제품별 평가에 관한 자료를 수집하여 기업의 마케팅전략 수립의 기본 자료로 활용하는 데 있다.

서베이조사는 일반적으로 다음과 같은 과정으로 진행된다. 기업에서 필요한 정보결정→정보수집에 필요한 설문지 작성→표본계획에 따라 조사대상 표본 결정→조사원 선발 · 훈련 및 면접 또는 전화조사를 통해 자료수집→수집된 자료에 대한 분석 등의 절차로 실시한다.

---

[3] 앙케트용지를 우편으로 발송하고 회신받는 방법.
[4] 전화 앙케트로 대답을 구하는 방법.
[5] 조사원이 직접 면담자와 대화함으로써 필요한 데이터를 수집하는 방법.

그런데 서베이를 통한 조사방법으로는 응답자의 심리적인 상태를 파악할 수 없으므로 피상적인 결과가 나타나기 쉽다.

8.3. 정성적 시장조사방법

정성조사는 위와 같은 정량조사의 한계를 극복하기 위해 주로 사용되는 방법으로, 최근에는 마케팅에 주는 시사점이 많아 점차 그 활용빈도가 증가하고 있다. 대표적인 정성조사방법으로는 다음과 같이 관찰법, 심층면접, 포커스그룹 인터뷰가 있다.

첫째로 관찰법은 고객의 동향을 관찰해서 이를 데이터화하는 것이다. 관찰법은 마케터의 주관에 좌우되기 쉬워 획일적인 데이터로서 취급하기 어렵다는 한계가 있는 반면, 앙케트 등으로는 조사되기 어려운 감성적인 동향을 파악할 수 있다는 장점이 있어 최근 들어 많이 활용되고 있다. 특히, 마케팅이나 광고에서는 주로 거리나 제품판매가 이루어지는 매장에서 고객의 구매행동을 관찰하는 방법이 사용된다. 관찰법은 다시 크게 참여관찰과 비참여관찰로 나누어 볼 수 있다.

참여관찰(participant observation)은 실제적인 행위관찰을 위해 관찰자가 관찰대상에 되는 집단에 참여하여 관찰하는 방법이다. 이때 참여자의 신분이 드러나지 않도록 주의해야 한다. 비참여관찰(non-participant observation)에는 위장카메라와 같은 기계를 사용하여 관찰하는 방법과 방 안에서 하는 행동을 밖에서는 관찰할 수 있으나 방 안의 사람은 그 사실을 모르게 하는 방법이 있다. 관찰조사는 조사하려는 사안이 명백하고 단순한 경우에만 실시해야 한다.

둘째로 심층면접은 일반적으로 1 대 1 심층면접을 의미한다. 1 대

1 심층면접은 응답자와 조사자가 1 대 1 상황에서 토론가이드에 따라 설문을 진행하는 방식이다. 심층면접은 조사대상자들이 특정한 장소에 모이기 힘든 경우나 특정 장소에서 집단적으로 토론을 진행할 경우 부작용이 예상되는 상황에서 주로 이용된다.

셋째는 포커스그룹 인터뷰(FGI)이다. 포커스그룹의 정의는 하나의 토의주제나 쟁점을 두고 그 쟁점의 시험을 위해 표본집단으로 선택된 사람들의 모임이라고 할 수 있다. 일반적으로 포커스그룹에는 8~10명의 사람들이 참여하며 90~120분간 토론이 진행된다. 토론은 보통 훈련된 진행자(moderator)에 의해 진행되는데, 이때 진행자는 그룹구성원이 상호 영향을 미치도록 토론을 유도하고 개개인의 반응을 통합하여 가설을 추출하고 검증하는 등 연구목적에 따라서 관찰 · 분석하는 역할을 수행한다.

8.4. 최근에 부각되고 있는 시장조사기법

지금까지 설명한 정량조사와 정성조사 외에 최근에는 보다 정확히 고객의 니즈를 파악하기 위한 여러 가지 새로운 기법들이 많이 도입되고 있다. 그 중 대표적인 기법들을 살펴보면 다음과 같다.

첫째, 갱 서베이기법이다. 일반적인 가구방문조사의 문제점을 보완할 목적으로 개발된 조사방법으로, 응답자들을 일정한 장소에 모이게 한 후 조사자가 응답자들로부터 자료를 수집하는 방식으로 이루어진다. 갱 서베이는 일반적으로 신제품이나 광고카피 등의 보조물을 이용해야 하는 조사에 적합하며, 조사목적에 대한 상세한 설명이 이루어진 다음 조사를 진행하기 때문에 조사의 정확성을 유지할 수 있다는 장점이 있다.

둘째, CLT(central location test)기법이다. 갱 서베이와 마찬가지로 응답자를 일정한 장소에 모은 후 광고카피나 시제품에 대한 소비자 반응을 테스트하는 조사방법으로, Hall Test라고 불리기도 한다. 갱 서베이의 경우 일반설문조사와 병행해 추가조사를 위한 보조물을 통일성 있게 제시하고 평가받기 위해 독립된 공간이 필요한 반면, CLT는 조사공간 자체가 특정 제품 이용자와 근접한 곳에 설정되고 실제 소비자의 구매상황과 유사한 상황에서 조사가 이루어진다는 차이가 있다.

셋째, 미스터리 쇼핑이다. 주로 고객만족도 조사에서 이용되는 조사방법으로, 외식업이나 유통 · 패션 · 호텔업체 또는 은행이나 공공기관 등에 고객으로 가장해 들어가 서비스와 매장 진열상태 등을 종업원이나 직원 몰래 평가하는 방식으로 이루어진다. 미스터리 쇼핑은 종종 모니터링(monitoring)이라고 불리기도 하며, 주로 조사원이 직접 방문하는 방식으로 진행되지만 전화로 응대태도를 파악하는 방식이 활용되기도 한다.

9. 농산물시장 환경변화의 예측과 활용

9.1. 환경변화의 예측

환경변화를 예측하는 것은 쉽지 않다. 일반적으로 환경변화에 대하여 사전적으로 정확히 예측하여 성공하는 경우는 드물다. 많은 성공사례를 보아도 시간이 지난 후 성공요인을 설명한 것이지, 성공 전에 환경변화를 확신하고 접근한 경우를 설명한 예는 그다지 많지 않다. 따라서 환경변화요인에 대한 분석을 통해서 소비자 욕구를 찾아 내어 새로운 시장을 개척하기 위해서는 누구든지 생각할 수 있는 고정관념에서 벗어나 새로운 관점에서 시장을 바라보아야 한다. 그러기 위해서는 현재의 환경을 정확히 분석하고 그 변화의 모습이 언제, 어떻게 일어날 것인지를 예측하되, 그 변화를 선도하거나 창조하는 역발상의 관점에서 새로운 시장기회나 사업기회를 만들어 나가야 한다.

마케팅환경 분석의 의의는 현재의 환경뿐 아니라 미래의 환경변화까지도 예측하여, 소비자 욕구를 찾아 내거나 환경변화 자체를 유도하여 신사업이나 신제품 개발기회를 탐색하는 데 있다.

환경은 끊임없이 변한다. 특히, 환경변화에 따른 소비자 니즈는 계속 바뀌기 때문에 과거 1980년대나 1990년대 초에 환경과 소비자 니즈를 분석하여 탄생시킨 신상품이 그 당시 크게 성공하였다고 해서 현대의 시점에서 동일한 마케팅전략을 적용하여 성공한다고 볼 수 없다. 왜냐하면, 그 당시의 소비자 니즈와 현재의 소비자 니즈에는 커다란 차이가 있기 때문이다. 물론 과거의 실적자료나 추이를 분석하여 현재나 미래의 변화를 예상하고 응용하는 것은 필요하다. 그러나 소비자 니즈는 시점별로 다시 조사하고 분석하여 그때그때의 니즈에 맞는 상품화 전략이 전개되어야 한다.

불경기에는 대부분의 기업들이 투자를 제한하고 소극적인 마케팅 활동을 전개한다. 하지만 이런 불경기를 오히려 기회로 삼아 적극적인 마케팅활동을 전개함으로써 보다 나은 미래를 보장받는 경우가 많다. 계절성이 강한 상품의 경우도 비수기가 오히려 새로운 시장기회를 만들어 주는 경우가 있다.

예컨대, 아이스크림은 여름에만 수요가 있는 상품으로 여겨 왔지만 겨울에 인기가 있는 찹쌀떡 속에 아이스크림을 집어넣어 입 안에서는 별로 차가움을 못 느끼고, 삼키고 나면 시원함을 느끼도록 함으로써 한겨울에도 꾸준한 수요를 이끌어 낸 찹쌀떡 아이스크림은 계절성을 극복한 좋은 사례라고 볼 수 있다.

1998년 IMF 위기 속에서 동대문의 밀리오레는 오히려 크게 성공한 경우라고 볼 수 있다. 상대적으로 경기에 둔감한 청소년층을 타깃으로 저렴한 가격에 백화점 같은 쇼핑분위기를 연출하여 불경기를 극복하고 탄탄하게 자리잡은 계기를 마련하였다. 하이마트 역시 같은 시기의 경기침체 속에서도 공격적인 마케팅과 직영체제에 의한 서비스 강화, 현지인 채용 등 차별화된 방법으로 200개가 넘는 점포를 보유한 가전 전문유통업체로 성장하게 되었다.

9.2. 농산물시장의 환경변화

라면, 피자, 햄버거, 각종 면류의 소비증가는 외식비율의 급격한 증가와 함께 다양한 요리에 대한 젊은 층을 중심으로 한 고객의 선호도가 급격히 증가하면서 쌀의 강력한 수요잠식의 요인으로 등장한다. 특히, 인구감소와 급격한 고령화, 주 5일제 근무에 따른 외식비중의 급격한 증가, 1회용 소포장 식품수요의 증가뿐만 아니라, 웰빙지향의 라이프스타일과 건강지향의 식생활에 대한 고객의 관심 급증에 따른 엄청난 식생활 변화는 제조업에만 국한된 것으로 여겨지던 품질혁신과 구조적인 마케팅 개혁을 농업에서도 강력히 요구하고 있는 상황이다.

한편, 국민 1인당 야채소비량이 세계 최고수준인 우리나라에서 최근 건강지향의 삶의 방식 추구현상이 심화되면서 기능성 쌀, 곡식, 다양한 과일류와 야채류의 수요는 꾸준히 증가하고 있으며, 이런 고객 수요의 변화는 우리 농업의 새로운 기회로 등장하고 있다.

농산물 과잉생산 및 수입급증에 따른 치열한 가격경쟁, 저가제품 선호고객과 우수 품질의 농산물을 선호하는 고객으로 소비가 양극화되는 환경 속에서 살아남으려면 고객이 원하는 가치 중심의 브랜드 마케팅전략의 수립과 실행이 요구된다.

농산물 브랜드 마케팅 해결의 열쇠는 고객의 관점에서 생각하는 브랜드전략의 수립과 실행에 있다. 최근 들어 확산되고 있는 트렌드인 웰빙(well-being)과 웰루킹(well-looking), 로하스(LOHAS) 등 건강이라는 키워드를 중시하기 시작한 고객들은 천연 유기농산물과 식품, 저지방 고칼로리, 고기능성 식품, 가족 및 자신의 안전을 고려한 무공해 농법의 신선한 제품들을 더욱 선호하고 있다.

고객들은 더 이상 배고픔과 갈증을 해소하기 위하여 음식을 먹거나 음료를 마시지 않으며, 고객 자신들의 신체를 관리하기 위해 특정한 기능성 성분 및 감성적 가치와 활력을 구매하여 소비한다. 또한 고객들은 삶의 질을 향상시키고 쇼핑하고 먹는 즐거움이라는 경험을 중시하는 경향이 있다.

고령인구, 출생률, 맞벌이부부의 증가와 같은 인구통계변수, 인터넷 이용행태의 변화와 같은 사회 및 문화적 환경, 라이프스타일, 웰빙 및 건강중시의 식생활 습관의 확산, 환경보전에 대한 관심증가와 같은 변화에 대하여 정확한 이해와 분석이 필요하다. 각각의 환경요인의 변화에 대한 정확한 분석은 “농산물시장과 농산물 공동브랜드 마케팅에

표 6-8 소비자 라이프스타일과 농산물시장 변화 전망

디지털혁명	인터넷 사용자의 급증으로 전자상거래가 새로운 유통시장으로 급부상
생명공학시대	생명공학은 미래의 인류문화를 지배할 가능성과 성장성을 가짐.
환경지향적 라이프스타일	환경은 인간의 생존을 위한 본능적 욕구로, 소비자들은 점차 환경친화적인 라이프스타일을 선호
코쿠닝현상의 확산	코쿠닝현상이란 누에가 고치를 짓듯이 가정 안에서만 머무는 현상으로 현대인은 각종 위험이 있는 외부가 아닌 안전한 가정에서 다양한 것을 즐기고 싶어함.
건강지향 라이프스타일	웰빙, 웰니스, 웰루킹, 로하스 등 건강지향 트렌드가 강화되면서 예방산업이 뜨고 있으므로, 농산물에서도 이러한 분야에 신상품의 기회가 많음.

어떤 영향을 미칠 것이며, 그런 상황에서 어떻게 마케팅전략을 수립할 것인가?" 등의 과제해결에 중요한 역할을 한다.

환경분석은 현재의 환경뿐만 아니라 미래의 환경변화까지도 미리 예측하여 경쟁사보다 먼저 시장기회를 선점해 나가는 전략이 필요하다. 따라서 신상품, 신사업의 기회를 찾거나 기존 제품을 개선하기 위해서는 제일 먼저 환경분석이 선행되어야 하고, 이 환경분석을 통한 소비자 니즈의 발견단계가 신상품 개발작업의 성공 여부를 결정하는 시작단계라 볼 수 있다.

이러한 환경변화에 대한 대응전략으로 다음 두 가지를 적극 고려하여야 한다.

첫째는 적극적 마케팅(proactive marketing)이다. 이는 미래의 환경변화를 미리 예측하여 이에 따라 시장기회를 찾고, 기존 제품을 개선하며 신상품을 출시해 나가는 것이다.

둘째는 반응적 마케팅(reactive marketing)이다. 이는 이미 변화된 환경에 고객이 욕구가 무엇인지를 찾아 경쟁사보다 먼저 빠르게 대응해 나가는 것이다.

참고문헌

권기대(2006), 『농산물 마케팅 전략』, 삼우사.

김성한 외(2003), 『마케팅조사』, 도서출판 두남.

김종범 외(2005), 『마케팅조사방법』, 도서출판 대경.

나종호(2008), 『신상품 성공전략』, 청림출판사.

농림부 · 농협중앙회(2006), 『쌀 브랜드경영지침서』.

농수산물유통공사(2006), 『농산물 브랜드의 모든 것』.

박항준 외(2006), 『The Market 경쟁을 뛰어넘는 시장선택 전략』, 매일경제.

안광호 외(2007), 『마케팅조사원론』, 학현사.

위남량(2007), 『사이버농업경영자과정 마케팅』,농촌진흥청.

유동근(2004), 『Marketing Research』, MARKETING SCHOOL.

이동연(2007), 『소비트렌드』, 비즈&리빙.

이　철(2006), 『고객중심 마케팅』, 학현사.

조기선(2006), 『물건을 팔지 말고 가치를 팔아라』, 가림출판사.

채서일(2006), 『마케팅』, 학현사.

최승호(2008), 『브랜드 차별화 전략』, 새로운 제안.

한상설 외(2004), 『마케팅마인드/툴/스킬』, 도서출판 한솜.

홍성준(2007), 『마케팅 MBA』, 새로운 제안.

황민우(2007), 『반드시 통과되는 마케팅 보고서』, 마젤란.

Bove, Courtland L. and John V. Thil(1992), *Marketing*, McGraw-Hill.

BusinessWeek(2008), *Great Marketing*, McGraw-Hill.

Churchill, Gilbert A., Jr.(2005), *Marketing Research Methodological Foundations*, THOMSON south western.

Kotler, P.(2005), *Marketing Management*, 11th edition, Prentice Hall.

Weilbacher, William M.(2003), *Brand Marketing*, NTC Business Books.

Chapter 7

농축산물 브랜드 마케팅을 위한 산지조직화

위 태 석

1. 규모화와 조직력의 모순
2. 소비지의 농산물 구매행동 및 특징
3. 산지의 조직화 현황 및 문제점
4. 산지의 조직 및 사업체계 개선방안
5. 맺음말

1. 규모화와 조직력의 모순

최근 국내 농산물의 생산성 향상과 수입농산물 증가에 따라 공급력은 지속적으로 증가되고 있는 반면, 인구증가 정체 및 고령화 진전 등으로 수요는 정체되고 있다. 이와 같은 공급과잉으로 농산물의 가격하락이 우려됨에 따라, 고품질 · 고부가가치 농산물을 통해 수입농산물과의 가격경쟁을 피하고, 농가소득 확보를 위한 대책이 요구되었다.

소비자의 기호는 다양화되고 이미지를 우선한 단기적 판단으로 상품을 구매하는 경우가 증가되고 있으며, 상품이나 서비스를 선택할 때도 구매에 실패하고 싶지 않다는 소비의식(브랜드지향)이 팽배해졌다. 이에 따라 소비자로 하여금 제품을 식별(인지)하게 하고, 제품의 이미지를 표출하여 소비자 신뢰를 획득(충성)하는 수단으로서, 최근 브랜드에 대한 관심이 고조되고 있다.

좋은 브랜드를 만들기 위해서는 소비자의 충성도가 중요하기 때문에 품질수준(차별성)도 중요하지만 브랜드를 구축한 이후에 품질의 균일성과 지속성을 갖추는 것도 매우 중요하다. 왜냐하면, 브랜드는 구매자에 대해 특정한 특징 · 편익 · 서비스 등을 지속적으로 제공한다는 판매자의 약속이기 때문이다.

우리나라의 농산물 브랜드 대부분은 브랜드가 갖추어야 할 기본조건을 갖추지 못하고 소비자 충성도가 낮아 단기적으로 브랜드화에 성공하더라도 장기간 지속되지 못하는 경우가 많다. 특히, 우리나라에서 농산물 브랜드가 성공하지 못하는 원인으로 지적되는 것은, ① 차별성을 갖춘, ② 균일한 품질의 농산물을, ③ 일정량 확보하기가 곤란하다는 점과, 브랜드화 이후에 ④ 사후관리가 미흡하다는 점이다.

한편, 산지가 상품화 수준 · 홍보력 · 교섭력 등을 강화하기 위해서는 규모화[1]가 필수적이지만, 규모화될수록 조직력 약화로 차별성, 균일성, 품질의 안정성 등을 확보하기 곤란하기 때문에, 산지조직화(규모화)의 성공관건은 조직력에 좌우된다. 일반적으로 규모화를 추진하려고 하면 구성원 간의 이질성이 커져 조직력이 저하되고, 조직력을 강화하려고 하면 규모화에 제약이 되는 등 규모화와 조직력은 상호 이율배반적인 측면을 가진다.

특히, 차별성을 가진 브랜드 농산물을 일정 규모 이상으로 확대하려고 할 경우 필연적으로 차별성은 낮아지기 마련이다. 모든 참여농가의 재배기술은 반드시 동일하지 않기 때문에 참여농가의 단순한 수적 증가는 품질의 하향평준화를 가져온다.

품질의 하향평준화 경향을 방지하려면 참여농가에 대한 강력한 통제하에서 재배기준 · 기술을 통일해야 한다. 따라서 산지의 규모화는 농가의 단순한 수적 증가를 통해 실현되는 것이 아니라 참여농가에 대해 강한 통제력까지 발휘할 수 있는 강력한 조직력에 바탕을 둔 것이라야 한다. 여기에서는 농산물 브랜드화를 위한 산지의 조직화 대안으로, 상호 이율배반관계에 있는 규모화 문제와 조직력 강화문제를 어떻

---

[1] 조직이란 "공동의 목적을 달성하기 위해 두 사람 이상의 사람들이 협동하는 체계"를 의미한다(Chester Barnard). 따라서 조직화는 두 사람 이상의 사람들이 협동하는 체계를 구축해 가는 과정이다. 두 사람 이상의 협동체계의 구축 정도(협동 정도)인 조직력은 조직체의 조직화 방법 등에 따라 다르게 나타난다. 따라서 여기에서는 '조직화'와 '조직력'을 구분하여 사용한다.

게 조화시킬 수 있는지 그 해법을 제시하고자 한다.

2. 소비자의 농산물 구매행동 및 특징

2.1. 대형마트 점포과잉[2]

규모화 · 체인화의 대표격인 대형마트는 매년 빠른 속도로 증가하여 2006년 말 기준 총 340개 점포에 이르고 있다(표 7-1). 이러한 대형마트의 매출이 국가 전체의 소매부문 매출액에서 차지하는 비율은 1996년 9.4%에서 2006년에는 16.6%로 증가추세에 있지만, 대형마트는 출점경쟁으로 점차 점포가 과잉기조에 이르고 있다.[3]

대형마트가 점포과잉상태에 돌입하면 단기적으로는 가격경쟁이 심화되겠지만, 장기적으로는 차별화 경쟁이 가속화될 것으로 예상된다. 이미 대형마트의 차별화 경쟁이 격화되고 있으며, 대형마트의 자사 브랜드(private brand: PB) 강화가 대표적인 예다. 실제로 대형마트와 백화점에 대한 설문조사 결과, 전체 취급 채소 중 자사 브랜드 비율은 0~30%가 30%, 31~60%가 20%, 61~80%가 50%로 자사 브랜드 비율이

[2] 대형마트는 매장면적 3,000㎡ 이상으로 이른바 할인점 또는 대형유통업체로 불리던 소매점을 말한다.

[3] 소매점의 규모화 · 체인화가 진전된 결과 종업원 50명 이상인 소매점이 전체 소매점에서 차지하는 비율은 1991년도 11.4%에서 2001년도 34.3%로 10년 사이에 3배 이상 확대되었다.

표 7-1 대형유통업체의 점포수 및 매출액

구분		1998년	1999년	2000년	2001년	2006년
점포수 (점)	백화점	89	103	110	85	75
	대형마트	93	116	164	193	340
	슈퍼마켓	4,535	4,510	5,285	5,500	–
매출액 (조 원)	백화점	10.8	13.3	15.1	16.5	17.9
	대형마트	5.2	7.6	10.6	14.0	25.4
	슈퍼마켓	6.6	4.3	8.1	8.4	–

자료: 한국체인스토어협회.

대체적으로 높은 것으로 나타났으며, 응답자 모두가 향후 자사 브랜드를 확대할 계획에 있는 것으로 나타났다.

한편, 대형마트 사업자는 점포과잉으로 수익성이 약화되면서 새로운 사업부문으로 슈퍼마켓사업 진출에 적극적이다. 대형마트 자본이 슈퍼마켓사업에 진출하면서 지금까지 개별 운영되거나 지역적으로 소규모 체인이 일반적이던 슈퍼마켓이 대형마트 자본에 의해 규모화·체인화되고 있다.

2.2. 규모화 · 체인화된 소매점의 판매 및 구매행동

규모화·체인화된 소매점은 무엇보다도 구매의 안정성을 중시하는 경향을 보이며,[4] 동시에 소매점 간의 경쟁격화로 차별화 상품에 높은 관심을 나타내고 있다. 소매점의 차별화 경쟁은 산지조직화·규모화 방

[4] 소매적의 안정적 구매(정시·정량·정가격·정품질 지향)는 소매점의 영업특성상 나타나는 고유의 관심요인이기도 하다. 특히, 구매의 안정성은 소매점의 대(對)소비자 신뢰확보, 거래비용 절감 등에 커다란 영향을 미치는 요인이다. 경쟁력 있는 산지는 구매의 안정성을 담보할 수 있어야 하며, 이는 강한 조직력을 갖춘 규모화를 통해서 실현가능하다. 산지의 "차별화된 농산물을 안정적으로 공급할 수 있는

향에도 적지 않은 영향을 미친다. 즉, 획일적인 상품의 대량유통을 통한 가격경쟁에 주력해 왔던 종래의 경쟁형태가 다양한 상품의 소량유통을 통한 차별화 경쟁으로 전환되면서 산지의 조직화·규모화 방향도 변화하게 된다.

지금까지 산지는 대형마트에 대한 대응의 일환으로 규모화에 전력투구하여 왔으나 실제로 산지의 규모화 정도에 대해 상반된 조사결과가 나타났다. 대형마트 및 백화점에 대한 조사결과 응답자의 70%가 산지의 생산규모는 40ha 정도면 충분하다는 반응을 보였으며, 출하기간도 전체의 70%가 5개월 정도면 충분하다는 반응을 보였다. 이처럼 대형마트가 규모화되고는 있지만 산지출하규모를 그다지 중시하지 않는 이유는 점포별로 취급품질에 차등을 두기 때문에 특정 산지에서 구매하는 규모는 별로 크지 않기 때문인 것으로 판단된다.

채소산지에 대한 중도매인과 소매점의 설문조사 결과, 실제로 중도매인과 소매점은 품질관리와 산지의 신뢰성을 가장 중시하며 산지마케팅조직의 점유율경쟁은 효과가 크지 않은 것으로 나타났다(표 7-2). 특히, 시장점유율을 높여 판매가격을 높이면 필연적으로 신규 산지가 진입하여 가격을 낮추게 되므로 궁극적인 경쟁력이 될 수 없다. 과일산지에 대한 중도매인과 소매점의 평가순위와도 대동소이한 현상을 보인다(표 7-3). 다만 과일의 경우 맛을 가장 중시하지만, 채소는 신선도를 가장 중시한다는 점이 특징적이며, 규모화나 다품목 보유 여부 또는 출하의 계속성 확보 여부는 상대적으로 중요도가 낮은 것으로 나타났다. 따라서 산지는 규모화를 통한 출하기간의 연장이나 출하규모

가치"는 산지의 조직력과 사업체제에 따라 차이가 있기 때문에, 동일한 차별요인 창출이 가능할지라도 출하단체 사이에는 수직적 서열관계가 나타난다.

표 7-2 채소산지의 경쟁력 결정요인에 대한 중도매인 · 소매점의 평가순위

1단계 평가항목 및 평가비율(A)			2단계 평가항목(B)	가중치(A×B)	
	소매점	중도매인		소매점	중도매인
산지의 출하체계	21.4	20.6	출하규모	792	1,230
			출하의 계획성	1,346	1,242
			출하의 계속성	554	1,147
			출하품목수	−396	657
시장에 대한 산지의 자세	22.8	18.3	품질의 장기안정성	1,774	1,358
			산지가 요구하는 가격의 안정성	1,268	855
			급발주 대응력	1,434	975
			산지의 출하정보 제공 정도	759	827
산지의 신뢰성	22.1	24.9	등급구분(균일성)의 정확성	1,638	1,887
			출하정보의 정확성	899	1,118
			계약이행의 정확성	1,554	1,317
			출화주와의 친밀도	654	1,340
포장상태	11.7	15.0	포장재 재질(종이, 플라스틱 등)	260	876
			포장방법(망포장 등)	476	669
			포장크기	433	894
			포장재의 외관 및 디자인	606	759
채소의 품질수준	22.1	21.2	선도	1,965	1,728
			매대에서의 품질보존기간	981	1,363
			색깔	899	1,393
			모양	1,229	1,484
			맛	1,554	1,418
			재배방법(친환경 유무 등)	572	825

주: 1) 채소취급 중도매인 및 소매점의 채소구매 담당자에 대한 설문조사(농촌진흥청, 2007).
2) (A)는 가중평균값임: 1순위(가중치 5)~5순위(가중치 1).
3) (B)는 가중평균값임: 매우 중요(가중치 +3)~전혀 중요치 않음(가중치 −3).

의 확대보다는 품질관리와 산지의 신뢰성을 높일 수 있는 조직 및 사업체계로 재편할 필요가 있다.

특히, 최근 규모화 · 조직화의 일환으로 추진되는 농협의 연합판매사업은 품질불량문제를 물량규모로 극복하려 한다는 지적이 많으며,

표 7-3 과일산지의 경쟁력 결정요인에 대한 중도매인·소매점의 평가순위

1단계 평가항목 및 평가비율(A)			2단계 평가항목(B)	가중치(A×B)	
	소매점	중도매인		소매점	중도매인
산지의 출하체계	18.1	18.1	출하규모	1,311	1,311
			출하의 계획성	1,431	1,431
			출하의 계속성	1,392	1,392
			출하품목수	819	819
시장에 대한 산지의 자세	17.6	17.6	품질의 장기안정성	1,424	1,424
			산지가 요구하는 가격의 안정성	1,424	1,192
			급발주 대응력	1,192	1,207
			산지의 출하정보 제공 정도	1,207	1,169
산지의 신뢰성	23.0	23.0	등급 및 계급구분의 정확성	1,169	1,885
			출하정보의 정확성	1,885	1,482
			계약이행의 정확성	1,659	1,659
			출화주와의 친밀도	1,667	1,677
포장상태	14.3	14.3	포장자재의 재질(종이, 플라스틱 등)	1,060	1,060
			포장방법(망포장, 봉지포장 등)	943	943
			포장크기	1,047	1,047
			포장재의 외관 및 디자인	1,046	1,046
과일의 품질수준	27.0	27.0	선도	2,464	2,464
			구입 후 품질보존기간	2,271	2,271
			색깔	2,394	2,394
			모양	2,408	2,408
			맛(당도, 산도, 향기 등)	2,533	2,533
			재배방법(친환경 유무 등)	1,720	1,720
			품종	1,900	1,900

주: 1) 과일취급 중도매인 및 소매점의 과일구매 담당자에 대한 설문조사(농촌진흥청, 2006).
2) (A)는 가중평균값임: 1순위(가중치 5)~5순위(가중치 1).
3) (B)는 가중평균값임: 매우 중요(가중치 +3)~전혀 중요치 않음(가중치 −3).

과일의 경우 이러한 경향이 현저한 것으로 판단된다. 또한 품질관리가 미흡한 상황에서 물량규모화로 교섭력을 발휘하려고 할 경우 장기적으로는 거래선 전환을 유발할 수 있다. 특히, 소매점이 농협의 연합판

표 7-4 대형유통업체가 농협 연합판매사업조직과 거래할 때 느끼는 애로사항

애로사항	비중(%)	
	채소	과일
물량은 안정적이지만 원하는 규격상품 확보가 곤란	40	25
균일성 미확보로 세일행사 대응이 곤란	40	17
구매물량 예측이 곤란	10	0
품질 낮으나 거래량 통한 교섭력으로 가격교섭 곤란	10	58

주: 할인점 및 백화점의 본부 바이어를 대상으로 설문조사.
자료: 농촌진흥청, 2007.

매조직과 거래할 때 느끼는 애로사항으로 응답자의 80% 정도가 소매점이 원하는 품질관리가 안 된다는 점을 지적하고 있어 규모화 일변도의 산지조직화에 의문을 제기하지 않을 수 없다(표 7-4).

한편, 소매점의 70%는 직거래 상대로 영농조합법인을 가장 선호하는 것으로 나타났으며, 그 이유는 품질관리 측면에서 농협보다 영농조합법인이 상대적으로 우위성을 가지고 있기 때문인 것으로 나타났다.

최근 소매점이 가장 선호하는 산지의 경쟁요소는 품질관리와 산지에 대한 신뢰감이며, 균일성 확보와 선도관리가 중요한 것으로 판단된다. 따라서 산지마케팅조직이 경쟁력을 강화하기 위해서는 소비지로부터 신뢰감(품질 및 출하의 안정성을 시스템적으로 보증)을 얻기 위한 조직 및 사업체계의 정비가 필요하다.

특히, 산지가 평균적 품질수준을 향상시키고 신뢰도를 높이면서 시장의 요청에 대한 대응능력을 강화하려면, 생산자들이 강한 조직력을 바탕으로 산지마케팅조직과 결합관계를 형성하여야 한다.

3. 산지의 조직화 현황 및 문제점

3.1. 산지유통조직의 브랜드화 추진현황 및 문제점

산지유통조직에 의한 농산물 브랜드화의 문제점

우리나라의 산지브랜드는 대부분 브랜드로서의 기본 조건인 차별성을 갖추지 못하고 있는 경우가 많다. 차별성을 가지고 브랜드화에 성공한 경우라도 브랜드 참여농가가 확대됨에 따라 사후관리가 미흡하여 품질의 균일성 · 지속성을 확보하지 못해 실패로 끝나는 사례가 많다. 이는 브랜드화의 기본 요소인 차별성과 약속성(균일성, 지속성 등)을 확보하기 위한 농가의 조직화 수준이 대단히 미흡하기 때문이다.

약속성 확보가 어려운 것은, 산지유통조직체는 대부분 수탁판매방식을 채택하고 있는데, 참여농가가 산지유통조직체에 판매권한 및 상품화 권한을 위임하지 않기 때문이다. 약속성이 확보되지 못하는 것이 농산물 브랜드화에 있어 가장 큰 한계점으로 지적되고 있다.

산지규모화의 필요성과 한계

농산물의 생산 · 유통 계열화를 촉진하고 상품성 향상을 통해 부가가치를 제고하기 위해서는 고가의 시설장비가 필요하고 조사 · 홍보 등 브랜드전략도 추진해야 한다. 시설투자 및 브랜드전략뿐만 아니라 소비지와의 교섭력을 높이기 위해서는 규모의 효과가 발휘되어야 하고

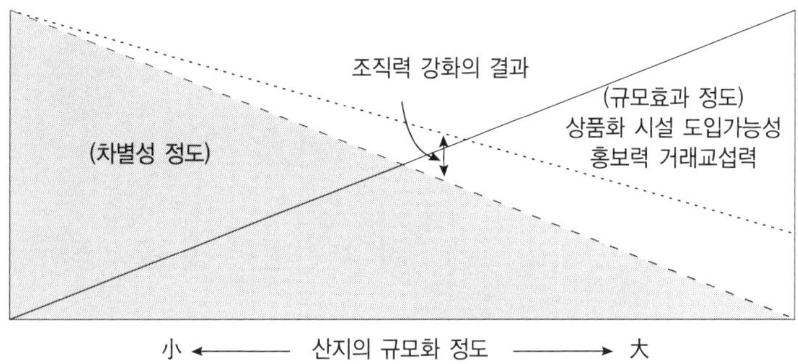

그림 7-1 규모화 효과와 차별화 효과의 상호 관계

따라서 산지규모화는 필수적인 요소이다.

그렇지만 강한 조직력에 바탕을 두지 못한 규모화는 오히려 균일성을 확보하기 위한 품질관리의 어려움을 가중시켜 산지의 차별화(브랜드화) 추진에 저해요인으로 작용하기도 한다.

일반적으로 산지규모가 작을수록 차별화 정도는 크지만, 높은 수준의 품질관리(상품화)나 홍보력 및 교섭력 등과 같은 규모화 효과는 낮아진다. 그러나 산지의 규모화가 진행되더라도 조직력 약화를 억제할 수 있는 방안을 마련한다면 그림 7-1의 점선과 같은 차별성 정도가 낮아지는 부분을 최대한 억제하면서 일정한 정도의 규모효과를 기대할 수 있다. 이처럼 조직력을 최대한 강화하는 것이 산지의 규모화 추진에 매우 중요한 영향을 미친다. 따라서 여기에서는 산지의 조직력을 강화하면서 동시에 규모효과를 기대할 수 있는 산지의 조직적 규모화 방법을 모색하고자 한다.

3.2. 산지유통조직의 조직화 저해요인

산지의 조직화를 저해하는 요인 6가지

산지의 조직력을 강화하기 위해서는 조직력 강화를 저해하는 요소를 찾아보고 이에 대한 적절한 대응책을 마련해야 한다. 산지조직화를 저해하는 요인은 다음 여섯 가지를 지적할 수 있다.

첫째, 참여농가의 기회주의적 행동으로부터 야기되는 무임승차문제이다. 이러한 참여농가의 기회주의적인 행동이 나타나는 것은 그것을 제어하는 시스템이 없기 때문인 경우가 많다. 특히, 공동선별 · 공동출하 · 공동판매시에 품질을 평가하는 객관적 관리체계가 확립되어 있지 않고 개별 선별 농산물의 경우 철저한 검품시스템이 없는 경우가 많다.

둘째, 참여농가 간의 갈등관리를 효과적으로 하지 못하여 조직력에 부정적인 영향을 초래하고 있다. 특히, 판로, 상품화, 공동이용시설의 이용조건 등 공동활동을 둘러싼 이해당사자의 대립관계가 조직화를 저해하는 요인으로 작용한다. 일반적으로 갈등은 기회와 위험이라는 두 가지 측면을 가지고 있다. 따라서 갈등이 잘 관리되면 조직이 추진하는 사업의 가치를 재조명하고, 취약한 점을 강화하기 위한 커뮤니케이션이 활성화되어 사업효과도 향상되지만, 갈등이 올바로 관리되지 못하면 조직의 인간관계를 방해하거나 조직과 리더에 대한 불신감이 팽배해지게 된다.

셋째, 농가를 조직화하기 위한 구심점이 없다. 지역의 리더양성 교육이 부족하고 지역의 리더에 대한 인센티브 없이 희생만을 강요하는 기존의 체제로는 리더를 확보하기 곤란하다. 그리고 이러한 인적인 측면 못지않게 농가조직화의 구심점이 될 만한 핵심적인 차별화 요소 · 상품을 가지고 있지 않다는 사업적인 측면이 조직화를 어렵게 하는 원인으로 작용하고 있다.

넷째, 농가의 조직화 필요성에 대한 인식이 부족하다는 점이다. 특히, 농가교육 및 선진지의 견학기회 등이 일부 선도농가에 집중되어 정작 조직화가 필요한 영세한 농가는 이러한 기회에서 배제되는 일이 다반사다.

다섯째, 농가조직화를 둘러싼 정책적 공감대가 부족하다. 특히, 중앙정부(조직단위 지원)와 지방정부(개별 농가지원)의 정책에 일관성이 결여되어 있다. 예를 들면, 중앙정부가 공동선별장을 지원하고 지방자치단체가 다시 해당 지역 농가에 개별 선별기를 지원하는 중복투자문제가 발생하는 경우를 들 수 있다. 또한 평등주의 원칙에 치우친 나머지 선도농가와 비선도농가의 차별적 육성정책이 없어 참여농가의 피해의식이 팽배하다.

여섯째, 농가는 공동선별 · 공동출하로 수입이 오히려 감소한다고 느끼며, 특히 대부분의 농가가 수확 이후의 상품화 작업이 비용이라고 인식하는 경우가 많다. 실제로 생산자에게 공동판매를 주관하는 산지유통조직에 대한 불만사항을 알아본 결과 비용발생으로 수취가격이 높아지지 않는다는 지적이 큰 비중을 차지하고 있다(표 7-5).

결국 조직화 · 규모화에 참여하는 이점을 농가에게 명시적으로 제공하는 것은 대단히 어려운 일이며, 소득적인 측면에서만 조직화 문제에 접근한다면 산지의 조직화 · 규모화의 당위성을 농가에 설득하기에는 한계가 있다. 농가의 조직화 · 규모화를 수익적인 측면에서만 접근하기보다는 산지마케팅에 있어서의 전략적인 측면에서 접근할 필요가

표 7-5 공동판매를 주관하는 사업자에 대한 불만사항

응답항목	비율(%)
생산자의 이익을 위한 판매사업이 아닌 형식적인 판매사업임	37.0
영농지도를 게을리하고 있음	5.6
생산자의 의견을 충분히 반영시키지 않음	11.1
판매가격 상승에 비해 비용이 너무 발생하여 수취가격이 증가 않음	44.4
기타	1.9

자료: 농촌진흥청(2007).

있다. 이와 같은 현상에 대해 일본에서는 ① 작업부담을 경감시키고 싶어 하는 농가에게는 그런 이점을 인식시키고, ② 경영규모를 확대하려는 농가에게는 그에 대한 이점을 설득하며, ③ 생산주년화로 산지유통시설(센터)의 가동률을 향상시켜 산지유통시설의 이용료를 절감하는 등의 대응을 통해 조직화 기반을 마련하고 있다.

산지유통조직의 유형별 조직화 여건과 한계점

산지유통조직은 지배구조에 따라 개별 농협조직(종합농협, 품목농협)과 연합판매조직, 농업법인조직으로 구분할 수 있다. 일반적으로 조직특성상 농협조직은 위험회피적 행동을 취하며, 농업법인조직은 위험수용적 행동을 취해 결과적으로 상품화 · 브랜드화 방법에도 커다란 영향을 미친다(표 7-6).

판매물량을 안정적으로 확보하기 위해 법인은 농가와의 계약거래(판매계약 또는 면적 · 수량계약)를 주로 활용하고 있으나 농협은 위탁집하로 (거래)약정을 체결하는 정도로 대응하고 있다.

법인조직은 농가와 계약관계를 통하여 계획적인 출하가 가능하며, 의사결정이 신속하여 유통환경 변화에 대응이 빠르다. 또한 매취집하

표 7-6 산지마케팅조직의 유형과 유형별 장단점

유형	판매사업상 장점	판매사업상 단점
개별 농협 조직	• 지역자원과 결합된 차별화가 용이 • 조합원의 의사반영이 비교적 용이 • 조합원의 사회적 동질성이 큼 • 종합농협의 경우 자본조달 용이 • 사업영역의 다각화가 용이	• 규모의 경제성 추구에 한계 • 사업지역이 제도적으로 제한 • 생산 · 판매 전문성 발휘 한계 • 순환보직으로 노하우 축적 곤란 • 조직특성상 효율성 추구 한계
연합판매 조직	• 규모 · 범위 · 조정의 경제 추구가 용이 • 중앙회 자금 및 인력활용이 용이 • 개별 농협의 경영부담 완화 • 전문화된 요원배치가 용이 • 단기간에 사업물량 확보가 용이	• 지역자원과 결합된 차별화가 곤란 • 의사결정과정 복잡 • 중앙회 의존적 사업관행 지속 • 순환보직으로 노하우 축적 곤란 • 조직특성상 경제효율성 추구 한계
농업법인 조직	• 책임경영체제 구축 • 전문인력 확보 및 운영이 용이 • 의사결정이 신속하게 진행	• 구매 · 판매가격차로 위험부담 큼 • 적자누적시 사업유지 곤란 • 자본조달이 곤란

표 7-7 조직별 매입방식의 차이

구분	평가대상		수탁그룹		매취그룹	
	개소수(개)	비율(%)	개소수(개)	비율(%)	개소수(개)	비율(%)
농협조직	271	100.0	238	87.8	33	12.2
영농조합법인	80	100.0	23	28.8	57	71.3
총계	351	100.0	261	74.4	90	25.6

자료: T-Plus(2005).

를 통해 판매 및 상품화 권한 위임의 불완전성을 극복하여 임의로 상품화가 가능하다. 농가별 품질차이는 구입단가를 차등적용하여 품질 균일성을 확보하고 있으며, 생산계약을 통해 출하시기를 조정함으로서 지속적 · 안정적 공급체계를 확보할 수 있다(표 7-6).

그러나 계통농협조직은 경제사업을 환원사업으로 인식하여 만성적인 적자구조를 탈피하고 있지 못하고 있다. 그러므로 계통농협이 체질개선을 시도하려고 할 경우에는 철저한 경쟁원리의 도입(공동사업법인으로의 전환, 매취집하의 확대 등)이 시급하다는 점을 간과해서는 안 된다.

표 7-8 계통농협조직의 사업한계를 극복하기 위한 판매사업 유형

판매사업방식	사업방식	적용대상 조직
위탁집하	생산자 · 농협에서 위탁집하한 농산물을 일괄적으로 판매	조직력 강하여 공동계산이 활성화된 조직
자회사방식	판매사업부문을 자회사화하여 위탁집하한 농산물을 일괄적으로 판매	조직화는 강하지만 경쟁요소 도입이 필요한 조직
매수집하	생산자로부터 직접 매입하여 시장에 판매하여 부진한 농협 공동판매를 극복	법인/공동판매 부진 조직

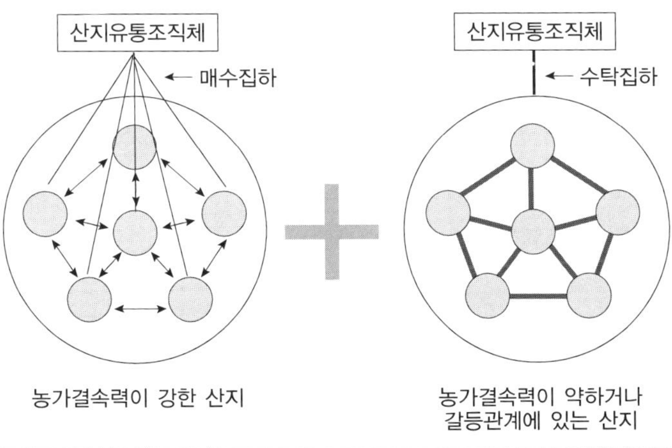

그림 7-2 농가의 결속력 정도를 고려한 산지의 사업체계 개선방안

또한 농협은 완전한 판매권 위임이 이루어지지 못하는 경우가 많기 때문에 규모화가 산지의 취급규모 확대에는 기여하고 있지만, 품질관리나 기타 안정적인 공급체계를 확보한다는 점에서는 여전히 많은 한계점을 드러내고 있다. 따라서 농협이 상품화·브랜드화의 추진과 소비지에 대한 안정적인 공급을 보증하기 위한 사업방식의 근본적인 재검토가 필요하다(표 7-8, 그림 7-2).

3.3. 산지의 조직화·규모화의 특징

국내 채소의 산지유통조직을 대상으로 '개별 농협', '연합판매조직', '농업법인조직'으로 구분하고 유형별로 조직화 저해요인과 이에 대한 극복방법을 알아본 결과, 조직화를 저해하는 요인은 무임승차문제에 기인하는 경우가 가장 많았으며, 이에 대해 대부분의 산지유통주체는 선별기준을 객관화하거나 검품을 강화하는 방법으로 대응하고 있음을 알 수 있었다(표 7-9, 7-10). 또한 공동판매를 실시하는 산지유통조직은 대부분 위탁집하를 유지하면서 조직화 저해요인의 해소를 통해 농가의 참여를 유도하는 경우가 대부분이다. 그러나 영농조합법인의 경우 개별 농협조직이나 연합판매조직과 달리 매취집하방식으로 규모화·조직화를 시도하고 있다.

표 7-9		산지마케팅조직의 조직적 규모화의 특성
유형	특징	마케팅 특징
개별 농협조직	사례 1	• 직거래시에 안정적인 물량공급을 위해 매취집하 실시 • 마케팅 전문성 높은 요원확보로 판매가 고위안정화 실현 • 거래처로부터 품질관련 클레임 발생시 재정산조치 • 재배기술을 통일하여 영농지도 실시하고 월 1회씩 선별기준을 지도
	사례 2	• 이용자의 전문성 제고를 위해 선진지 견학 등 지속적인 교육실시 • 정기적인 농가방문 등을 통해 영농지도, 시장정보의 제공 • 선별등급을 세분화하여 선별기준에 대한 마찰을 최대한 차단
	사례 3	• 공동선별 실시로 농가노동력을 절감하고 이를 통한 재배면적 확대 • 직거래부분을 전량 매취를 통해 집하하여 안정공급체계 확보
연합판매조직	사례 4	• 개별 농협의 실질적인 출하권 위임이 이루어지지 않아 판매창구 미통일 • 품목별 연합판매사업의 목적을 차별화 • 다른 지역과 연계한 릴레이 출하로 연중출하시스템 구축
	사례 5	• 전량 APC를 이용하여 공동계산 실시 • 작목별 품종통일, 정식일자 조정, 분산출하 • 현장 수확작업반을 가동하여 상품성이 미흡한 농산물 시장유통을 차단
	사례 6	• 작목반 및 참여농가별 연합사업 출하신청 및 출하약정 체결 • 자자체의 공동판매사업에 대한 우선지원 • 작목반단위로 품종 통일, 재배방법(시비, 방제) 통일, 이력추적제 등록 • 참여농가별 영농정보 구축 및 농가별 출하정보를 지속관리하여 D/B화
	사례 7	• 농가가 수집상의 선도금에 민감해 사업단은 선도금 증액으로 대응 • 안정적 물량확보를 위해 매취집하를 실시 • 관내농가 중 약 15%가 자가시설을 보유하고 있으며, 기능면에서 연합사업단의 APC가 차별되지 못함(선별능력면에서의 차이 정도 10톤/1일)
농업법인조직	사례 8	• 계약재배를 통한 안정적인 원료농산물 확보 • 신선식품과 신선편이식품을 동시에 취급함으로써 리스크 분산 • 주변의 영농조합법인과 연계하여 구색을 갖추어 소비지 대응력 강화
	사례 9	• 수출용 농산물은 안정적 물량확보를 위해 100% 매취집하 • 법인 취급농산물은 전량 공동선별 · 공동판매 · 공동정산원칙 • 농가조직력 강화를 위한 다양한 대책을 마련 – 음료업체에 공동판매로 비품과일 효과적 처리(참여농가에 한정) – 품목별 작목반을 해체하고 영농조합법인 대표가 작목반 대표를 겸임
	사례 10	• 전량 매취집하를 통한 집하를 실현(이중계약재배 25%) • 비용절감 및 안정공급체계 확립, 품질관리 일원화를 위해 단지화 추진 • 시기별 취급품목을 조정하여 연중 가동(365일)을 실현 • 원활한 원료조달과 출하관리를 위해 매취집하방법을 활용

표 7-10 사례유형별 조직화 저해요인 및 극복과정

		조직화 저해요인	극복방법
개별 농협 조직	사례 1	무임승차	선별기준을 객관화(검품강화) 일부 공동선별 추진
	사례 2	무임승차 조직화 인식부재	선별기준을 객관화(검품강화) 일부 공동선별 추진 선진지 견학 및 교육
	사례 3	무임승차	공동선별 매취집하
연합판매 조직	사례 4	조직화 구심점 부재 무임승차	출하조절로 조직화 효과 경험 금전적(보조금 등) 인센티브 집하장에서의 검품강화
	사례 5	조직화 구심점 부재	새로운 리더 출현으로 사업활성화 APC 건설로 상품화 거점 확보
	사례 6	무임승차 농가 · 조합 간 의견대립	공동선별 금전적(보조금 등) 인센티브 집하장에서의 검품강화 역할분담 및 사업추진방식 문서화
	사례 7	무임승차 농가의 자금부족	매취집하 공동선별, 선도금 증액
농업법인 조직	사례 8	—	매취집하
	사례 9	—	매취집하 공동선별, 영농지도사업 강화
	사례 10	—	매취집하 공동선별, 영농지도사업 강화

4. 산지의 조직 및 사업체계 개선방안

4.1. 사회적 결합력 약화에 대응한 기능적 결합력 강화

일반적으로 조직력은 '사회적 결합력'과 '기능적 결합력'으로 구성되며, 사회적 결합력은 통상 동질적 사회집단(특별한 목적의식을 가지지 않은 지연 · 혈연 · 학연적 결합)에 속해 있을 때 잘 유지되기 때문에 조직규모가 확대될수록 사회적 결합력은 필연적으로 약화된다. 따라서 사회적 결합력의 약화를 보완하고도 남을 정도로 기능적 결합력(목적의식을 가진 결합력)을 강화해야 한다.

이러한 기능적 조직력을 강화하기 위해서는 ① 기능조직으로서의 조직의 성격을 강화하고, ② 농가의 이해관계 대립에 대해 자주적 · 자율적인 해결을 중시하며, ③ 기능조직으로서 협동의 이점을 경험적으로 학습할 수 있도록 조직화 주체의 마케팅기능을 강화해야 한다.

첫째, 농가조직을 기능조직으로 강화하기 위해서는 작목반과 같이 공통의 목적을 가진 농가조직을 활성화시켜야 한다.

둘째, 농가의 자주적 · 자율적 문제해결을 촉진하기 위해서는 기본적으로 산지유통 핵심 주체(농협, 법인 등)의 기능 및 시설이용 등을 둘러싼 공평성 확보가 중요하다.

셋째, 조직화 효과의 경험적 학습을 위해 농가 간 다양한 정보교환의 촉진과 협동의 경제효과 등을 실현하는 노력이 중요하며, 단지

표 7-11 조직화를 저해하는 요인과 개선방안

조직화 저해요인	개선방안
무임승차	• 시장지향적으로 선별기준을 객관화하고 선별요원 전문화 • 개별 선별의 경우 집하장에서의 검품 철저 • 문제발생시 문서화하여 오해의 소지를 제거
참여농가 이해대립	• 공동이용시설 이용조건상의 공평성 확보 • 참여농가에 의한 자주적인 의사결정과정을 중시 〈산지유통주체는 농가가 판단할 수 있는 정보제공〉
조직화 구심점 부재	• 지역의 리더양성교육 활성화 • 지역리더에 대한 인센티브 마련(다른 사업과 연계 등) • 조직 내의 핵심적 차별화 상품 개발
조직화 인식부재	• 농가교육 및 선진사례 견학 〈농가의 경험적 학습이 중요〉
정책의 공감대 부재	• 선도농가와 비선도농가의 차별적 육성책 마련 • 중앙 · 지방정부의 정책일관성 유지로 시너지효과 추구
참여농가 수익감소	• 고령농가와 같이 농작업 경감욕구가 큰 농가 유인 • 농가의 규모화 유도 • 생산의 주년화로 APC 가동률 향상하여 비용절감

보조금 등을 통해 조직화를 유도하는 것은 오히려 장기적으로 조직화 저해요인으로 작용하게 된다.

앞에서 언급한 산지의 조직화 저해요인에 대한 개선방안을 국내외 우수사례들을 종합하여 보면 표 7-11과 같이 제시할 수 있다.

4.2. 차별화 · 브랜드화를 전제로 한 조직화 방안

앞에서 언급한 바와 같이, 앞으로 산지 및 소비지의 다양화는 더욱 진전될 것이며, 이로 인해 산지의 차별화 가능성은 한층 증대될 것이다. 한편, 소매점 간의 경쟁격화는 차별화 상품에 대한 관심을 증대시키고, 그 결과 획일적 상품의 대량유통은 품질수준의 높고 낮음에 관계없이 결국에는 가격경쟁에 직면하게 될 것이다. 가령 높은 품질수준의 채소라고 하더라도, 같은 채소를 모든 소매점에서 판매하고 있다면, 결국에는 더 저가로 판매하는 소매점이 경쟁에서 승리할 것이기 때문이다.[5]

규모화의 목적은 홍보, 마케팅, 시설이용, 교섭력 측면 등에서의 규모효과를 추구하는 것이며, 반드시 동일한 품질의 상품을 대량으로 유통시키기 위한 규모화라고는 할 수 없다. 이와 관련하여 전국 도매시장의 중도매인을 대상으로 설문조사를 실시한 결과 가장 선호하는 출하처로 작목반이나 영농조합법인단위가 전체의 76%를 차지하고 있는 반면, 농협이나 연합판매사업단은 불과 전체 응답자의 13% 정도에 머무르고 있다. 수도권 및 광역시권 도매시장의 경매사를 대상으로 대형마트와 거래를 위해서 산지의 출하규모가 어느 정도면 충분한지에 대한 청취조사 결과, 대부분이 10~20명 정도의 생산자그룹(생산자 1인당 약 1.3~1.4ha 경작한다고 가정)이 출하하는 농산물이라면 수량부족으로 대형마트와 거래가 곤란한 경우는 없다는 의견이 지배적이었다. 이는 앞서 소매점에 대한 설문조사 결과와도 유사한 결과이다.

---

[5] 일본의 경우 소매점의 차별화 경쟁이 격화되면서 이른바 공동선별 농산물은 가격경쟁적인 측면에서 활용되면서 수익성이 악화되고, 소매점이 차별화 상품을 확보하기 위해 오히려 개별 선별상품에 높은 관심을 보이고 있다. 이른바 소매점이 차별화를 위해 주변 경쟁소매점에서 취급하는 상품과 동일한 상품은 취급하지 않겠다는 의도이다. 이러한 현상은 계통농협조직이 공동판매사업을 전면 재검토하는 중요한 계기가 되고 있다.

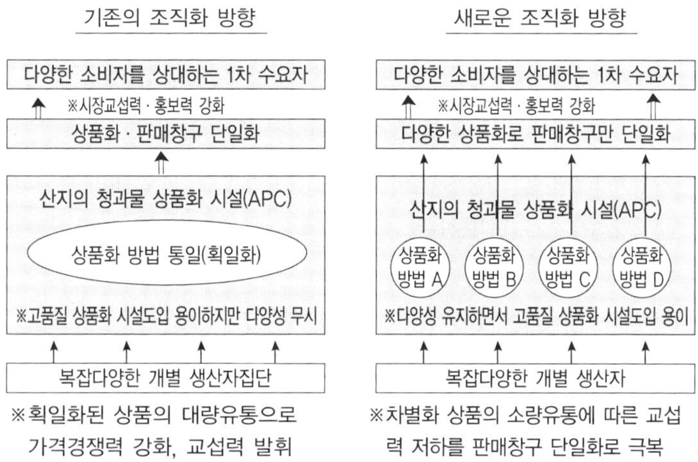

그림 7-3 유통환경 변화에 대응한 농가조직화 방안

이처럼 소비지의 경쟁이 격화되고 차별화 상품에 대한 관심이 고조된다는 점을 고려할 때, 향후 산지의 조직화는 차별화 효과를 극대화하고 동시에 규모효과도 발휘할 수 있어야 할 것이다. 구체적으로 농가그룹은 소그룹 위주로 다양하게 조직하면서, 마케팅기능은 산지유통 주체에 단일화하는 새로운 조직화 방안이 바람직하다(그림 7-3). 즉, 기존의 조직화가 상품화 방법의 통일을 통한 전면적인 규모화였다면, 앞으로는 상품화 방법에서 다양성을 추구하면서 판매창구의 통일을 통한 선택적인 규모화로 전환되어야 할 것이다.

이때 산지유통조직의 역할은 시장세분화를 통해 농가그룹별 목표시장을 설정하고, 포지셔닝, 정보수집 및 분석, 홍보, 교섭력 발휘 등 규모화 효과발휘를 위한 기능보완에 중점을 두어야 할 것이다. 동시에 소그룹 농가의 육성은 농가의 사회적 · 기능적 측면에서 동질성을 향상시키기 때문에 구성원 간의 조직력도 한층 강화된다.

또한 상품화 · 브랜드화를 위한 산지유통조직의 사업방식은, 단기적으로는 조직력이 강한 조직의 경우 수탁집하를 통한 상품화 · 브랜드화를 추진해도 문제가 없겠지만, 조직력이 약한 조직은 수탁집하를 통해서 상품화 · 브랜드화를 추진하려고 할 경우 차별성과 약속성 확보에 한계가 예상되기 때문에 매수집하를 적극적으로 고려해야 할 것이다.

5. 맺음말

소비지가 차별화 상품의 안정된 공급을 중시하고 있다는 점을 고려할 경우, 산지의 대응방향은 단순히 단기적인 공급규모 확대를 위한 농가별 통합보다는 출하의 계획성과 출하기간까지를 고려하여 산지유통조직의 사업방식, 조직화 방안, 조직화 범위를 결정하여야 한다.

품질의 지속성 및 지속기간은 산지의 입지조건에도 큰 영향을 받지만, 품질의 균일성은 참여농가 간 의사통일과 참여농가에 대한 산지유통조직의 통제력 여하에 따라 서로 다른 성과를 나타낼 수 있다. 따라서 참여농가 간 의사통일의 강화와 산지유통조직에 의한 조직구성원의 통제력을 어떻게 강화할 것이며, 산지의 사업 및 조직체제를 어떤 방향으로 정비해야 할 것인가에 대한 검토가 무엇보다 시급한 과제이다.

주체 간 경쟁이 촉진될수록 차별화 상품에 대한 관심은 더욱더 고조되고, 시장세분화의 필요성도 점차 증가될 것으로 예상된다. 산지가 규모화를 통해 규모효과를 발휘하게 되었다고 해서 모든 문제가 해결되는 것은 아니다. 앞으로의 산지조직화는 산지와 소비지의 다양성을 규모화 과정에 반영시키고, 동시에 규모효과를 발휘할 수 있도록 사업 및 조직체계를 개편하여야 할 것이다.

참고문헌

김경필 외(2004), 「농산물 공동계산 출하의 중요성과 발전단계별 추진 전략」, 『식품유통연구』 제21권 3호.

농수산물유통공사(2006), 「대형유통업체 농산물 구매실태 및 산지출하 조직 출하실태조사」,

위태석 외(2004), 「복수공동계산방식을 통한 농협판매사업의 활성화 방안」, 『식품유통연구』 제21권 4호.

이병서 외(2003), 「대형유통업체의 농산물 구매특성과 산지의 대응방안」, 『식품유통연구』 제20권 3호.

황의식 외(2006), 『조합공동사업법인 발전방향 연구』, 한국농촌경제연구원.

T-Plus(2005), 『산지유통 종합평가지표 개발 및 평가』, 농림부.

大原純一(1979), 「農産物共販の現狀の今日的課題」, 『農林業問題硏究』,

第57號.
尾高恵美(2005), 「農協の野菜販賣戰略の類型化」, 『農林金融』.
北出俊昭(2003), 『農協組合本來の農協へ』, 筑波書房プックレット.
日本農業經營學會(2003), 『新時代の農業經營への招待』, 農林統計協會.
澤田賢治(2006), 「野菜・果樹などの農協共販の課題と再生の道」, 『農村文化運動』, No. 181.
荒幡克己(1998), 「農産物市場における製品差別化に關する一考察」, 『フードシステム研究』, 第5巻1號,

Chapter 8

소비자가 다시 찾는 브랜드를 위한 품질관리

장 민 기

1. 브랜드 활성화의 핵심 과제: 품질관리

품질관리의 중요성

농산물 브랜드화의 핵심 과제는 '차별화'를 달성하는 것이다. 농산물은 주로 주산지의 명성을 통해 차별화가 이루어져 왔으나, 본격적인 브랜드화 시대를 맞아 브랜드 고유의 특성을 확보하기 위한 차별화 방안이 마련되어야 한다.

현재 브랜드 차별화는 포장, 디자인, 홍보 · 판촉, 가격 등 다양한

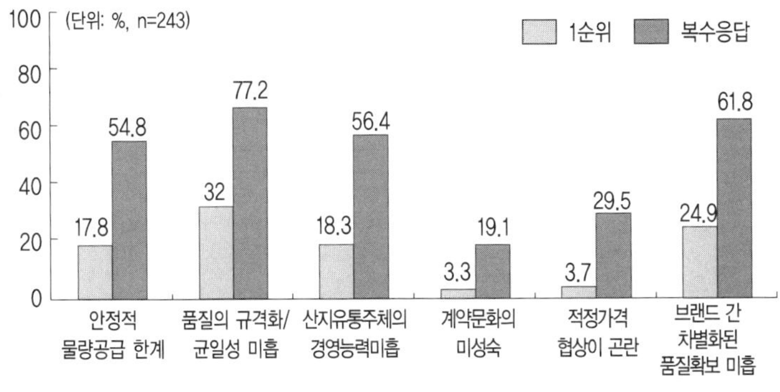

자료: 장민기 외(2006).

그림 8-1 농축산물 브랜드 마케팅 주체의 품질관리 문제점[1]

[1] 2006년 6월에 시행한 농축산물 유통종사자(바이어 및 중도매인, 산지담당자) 243명에 대한 설문조사 결과임.

영역에서 시도되고 있으나, 주된 구매포인트인 상품 자체의 품질에 대해서는 큰 차별성을 부여하지 못하고 있다. 농산물 고유의 상품특성과 생산과정의 특수성 때문에 품질차별화가 매우 어렵기 때문이며, 사업체계가 구축되지 않은 것도 그 이유이다. 실제로 농산물 유통종사자들은 품질균일성과 품질차별화가 미흡한 것이 브랜드 마케팅 주체의 가장 큰 문제점이라고 인식하고 있다.

안전성과 신뢰

품질관리는 브랜드와 마케팅 주체가 생존하기 위한 필수과제이다. 특히, 농산물의 안전성과 신뢰가 소비자 선택을 결정하게 됨에 따라 품질관리의 체계화와 정밀화가 더욱 중요해지고 있다. 이력추적제와 우수농산물관리제(GAP)가 확대되고 있는 상황에서 품질관리 노력은 단기간에 경영성과를 도출하는 문제가 아니라 중 · 장기적으로 경영체의 생존과 직결되어 있는 중요한 과제가 되고 있다.

우수한 브랜드 경영체의 사례를 보면 품질관리를 통해 국가적으로 시행되고 있는 각종 인증기준을 충족시킬 뿐만 아니라, 더 적극적인 자체 관리기준을 적용함으로써 강력한 마케팅 차별화의 도구로 활용하고 있다.

기술과 경영의 연계

품질관리는 생산, 유통, 물류, 마케팅 전 과정을 기술적으로 묶어 내는 코드이며, 동시에 기술과 경영관리를 연계하는 의미를 갖는다.

농산물 브랜드 마케팅은 일반적으로 다수의 분산된 생산자가 참여하고, 집하 · 포장 · 가공과정이 분리되어 있는 등 다양한 부문을 포함하고 있기 때문에 일관성을 확보하기가 매우 어려운데, 이를 해결하는 것이 품질관리이다.

농산물 브랜드 마케팅은 사업규모는 크지 않은 반면에 다양한 기술적 요소들이 반영되어 완성된다. 경영성과를 결정짓는 다양한 요소 가운데 경영성과와 기술적 우월성을 직접 연결할 수 있는 영역이 품질관리이다. 농업부문에서는 공적 기관에 의해 공유 · 공개된 기술이 일반적이고 이를 적용하는 기술적 노하우가 차별화의 원천이 되며, 그 성과가 경영성과로 연결되기 때문에 품질관리가 중요하다.

2. 브랜드 품질관리의 범위와 체계

2.1. 브랜드 품질관리의 개념과 목표

브랜드 품질관리의 목표

농산물 브랜드 품질관리는 다음과 같은 세 가지 목표를 갖는다.

첫째, 차별화된 상품생산이다. 기존 농산물의 차별화는 '주산지' 그 자체였다. 전통적인 주산지이기 때문에 당연히 상품성이 우수할 것이라는 믿음이 있을 뿐 아니라, 우수한 생산 · 판매주체에 의해 공급되고 있다는 신뢰가 있었다. 그러나 경쟁이 치열해지면서 주산지는 여러 가지 브랜드 요소의 하나일 뿐이며, 오히려 신흥 산지들이 활성화됨에 따라 균일화된 상품공급, 지속적 마케팅을 통한 신뢰확보 등이 더욱 중요한 요소로 등장하였다. 품질관리는 브랜드 농산물로서 차별화된 상품성을 제공할 뿐 아니라 균일성을 보장하기 위한 기본적인 실행도구이다.

둘째, 상품화 전 과정 관리의 체계화 · 효율화이다. 농산물 브랜드 마케팅이 활성화되면서 출하규모가 전통적인 출하체계인 농협 · 작목반 단위에서는 상상할 수 없는 규모로 확대되었다. 대규모 출하를 체계화하는 과정이 필요하고 이를 관리하는 품질관리 시스템이 필요하게 되었다. 브랜드 품질관리는 브랜드 마케팅 주체가 생산과 계약, 입고, 출고, 상품화 전 과정을 기획 · 통제하는 방식이며, 효율적인 품질관리 실행을 위한 운영시스템 자체가 되어야 한다.

셋째, 상품의 안전 · 신뢰성 확보이다. 본격적인 브랜드 홍보가 시작되면서 품질차별화는 물론 품질에 따라 브랜드를 체계화하는(하위브랜드, 패밀리 브랜드 운영 등) 등 다양한 전략이 구사되고 있다. 또한 친환경농산물 인증, GAP 인증 등 상품생산과 유통과정에서 안전성 유지가 중요한 관리요소가 되었기 때문에 농산물의 안전성 · 신뢰성 관리를 위한 품질관리체계가 확립되어야 한다.

브랜드 품질관리란?

일반적으로 농산물 품질관리는 최종 상품의 품질을 관리하는 기술 · 경영활동을 의미하지만, 여기서는 '브랜드 품질관리'를 생산단계부터, 최종 판매까지를 포괄하여 연계하는 전반적인 상품화 관리업무로 정의한다. 브랜드 상품으로서의 차별화를 달성하기 위한 제반 기술 · 경영활동을 모두 포괄하는 것이다.

이렇게 브랜드 품질관리를 넓은 의미로 정의하는 것은, 농산물 브

농산물 브랜드 품질관리 및 체계의 정의

농산물 브랜드 품질관리란 "브랜드 농산물의 품질균일성과 차별화를 달성하기 위하여, 브랜드 마케팅 주체의 기획과 지침에 따라 농산물 생산과 상품화의 전체 과정에서 시행하는 상품관리활동"이다.

농산물 브랜드 품질관리체계는 "농산물 브랜드 품질관리를 시행하고 시행결과를 통보 · 환류하기 위한 조직, 장비, 지침을 포함하는 체계화된 운영시스템"이다.

랜드의 경우 마케팅 주체로서 내부 조직에 한계가 있고 다양한 주체가 참여하므로 모든 부분을 포괄하는 체계화된 시스템이 갖추어져야만 차별화, 안전, 효율화라는 3대 목표를 달성할 수 있기 때문이다.

한편, 브랜드 품질관리체계는 제반 품질관리활동을 효율화하고 시스템화한 것으로 담당조직은 물론 측정 · 분석장비 및 전산기기 등 하드웨어와 품질관리지침 등 소프트웨어를 모두 포함하는 일관된 운영방식을 의미한다.

브랜드 품질관리체계를 구축해 가는 과정 자체가 일종의 품질관리활동으로 이해될 수 있으나, 품질관리 시스템 구축과 품질관리활동 자체를 구분할 필요가 있다. 시스템을 갖추었다고 있다고 해서 실제 품질관리가 이루어지는 것은 아니기 때문이다.

여기서 브랜드 품질관리 시스템 구축을 강조하는 것은 사업주체들의 품질관리활동의 체계화가 필요한 시점이기 때문이며, 실제 품질관리활동과 관련해서는 수확 후 관리 등 기술적 측면을 포함한 다양한 논의거리가 있다.

2.2. 브랜드 품질관리체계

품질관리요소 분석

브랜드 품질관리체계는 ① 주체, ② 기준, ③ 기록, ④ 피드백, ⑤ 인증의 5가지 사항을 모두 포함하고 있어야 한다. 또한 이들 5가지 요소 이외에 품질관리 결과의 기획 · 활용 · 개선 등 전략적 경영활동도 첨가되어야 품질관리체계가 구축되었다고 할 수 있다. 이들 5가지 요소는 품질관리체계 내에서 상호 유기적으로 연계되어 운영되어야 하고, 품질관리활동의 성과물로서 집적된 데이터로 관리되어야 한다.

브랜드 품질관리는 농산물 상품화의 전체 과정에 걸쳐 이루어지는

표 8-1 농산물 상품화 단계와 품질관리 요소

<table>
<tr><th colspan="2">요소 / 단계</th><th colspan="5">품질관리</th></tr>
<tr><th colspan="2"></th><th>주체</th><th>기준</th><th>기록</th><th>제공</th><th>인증</th></tr>
<tr><td colspan="2">생산</td><td>• 농가
• 농가조직(작목반, 법인)
• 광역농가조직(작목회, 연합회 등)</td><td>• 생산매뉴얼
• 방제력
• 재배력
• 출하관리 기준</td><td>• 재배일지
• 출하일지</td><td>• 세부생산성 분석
• 품질문제사항 통보</td><td>• 농장 ISO
• 품목별 생산인증
• IFP, GAP, 친환경</td></tr>
<tr><td rowspan="4">상품화</td><td>집하 · 저장</td><td>• 농가조직
• 품질관리단
• 마케팅조직(APC)</td><td>• 입고기준
• 위생 · 안전기준
• 저장관리 매뉴얼</td><td>• 입고 DATA
• 저장 DATA
• 시설운영 DATA</td><td>• 입고증명서
• 재고관리
• 시설관리실 시간 분석</td><td rowspan="4">• GAP
• ISO
• HACCP</td></tr>
<tr><td>선별</td><td>• 전문선별사
• 마케팅조직(APC)</td><td>• 선별기준
• 품질등급기준</td><td>• 선별결과 DATA
• 등급판정 DATA</td><td>• 선별결과 증명서
• 등급판정 증명서</td></tr>
<tr><td>포장</td><td>• 마케팅조직(APC)</td><td>• 포장규격
• 포장매뉴얼</td><td>• 규격별 포장결과 DATA</td><td></td></tr>
<tr><td>운송 · 물류</td><td>• 운송전문업체
• 마케팅조직(APC)</td><td>• 운송관리기준
• 적재관리기준</td><td>• 출고 DATA
• 송장
• 검수확인증</td><td>• 출고증명서
• 클레임 현황</td></tr>
</table>

것이다. 일반적인 농산물 상품화 단계를 구분하면, ① 생산, ② 집하·저장, ③ 선별, ④ 포장, ⑤ 운송·물류의 5단계로 구분할 수 있다. 단계별 주요 품질관리 요소는 표 8-1과 같다.

일반제조업에서는 6시그마(6σ), 종합품질관리(TQM) 기법과 같이 '공정별 통계적 불량률 관리'가 일반화되어 있다. 그러나 농산물의 품질관리는 상품화 단계별 주체가 상이한 경우가 많기 때문에 전혀 다른 관점에서 접근해야 한다. 통합된 품질기준에 따라 상품의 이동, 주요 상품화 과정에서 단계별 포인트 관리가 이루어져야 하는 것이다. 또한 각 단계에서 축적된 데이터를 통합함으로써 최종 상품의 품질상태를 모니터링하고 보증할 수 있는 방식이 되어야 한다.

두 가지 극복과제

현재, 브랜드 품질관리의 문제점은 두 가지 측면에서 발생하고 있다.

첫째, 품질관리체계의 세부요소 각각은 높은 기술적 완성도와 실행성과를 가지고 있으나 품질관리 전체를 일관되게 연결하는 통합관리가 미흡하다.

품질관리의 최종 성과는 매대(賣臺)에서 판가름 나는 것인데, 일반적으로는 저장효율, 선별결과의 정확성, 이력추적 데이터관리 전산시스템의 가동 등 한 가지 측면의 성과에만 집중하는 경향이 있다. 이런 인식은 과다한 투자를 불러올 뿐 아니라, 단계·요소 간 연계고리에서 문제가 발생함으로써 예상치 못한 실패와 손실을 가져오는 경우도 있다.

품질관리 시스템 전체의 연결문제는 결국 마케팅 주체의 문제로 귀결된다. 품질관리의 분리현상은 단일한 마케팅사업체 내에서 역할분담이 불분명하기 때문에 발생하는 것이며, 브랜드 마케팅 주체가 명확한 기획력과 사업주도력을 가질 때에 브랜드와 품질관리가 맞물려 움직일 수 있다.

둘째, 품질관리기준을 확립하고 기록을 관리하는 등의 원천적인 관리체계에 문제가 있다.

실험실 및 연구기관에서 확립한 생산 및 상품화의 품질기준을 브랜드 경영체 고유의 기준으로 재정립해야 한다. 농림부, 농촌진흥청, 농협중앙회 등에서 품목별 브랜드 운영, 품질관리지침 등을 개발하여 보급하고 있기 때문에 현장활용이 가능하다. 하지만, 품질관리의 목표가 차별화에 있음을 고려하면, 전국적인 기준만으로는 성과를 낼 수 없으며, 지역생산기반과 신기술을 적용한 독자적인 관리기준이 필요하다.

특히, 농가단위에서부터 시작하는 기장(記帳)관리와 상품화 단계별로 작성되는 각종 기록DB의 관리 · 분석방안이 현실화되어야만 품질관리체계를 원활하게 구축해 나갈 수 있다. 기준을 마련하였다고 하더라도 그 기준이 생산 · 상품화 현장에서 적용되고 있는지를 모니터링할 수 있어야 하고, 기준치와 실행치의 편차를 확인하여 개선에 활용할 수 있어야 하기 때문이다.

품질관리의 일관성과 주체

농산물 브랜드 품질관리는 일반제조업처럼 마케팅 주체 단독으로 진행할 수 없다. 농산물 품질관리에는 품질관리 전체를 총괄 · 운영하는 마케팅 주체를 정점으로 하여 농가조직, 선별 · 포장조직(마케팅 주체와 분리되어 있는 경우), 지원기관 등이 모두 참여해야 한다. 특히, 연합사업단, 공동마케팅조직 등 주체 간 협력을 통해 규모화를 추구하는 사업조직의 경우에는 품질관리 주체의 문제는 매우 중요한 과제로 등장

표 8-2 농산물 브랜드 마케팅 주체유형별 품질관리조직 구성

구분		특징	품질관리조직 구성방안	사례
APC 보유	연합사업 조직	• 일상적 입출고 관리 • 협력에 의한 원물조달	• 품질관리위원회 • 품질지도요원 • APC 품질관리사	안성마춤농협
	단독사업 조직	• 일상적 입출고 관리 • 강력한 내부 상품화 기준 • 원물조달 역량	• 마케팅조직 주도 • ERP 도입: 관리효율화	풀빛영농조합, (주)농산무역
APC 미보유	연합사업 조직	• 강력한 품질관리기준 • 자율관리+검품관리 • 사전기획과 수시모니터링	• 참여조직별 품질관리 조직(품질관리단, 검품단) • 품질관리위원회	강원농협연합, 햇사레과일

할 수밖에 없다.

품질관리 주체는 산지마케팅조직이 되는 것이 가장 바람직하다. 생산자와 최종 수요자의 결절점(結節點)에서 전체 마케팅과정을 총괄하고 있기 때문이다. 또한 마케팅 주체가 APC를 보유 · 운영하고 있는 경우에는 입출고 시점에서 품질관리를 집중화할 수 있는 유리한 조건을 가지게 된다. 하지만, 현실적으로 산지마케팅 주체의 유형과 특성이 각기 다르기 때문에 사업에 적합한 품질관리조직을 구성할 필요가 있다.

표 8-2는 공동마케팅조직으로 선정된 대규모 농산물 마케팅조직 사례를 중심으로 유형별 품질관리조직 구성방안을 정리한 것이다. 연합사업조직의 경우 참여조직과의 협력을 위한 '위원회'체계가 필요하고, APC를 보유하지 않은 조직은 상품화 포인트의 품질관리를 시행하기 위한 보완조직으로 '품질관리단, 검품단' 등 실행조직을 갖추어야 한다. 단독사업체의 경우에도 전국적인 범위의 사업이 전개되고 있는 점을 고려하면, 생산농가의 협력 등을 위한 협의체 운영이 필수적인 것으로 판단된다.

기록 및 전산 시스템

품질관리는 많은 노력과 시간, 비용을 투입해야 하는 어려운 과정이다. 균일화된 생산과정, 상품화 과정을 거치는 것이 아니라 다수의 생산농장에서 다수의 품목이 복합되어 있는 출하방식을 고려하면 기록 및 관리는 품질검증과 기술적용, 경영활동의 기초가 되기 때문에 중요한 반면에 효율화를 추구하기에 가장 어려운 영역이기도 하다.

최근 이러한 기록관리의 어려움을 해소하기 위한 다양한 신기술이 개발되어 적용되고 있다. 대규모 산지마케팅 주체 및 APC를 정점으로 한 선별, 저장, 입출고 등 관리의 전산화가 진행되고 있을 뿐 아니라, 생산기술이 표준화된 경우(예, 하우스 양액재배)에는 생산단계 기록관리의 전산화와 자동화도 진행되고 있다(표 8-3).

농장단계의 기록(=기장)은 친환경농산물, GAP 등 인증을 위해 필수조건이지만 품질관리를 전제로 한 본격적인 데이터관리까지는 연결

표 8-3 품질관리 기록관리 효율화를 위한 신기술 적용사례

구분	의미	농업적 활용	사례
ERP (enterprise resource planning)	• 생산, 조직, 재무, 회계 전 측면의 정보 집적 • 전산화된 실시간 분석	• 생산이력, 상품화 데이터의 총괄관리 • 마케팅조직 정산, 내부관리	농산무역, 논산수출물료
RFID (radio frequency identification)	• 상품부착 칩과 무선을 이용한 개체관리	• 이력추적용 칩, 무선관리 • 대형 APC 입출고, 저장관리	장수군(S-APC)
USN (ubiquitous sensor network)	• 센서네트워크를 활용한 원격 환경 기록 및 제어	• U-farm: 온실환경 제어 및 생육 · 재배이력 데이터관리	6개 시범사업(도드람, 제주양돈, 백두대간감자, 경산사과 등)

농장 생산기록 데이터화 노력

선진적인 농산물 마케팅조직들은 생산농장의 데이터를 확보하고, 체계화하기 위해 다양한 노력을 수행하고 있다. 특히, 이력추적 관련사업이 활성화되고 있는 축산부문에서 활발하게 진행되고 있다(대관령한우, 안성마춤한우, 도드람포크 등). 종축, 사료, 항생제 사용 등 핵심 데이터를 중심으로 한 집중관리방식으로 진행되고 있다. 쌀의 경우에도 경남친환경쌀클러스터사업단이 RFID를 활용한 이력추적 시스템을 확보하였고, 잎맞춤, 농산무역 등 대규모 농산물 브랜드 주체들이 농장기록 데이터화와 관리를 위한 노력을 진행하고 있다.

되지 못하고 있다. 그러나 여러 주체들이 ERP를 생산기록까지 포함하는 것으로 확장하여 생산단계의 데이터관리를 추진하고자 노력하고 있으며, 컨설팅요원을 활용한 농장기록관리 체계화와 모니터링을 실시하는 등 다양한 보완대책들이 마련되고 있다.

3. 브랜드 품질관리 실무과제

3.1. 기획 및 로드맵

품질관리 기획

품질관리는 농산물 마케팅 전체 과정 속에 녹아 있어야 하고, 마케팅 전략 및 조직화와 연결되어야만 '차별화'가 극대화될 수 있다. 품질관

품질관리 고도화를 위한 기획

브랜드 품질관리는 끊임없는 개선의 과정이다. 일정 단계의 목표를 수립하되, 품질관리체계와 실행이 고도화될 수 있도록 지속적인 수준향상 기획이 필요하다. '친환경'농산물을 취급하는 마케팅조직은 품질관리와 인증이 결합되어 매우 높은 수준의 품질관리 시스템을 보유하고 있다. 강원연합사업단('맑은청' 브랜드) 친환경사업의 경우 매년 친환경 인증농가를 대상으로 80여 개 세부품목에 대한 '작부체계'까지 합의하여 품질관리를 실행하는 단계까지 발전하였다.

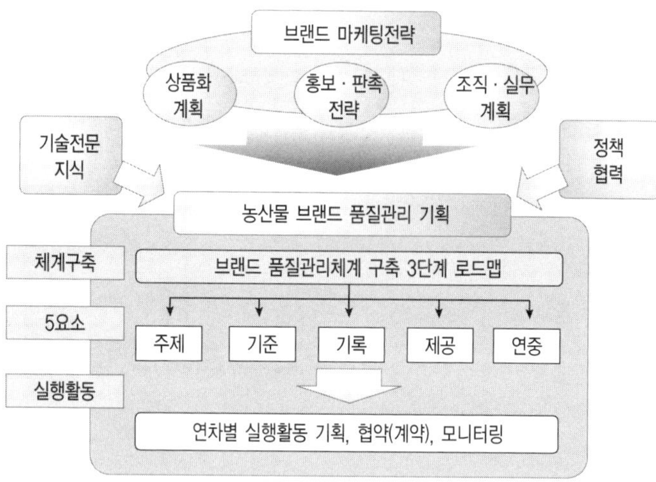

그림 8-2 농산물 브랜드 품질관리 기획

리 기획은 전체 마케팅과 기술, 인프라, 조직을 종합적으로 고려하여 이루어져야 하는 어려운 과정이기 때문에, 전체를 총괄할 수 있는 마케팅 주체가 주도적으로 확립하는 것이 바람직하다.

품질관리 인프라 확보

대형거래처를 대상으로 하는 대량거래와 브랜드 마케팅 주체의 규모화가 동시병행적으로 진행되는 상황 속에서 품질관리 인프라의 확보는 마케팅 주체의 중장기적인 발전을 뒷받침할 수 있는 과제가 되고 있다. APC는 집하와 상품화의 도구일 뿐 아니라, 소프트웨어와 하드웨어가 결합된 품질관리의 핵심 거점으로 활용되어야 한다. 이와 함께 광역화되는 사업범위를 고려하여 적절한 인프라의 배치와 각각의 시설에 도입되어야 하는 품질관리 하드웨어가 종합적으로 기획될 필요가 있다. 수확 후 관리, 저온물류, 특수포장 등 고가의 장비들의 경우 필요성, 도입규모, 재원 등 세밀한 사업계획과 다양한 지원주체와의 협력활동이 필요한 영역이다.

품질관리 기획에서는 ① 품질관리체계 구축, ② 상품화 단계별 품질관리요소 확보, ③ 품질관리 실행 등 3가지 측면을 모두 고려해야 한다. 특히, 최근 품질관리 실행과 관련한 기술적 요소와 인프라가 중요하게 작용하기 때문에 지속적 정보축적과 적용 여부에 대한 판단, 전문인력 확보 등도 고려해야 한다.

로드맵

브랜드 품질관리체계는 단기간에 완성되지 않는다. 우선 시행해야 하는 품질관리활동은 일상적으로 진행해 나가되, 품질관리체계 구축을 위한 기획은 단계적인 목표달성 로드맵을 수립하여 추진해야 한다.

일반적으로 브랜드 품질관리체계 구축은 크게 ① 기준확립, ② 품질관리조직 완성과 인증, ③ 체계구축 완료 및 보완 등 3단계로 정리할 수 있다. 단계별로 1년씩 시간계획을 수립할 수 있으나, 단계별로 실행준비에 시간이 소요되는 경우도 있기 때문에 3~5년간으로 시간계

표 8-4 농산물 브랜드 품질관리체계 구축 로드맵

단계		1단계		2단계		3단계	
핵심 목표		기준확립		품질관리조직 완성		품질관리체계 완성 · 보완	
마일스톤 (Mile Stone)		• 생산 · 재배 매뉴얼 • 수확 후 관리 · 저장 매뉴얼 • 선별 · 포장 매뉴얼 • APC 시설관리 매뉴얼		• 농가지도, 품질관리단 • 검품시스템 • 생산피드백 시스템 • 소비지피드백 시스템		• 매뉴얼 업그레이드 • 품질관리조직 정형화 • 피드백시스템 전산화 • 리콜, 인증 완료	
주체	준비		• 품질관리단		• 내부 품질관리조직		
	실행	• 산학연협력위원회		• 품질관리단 • 수확작업단	• 인력육성 • 지도조직	• 내부품질관리조직 • 인력육성	• 산학연협력위원회 확대
기준	준비	• 인증기준서 적용	• 부문별 매뉴얼 초안	• 신상품매뉴얼(1차)			
	실행		• 부문별 매뉴얼 작성	• 선별검품기준 • 규격매뉴얼	• 신상품매뉴얼(2차)		• 부문별 매뉴얼 개정
기록	준비	• 기록장, 양식 개발	• 전산시스템 개발준비				
	실행	• 농가기록 • 상품화 기록		• 전산시스템 개발		• 내외이력추적 • 전산시스템	
제공	준비			• 소비지피드백	• 리콜제	• 리콜제	
	실행	• 토양분석 • 엽면분석	• 분석결과 • 시비처방서	• 생산피드백 • 검품피드백	• 소비지피드백		
인증	준비	• GAP농가 • 이력추적제		• ISO시설 • HACCP시설			
	실행		• GAP농가 • GAP시설		• 친환경농가 • ISO시설 • HACCP시설	• GAP농가 확대 • 친환경 확대	
준비		1~2년		1~2년		1년	

획을 수립하는 것이 바람직하다. 로드맵에는 5개 품질관리요소가 모두 반영되어 동시에 추진되어야 하지만, 과제에 따라서는 선후 관계가 있기 때문에 적절한 일정조정이 필요하다(표 8-4).

3.2. 상품화 단계별 브랜드 품질관리 실무과제

각각의 브랜드 품질관리 요소들은 상호 연계되어 있기 때문에 부문별로 분리하여 생각할 수 없는 것이지만, 각각의 단계에 품질에 영향을 미치는 중요한 요인들이 존재한다. 일상적인 업무진행 속에서도 품질관리 핵심 항목들을 설정하여 지속적인 관리가 이루어지도록 해야 한다.

생산단계

생산단계의 품질관리 과제는 생산 · 재배조건을 얼마나 통일할 수 있는가의 문제이다. 일반적으로 생산단계는 다수의 농가에서 이루어지기 때문에 재배환경, 작업과정을 완전히 통일하는 것은 불가능하다. 그러나 발전된 브랜드 주체들은 이러한 생산단계 요소들까지도 통일, 관리를 강화하는 방향으로 사업을 진행하고 있다.

생산단계에서 관리해야 하는 핵심 항목을 보면 다음과 같다.

첫째, 품종통일이다. 동일한 품종을 선택하여 생산이 이루어질 때 품질의 균일화를 달성할 가능성이 높다. 또한 품종통일은 다른 지역에서 사용하지 않는 독특한 품종을 도입 · 생산함으로써 강력한 차별화의 요소로 활용할 수 있다.

둘째, 주요 농자재의 통일이다. 농산물 생산과정에 활용되는 자재중에서 품질에 결정적인 영향을 미치는 것들이 있다. 축산에서는 사료가 이러한 역할을 하고, 과수에서는 봉지가 이러한 역할을 한다(물론 이들 자재가 우수한 품질을 보증하는 것은 아니다). 우수한 품질, 균일한 품질을 확보하기 위해서는 신뢰성 있는 농자재를 활용해야 할 뿐 아니라 공동구매 등을 통해 일정한 규격의 농자재를 활용할 필요가

표 8-5 농산물 수확 후 관리 관련기술

주요 기술	세부기술
생리 · 품질	• 수확 후 생리, 수확 전 품질이력, 수확시의 품질 • 농산물의 유통 · 가공 적성의 개량(재배, 육종, 품종개량)
전처리	• 산지예냉(강제통풍, 차압통풍, 진공, 냉수예냉, 빙냉, 액체탄산가스) • 예건, 건조, 큐어링, 컨디셔닝, 착색, 후숙처리, 세척 • 신선편이 가공기술(fresh-cut processing)
포장	• 가스치환포장, 진공포장, 무균충전포장, MAP • 기능성 포장자재(항균, 방담, 흡수폴리머, 가스투과성, 단열성, 자외선 차단) • 품질유지제 봉입(탈산소제, 에탄올가스 발생제, 에칠렌 흡수제, 방담제 등) • 생분해성 플라스틱필름, 포장재처리 · 리사이클링, 소비자포장 등
선별 · 검사	• 비파괴검사 · 선별(근적외선법, 역학적, 방사선, 전자기학), 중량선별 • 메카트로닉스화(외관 · 색조선별기, 이물, 오염의 체크) • 센서기술(바이오센서, 칩, 디바이스), 선도 · 숙도 판정
저장 · 보관	• 온도제어장치(저온저장, 빙온저장, 파아샬프리징, 한온저장, 냉동저장) • 온습도 제어 · 관리기술 • 가스제어 저장(CA 저장, 감압 저장, MAP) • 에너지 저장(빙축열, LNG냉열, Heat pump 등)
수 · 배송, 물류	• 수송 · 배송 설비기재(보냉 · 단열 컨테이너, 항공수송용 경량 컨테이너, 축냉 · 단열재, 시이트파레트) • 물류관련 표준화(ULS) • 수송자재(포장골판지, 통케이스, 기능성 포장재, 완충자재) • 고도유통시스템(프로세스센터, 유통 · 배송센터) • 고속 대량수송기술(TSL, 공수시스템, 철도수송시스템)
안전성, 품질유지	• HACCP, GAP, GMO, 방사선, 잔류농약, 병해충, 유해성분 검출기술 • 전자파, 방사선, 전자장, 오존, 전해수, 활성수, 염소화합물 • 천연첨가물, 항균성 물질(천연항균제, 용균효소 등), 바이오컨트롤 등
시스템 · 설비	• 공정분석, 시설계획, 시스템 개발, RPC, APC 등
마케팅 · 규격 · 정보	• 상품화, 판매 • 농산물 출하규격, KS규격, 품질표시 가이드라인 • 생산 · 수확정보, 시장동향, 입출하 물류정보 등(VAN, POS, GPS) • 정보, 멀티미디어

자료: 김병삼, 한국식품연구원, 2007.

품종통일을 위한 종묘 · 육묘센터 운영

원예농산물에서 일반적으로 품종통일은 단일품종으로 정하기 어렵기 때문에 동일 계통의 2~3개 품종을 지정하여 종자를 공급하는 방식으로 시행하고 있다. 특정 종묘회사의 종자를 공동구매하거나 농협 등 종자공급조직의 판매창구에서 우수 종자를 권유하는 방식을 택한다.

더 적극적인 품종통일을 달성하기 위해 쌀과 특수품목에서는 마케팅 조직이 직접 종묘센터 또는 육묘장을 운영하는 방법도 시행되고 있다(예: 나주 산포농협, 해남 옥천농협, 일본 호쿠렌).

있다.

셋째, 생산과정의 통일이다. 재배력(栽培曆), 방제력(防除曆) 등 생산매뉴얼을 작성하는 이유는 생산과정을 통일하기 위한 것이다. 소극적으로는 위해물질 및 화학약제의 과용을 방지한다는 '안전생산'의 의미가 있으나, 적극적으로는 생산과정과 중간 생육상황을 모니터링함으로써 품질균일화와 품질향상을 달성하기 위해 노력해야 한다.

품질관리와는 다른 영역에 속하지만, 품질관리와 함께 이루어져야 하는 것이 수급조절의 문제이다. 특히, 친환경농산물을 취급하는 경우에는 세부품목별 작부체계를 사전에 정하고, 이를 통하여 출하시기와 출하물량까지도 관리하는 단계까지 발전되어 있다.

수확 후 및 저장단계

농산물은 수확 이후에도 생명력을 가지고 호흡과 생장을 계속한다. 수확 후 관리는 생물인 농산물의 저장과 선별 · 포장 및 물류 전(全) 단계에서 상품성을 유지하도록 하는 제반 활동을 의미한다.

이미 예냉, 예건 등 수확 후 관리 관련장비와 기술은 산지유통조직에 보편화되어 있다. 최근에는 신선편이 농산물 생산과 관련된 기술에 대한 수요가 높아지고 있다. 일단 절단이 이루어지는 경우에는 기존 수확 후 관리기술에 더하여 갈변 방지, 부패 방지 등을 처리할 수 있는 고도의 원예 · 저장기술이 필요하기 때문이다.

장기저장기술은 사과, 배, 양파, 마늘, 감자, 고구마 등 전통적인 저장품목의 상품량과 상품성을 유지함으로써 사업수익에 결정적인 영향을 미치는 것으로 이해된다. 여기에 비저장품목이더라도 단기 · 중기 저장가능성을 높임으로써 가격변동에 대응할 뿐 아니라 특수한 수요 시즌에 대응하는 마케팅전략으로 활용되고 있다.

상품화 · 가공단계

농산물 상품화는 벌크상태에서 품위에 따라 선별하고 규격에 맞추어 포장하는 업무를 말한다. 기존 도매시장 출하에서는 표준규격에 따라 5kg, 10kg 등 박스포장하는 것이 일반적이었으나, 브랜드 마케팅에서는 단순표준규격 이외에도 다양한 소포장 상품화와 1차(세척, 탈피 등) 및 2차(절단, 다짐 등) 전처리 상품화를 시행하고 있다.

선별, 포장은 우수한 기계장비들이 도입되어 운용되고 있으며, 선

사례: 크리스마스에 즐기는 햇사레복숭아

2006년 햇사레연합사업단은 복숭아 품종 중에서도 비교적 저장성이 강한 황도 품종을 선택하여 장기저장(약 2개월)하여 크리스마스 시즌 출시를 시도하였다. 농촌진흥청 원예연구소의 협력으로 진행된 저장실험을 통해 복숭아 장기저장의 가능성을 확인하였고, 실제 농가단위에서 이루어지고 있는 단기저장을 위한 각종 데이터를 확보하는 성과를 올렸다.

별의 성능과 효율성도 계속해서 향상되고 있다. 선별 · 포장기술은 ① 정확성, ② 효율성 두 가지 측면에서 진행되고 있다. 광원투과 스펙트럼을 활용한 비파괴당도선별기는 과일에 대해 광범위하게 적용되고 있으며, 여기에 더해 이형상과, 부패과, 공과 등을 기계 · 전자적으로 걸러낼 수 있는 기술까지 활용되고 있다. 기존 수작업과 기계적인 방법에 의존하던 채소류에 대해서도 광학식 형상선별기가 개발되어 도입되고 있다. 육안(肉眼)과 감(感)이 아닌 정해진 상품기준에 따라 엄밀하고 객관적으로 선별이 이루어질 뿐만 아니라 투입인력도 감소된다.

상품화는 ① 다양한 규격, ② 새로운 포장재, ③ 편이성 부여, ④ 기능성 부여 등 다양한 방향으로 전개되고 있다. 상품화는 소비지에서의 요구와 산지에서 이루어지는 신상품화 아이디어가 결합되어 진행되는 것이 일반적이지만, 철저하게 소비지지향적으로 이루어진다는 점이 특징이다. '먹거리'로서 농산물 신상품이 성공 · 생존하는 것은 혁신적이기보다는 소비자에게 익숙하면서도 새로움을 제공하는 절충적인 것에서 많이 나타나고 있다.

물류 · 수송단계

농산물 물류 · 수송의 문제는 두 가지 영역에서 고려되어야 한다. 생산 · 포장에서부터 APC 등 선별 · 가공시설로 이어지는 입고물류와 APC로부터 매장까지 이어지는 출고물류이다. 입고물류는 비정형화된 벌크(bulk)상태의 농산물을 효율적으로 입고하는 것이 목표가 되고, 출고물류는 선별 · 포장된 상품을 감모 없이 목적지까지 운송하는 것이 목표이다.

첫째, 산지로부터 매대까지 이어지는 저온유통(cold-chain) 시스템

수출마케팅과 물류, 수송품질관리의 중요성

브랜드 마케팅의 활성화와 함께 수급물량 조정을 위한 전략적인 수출마케팅 강화가 추진되고 있다. 수출을 통한 수익창출효과도 있지만, 더욱 중요한 것은 시장다변화로 전반적인 수취가격 향상을 추구하는 것이다. 수출마케팅에서 물류 · 수송 품질관리는 수출상품성 유지와 비용절감을 달성하는 매우 중요한 요인이 된다. 예를 들어, (주)로즈피아는 장미 대일 수출에서 수확 후 관리와 포장부문에 신기술을 적용함으로써 항공운송을 해상운송으로 전환하고 수출물량 확대와 수익성을 높이는 성과를 냈다.

구축이 농산물 물류 측면의 주요한 과제로 부각되고 있다. 원칙적으로는 품질보존을 위해 콜드체인이 완비되는 것이 중요하지만, 현실적으로는 전체 유통과정과 물류단위가 체계화되어 있지 않다. 따라서 ① 상온, ② 저온1(15℃ 내외), ③ 저온2(5℃ 내외), ④ 냉동으로 구분하여 혼합물류를 시행하는 방안을 마련하는 등 최적화를 위한 아이디어 창출이 필요한 영역이다.

둘째, 상품성 보존과 비용절감을 동시에 추구하는 포장재, 운송기자재의 개발이 이루어지고 있다. 포장 · 운송기술은 상품의 보존성과 저비용이라는 두 마리 토끼를 모두 잡아야 하는 과제이다. 입고물류에서는 접철식 플라스틱 박스를 활용하는 등 생산 · 수확작업 표준화와 함께 연계되어 고효율의 운송체계를 적용하는 사례들이 일반화되어 가고 있다. 또한 소비지의 요구에 따라 농산물은 소포장화되고 있으며, 산지에서부터 골판지 중심의 포장에서 탈피하여 소포장 농산물의 보존과 운송효율화를 위한 기술이 발전하고 있다. 진공포장단계를 넘어서 MA포장, 방담포장 등 저장성과 기능성을 가미한 포장을 시행하고, 운송기자재도 규격을 통일하여 재활용이 가능하도록 하고 적재효율을 높이기 위한 노력이 이루어지고 있다.

매대(賣臺) 모니터링 및 리콜

품질관리의 마지막 단계로서 매대 모니터링과 리콜 시스템을 갖추어야 한다. 이 영역은 품질관리 결과의 소비지 환류(피드백)라는 의미가 있을 뿐 아니라, 상품화 및 출고 이후 단계에서 품질에 대한 문제해결, 최종적인 보증을 시행한다는 점에서 중요하다.

매대 모니터링은 ① 바이어 등 구매담당자의 의견, 최종 소비자의 의견을 정기적으로 수렴하여 개선방안을 마련하는 방법, ② 정기적인 매대방문으로 진열상태 점검, 상품 품위유지를 체크하는 방법 등을 활용할 수 있다. 매대 모니터링은 정기적으로 이루어져야 한다. 최초 출하기와 출하완료 시기에는 반드시 모니터링을 하도록 하고, 순간(旬間), 월간(月間) 등 소비지 마케팅 담당자에 의한 정기적인 점검이 이루어져야 한다.

리콜은 비용부담 측면으로 이해할 수 있으나, 브랜드 농산물의 품질에 대한 최종 책임을 제도적으로 확립하는 문제로 이해되어야 한다. 단순하게 마케팅 주체가 비용부담을 지는 문제가 아니라, 이력관리로 생산단계까지 전체 과정을 추적함으로써 품질문제요소를 원천적으로 해소하기 위한 노력이 이루어져야 한다(실패로부터 배운다).

3.3. 브랜드 품질관리조직 구성

조직구상

브랜드 품질관리조직은 총괄 · 기획조직과 실행조직으로 구분된다. 총괄 · 기획조직은 브랜드 마케팅 주체와 농가조직, 외부 전문기관의 협력으로 구성되는 것이 바람직하며, 실행조직은 상품화 프로세스별로 내부 · 외부조직의 전문인력을 배치하여야 한다.

품질관리 총괄 · 기획조직은 품질관리기준의 작성과 의사결정에서 주된 역할을 담당한다. 총괄 · 기획조직은 전문가, 농가, 마케팅담당자의 위원회로 구성한다. 생산 · 재배기준을 작성하기 위해서는 전문가

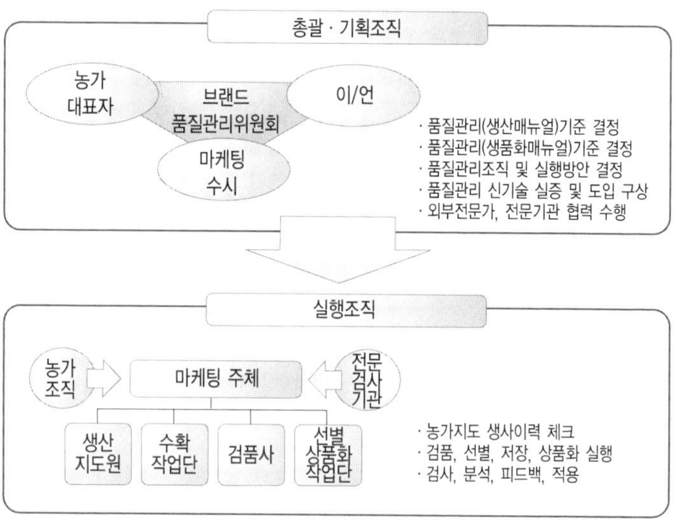

그림 8-3 농산물 브랜드 품질관리조직

사례: 품질관리 실행조직 구성

농산물 브랜드 마케팅 초기단계에서는 농가조직(작목반 등) 자율의 지도, 품질관리에 의존하는 경향이 강했으나, 품질관리의 중요성이 강조되면서 많은 역할을 마케팅 주체가 직접 담당하는 방식으로 전환되고 있다.

▶ 부여군 농협연합사업단(수박): 지역별로 농가 중에서 품질관리원을 선정하고 품질관리원은 계약농가 하우스를 순회하면서 시기별로 정식상황, 생육상황, 수확일자 지정 · 조정 등의 역할을 수행함.

▶ 정읍단풍미인쌀(쌀): 지역대표 농가를 품질관리원으로 선정. 계약재배 생산단지를 대상으로 18개 항목 체크리스트에 따라 4차 보고 시행. 미이행사항(물대기, 추비 등)이 체크된 벌점 누적농가에 대해서는 브랜드쌀 수매금지조치(*시청에서 품질관리원을 운영하고 있으나, 마케팅 주체로 이관 예정).

▶ 평창영월정선축협(한우): 위탁농장 및 계약농장 관리를 위해 9명으로 '컨설팅팀'을 운영. 개별 농장을 단위로 하여 인공수정, 사육일지 체크, 출하 전 육질진단, 도축 후 등급판정 결과 피드백 등 브랜드육 생산을 체계적으로 관리.

의 기술적 표준과 선진적인 농가들의 경험과 재배관행 등을 고려하고, 마케팅전략이 가미되어야 하는 것이기 때문이다. 이 밖에도 수확 후 관리, 선별기준 등 대부분의 품질관리기준들이 농가들의 수용성과 마케팅전략, 기술요소들이 결합되어 작성되고 개정되어야 하는 것이기 때문에 관련기관과의 협력, 위원회 형태의 조직구성을 통해 의사결정을 해야 한다.

품질관리 실행조직은 실제 품질관리업무를 시행하는 조직을 말한다. 소속과 역할은 각기 다르지만 총괄 · 기획조직에서 결정된 각종 관리기준과 지침에 따라 현장에서 적용하는 업무를 담당하게 된다.

품질관리 실행조직의 운용에서 주의해야 할 점은 조직운영의 효율

표 8-6 품질관리인력 육성의 방향

구분	역할	주요 기술	자격
생산 · 재배 지도 인력	• 농가생산관리 지도 • 농장시설 운용 지도 • 계측장비 운용 • 이력추적, 친환경	• 주품목 집중 • 시비 · 방제기술 • 농장환경 제어기술 • 농장경영	원예기사 유기농업기사
수확 후 관리 및 저장관리 인력	• 입고 · 검품관리 • 예냉, 예건 • 수확 후 관리장비 운용 • 저장고, 저장상품 관리	• 작물 생리 • 저장특성 및 실증 • 선진 수확 후 관리기술 • 농공학적 기술	원예기사 농산물품질 관리사
선별포장 및 상품화 관리 인력	• 선별 등급관리, 조정 • 선별, 포장작업인력 운용 • 선별, 포장장비 운용	• 상품화 특성 및 포장기술 • 가공, 상품제어기술 • 농공학적 기술	농산물품질 관리사

화를 위한 단계별 조직 간의 연계 · 협력이 필수적으로 이루어져야 한다는 것이다. 다수의 생산자와 생산조직 및 광활한 생산면적과 물량을 효과적으로 관리하기 위한 조직 간의 역할분담이 반드시 필요한 것이다.

품질관리인력 육성

품질관리 실행인력의 기술적 우월성과 경험이 품질관리 성과에 중대한 영향을 미치게 된다. 마케팅조직의 규모가 크지 않은 경우에는 판매담당자가 기획, 마케팅, 품질관리 총괄업무를 모두 담당하는 경우도 있으나, 규모화가 진행되어 있는 조직의 경우에는 생산 · 상품화 측면으로 구분하여 품질관리 인력의 배치와 전문화가 필요하다.

현실적으로는 실무경험이 풍부한 인력을 확보하는 것이 과제이지만, 적합한 인력을 확보하는 것이 매우 어렵기 때문에 마케팅 주체 스스로 인력육성에 노력해야 한다.

품질관리 인력육성의 방향은 크게 3가지로 정해야 한다. 첫째, 생산 · 재배지도 인력, 둘째 수확 후 관리 및 저장관리 인력, 셋째 선별 포장 및 상품화 관리 인력 등이다. 소규모 조직, 또는 저장이 불필요한 품목의 경우 수확 후 관리와 상품화 관리업무를 통합하여 운영할 수도 있으나 저장이 경영성과에 중요한 영향을 미치는 품목인 경우, 대규모 APC를 보유하고 있는 조직인 경우에는 수확 후 관리업무와 상품화 관리업무를 분리하여 운영하는 것이 바람직하다.

4. 성공적인 브랜드 품질관리를 위하여

4.1. 3대 균형 포인트

현재 농산물 브랜드 마케팅 주체들의 현실을 고려하여 성공적인 브랜드 품질관리를 위해서는 다음과 같은 3대 균형 포인트를 이해할 필요가 있다. 고도화된 선진기술과 시설 · 장비를 신속하게 도입하는 것이 좋겠지만, 균형을 잃게 되면 애써 도입한 기술이 무용지물이 되거나 오히려 사업에 부담이 되는 경우도 있기 때문이다.

첫째, 기술과 경영전략의 균형이란 품질관리기술의 발전을 최대한 활용해야 하지만, 실제 기술의 적용은 철저한 마케팅전략에 기반하여 이루어져야 한다는 점을 의미한다. 아무리 우수하고 선진화된 기술이라고 하더라도 브랜드전략과 위배되어서는 안 된다(예를 들어, 대중 · 대

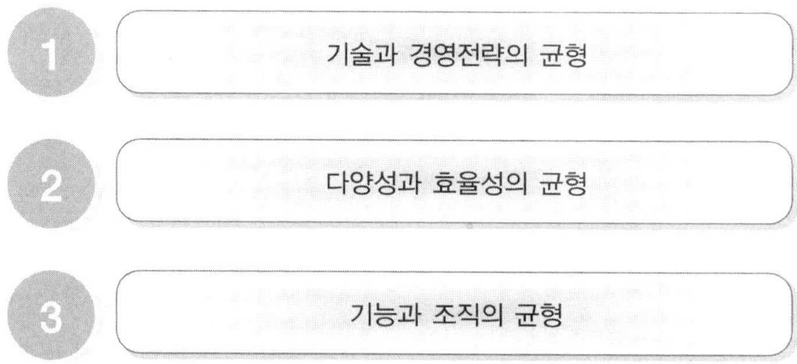

그림 8-4 농산물 품질관리 3대 균형 포인트

량 마케팅전략을 채택한 조직이 고도의 고품질 생산 · 선별기술을 도입하는 경우).

둘째, 품질관리기술의 적용에는 다양성 · 정밀성과 효율성의 균형을 유지할 필요가 있다. 품질관리를 고도화(高度化)할수록 효율성은 약화되는 양면성을 인식해야 한다. 일례로 선별 · 품위등급을 세분화할수록 품질 균일성 · 정밀성과 규격에 따른 시장대응력을 강화할 수 있으나, 장비 및 인력투입이 많아지고 등급별 운송 · 관리비용이 증가하는 등 상대적으로 비효율이 발생할 수 있다. 이러한 상대성을 인식하여 품질관리의 목표를 설정해야 하고, 비효율을 제거할 수 있는 방안도 신중하게 고려하여야 한다.

셋째, 기능과 조직의 균형이 강조되는 것은 브랜드 품질관리가 마케팅 주체 단독으로 완성되지 않기 때문이다. 농가, 농가조직 지원기관, 연구기관, 소비지 유통주체 등 다양한 주체의 이해관계가 조정되고 역할을 분담해야 한다. 각 단계에서 품질관리기능을 담당할 조직의 역량을 고려하지 않으면 품질관리체계의 '빈 구석'이 나타나게 된다. 조직적 균형을 잃으면 품질관리에 문제가 발생하는 것이다.

4.2. 브랜드 마케팅 성공의 길

농산물 브랜드 품질관리는 '차별화'를 위하여 시행하는 것이라고 하였다. 친환경 인증, GAP 인증 등 최소한의 품질관리기준에 더하여 다른 마케팅 주체와 구별되는 일관되고 고유한 품질관리체계를 도입 · 실행함으로써 차별화를 달성하여야 한다.

농산물 브랜드 품질관리는 생산, 선별 등 전체 과정 중 어느 한 부분만을 갖추는 것으로는 달성될 수 없다. 생산부터 시작하여 마지막 매대(shelf)까지 이어지는 총체적인 품질관리 시스템이 구축되어야만 목적을 달성할 수 있다. 궁극적으로는 품질관리 시스템 자체가 농산물 브랜드 차별화의 도구가 되어야 하며, 마케팅 및 홍보 · 판촉에 직접 활용할 수 있는 수준으로 발전되어야 한다. 쌀, 축산물 등 표준화가 가능한 품목의 경우 품질관리 시스템의 고도화와 마케팅 도구화가 현실화되고 있으며, 원예농산물의 경우에도 조만간 이러한 경향이 일반화될 것으로 예상된다.

농산물 마케팅조직이 글로벌(global)화된 농산물시장에서 생존하고, 더 높은 가치를 창출해 내기 위해서는 안정적인 품질관리체계가 구축되어야 하고, 지속적인 품질관리수준의 향상을 통해 경쟁력 있는 농산물 브랜드로 성장해 나가야 한다.

참고문헌

장만기 외(2006), 「고품질 농축산물 브랜드 육성 및 유통활성화 방안에 관한 연구」.

Chapter 9

대형소매업체에 어떻게 대응할 것인가

이 광 현

1. 대형할인점 현황
2. 대형유통업체의 산지 선정
3. 대형유통업체에 대한 납품전략
4. 대형유통업체에 대한 산지 대응방안

1. 대형할인점 현황

2007년 대형할인점업계의 매출액은, 점포수가 지속적으로 늘어나고 점포당 매출액도 증가하여 전년 대비 10.2% 성장한 28조 1,000억 원 정도로 추정된다(표 9-1). 2007년 말 국내 할인점의 점포수는 390여 개소 정도로 전문가들이 보는 할인점 포화수준인 400~450개에 근접하고 있다. 따라서 2008년도에는 할인점 포화시점에 도달할 것이므로 남은 출점 예정지에 대한 경쟁이 심화될 것이다. 출점 예정점포는 35~44개소로 보인다.

우리가 주목해야 할 대형유통업체의 첫 번째 트렌드는 매출액에서 식품의 판매비중이 점점 줄어드는 추세에 있다는 것이다. 이는 대형마

표 9-1 대형유통업체 현황(2007년 말 기준)

구분	매출액(추정)	성장률	신규 출점수	총점포수
이마트	10조 5,000억 원	n.a.	10(중국 3)	120(중국 10)
홈플러스	6조 2,000억 원	15.0	13	64
롯데마트	4조 5,000억 원	18.4	6	56
홈에버	2조 3,000억 원	31.9	3	35
뉴코아아울렛	1조 5,500억 원	12.9	0	15
농협유통	1조 5,500억 원	2.1	1	18
GS마트	8,050억 원	3.2	0	13
메가마트	7,300억 원	0.2	0	9
코스트코홀세일	7,200억 원	10.0	0	5

자료: 한국체인스토어협회(2008).

표 9-2 할인점 연도별 시장규모 및 점포수 추이

구분	2001	2002	2003	2004	2005	2006	2007(추정)	2008(추정)
매출액	10.6	17.4	19.5	21.5	23.5	25.5	28.1	30.7
점포수	198	232	257	276	307	340	368	405~415

자료: 한국체인스토어협회(2008).

트의 판매패턴이 비식품으로 변화하고 있기 때문이다. 두 번째 트렌드는 할인점에서 PB(private brand)상품의 비중이 두드러지고 있다는 것이다. 특히, 할인점이 GAP 인증기관에 선정되면서 PB상품이 더욱 힘을 얻고 있는 반면 산지 브랜드는 위축되고 있다. 세 번째는 할인점이 소비자의 건강에 대한 욕구를 반영하여 친환경매장을 확장하고 편의시설을 확충하는 방향으로 변화를 시도하고 있다는 것이다. 매장의 변화를 선도한 것은 샵인샵(shop in shop) 형태의 친환경매장이며, 이들 매장은 기존 매장과 차별화된 형태에서 소비자의 기호를 충족시키고 있다.

할인점 비중이 증가하면서 농산물시장에 변화가 나타나고 있다.

첫째, 할인점은 대량구매, 대량판매라는 특성을 가지고 있어 규모화된 산지를 선호하므로 납품처에 규모화를 요구할 뿐만 아니라 산지직거래를 강화하고 계약재배를 늘려 할인점 주도의 산지변화가 이루어지고 있다. 더 나아가 물량의 안정적인 확보를 위해 특정 산지를 계열화하려는 시도도 이루어지고 있다. 그 결과 도매시장에서의 납품은 점차 줄어들고, 산지직거래로 변화하고 있는 실정이다. 농산물 산지의 규모화는 APC를 중심으로 추진되고 있으며, 특히 H사는 납품업체를 통합시켜 규모화함으로써 납품원가를 낮추는 전략을 추진하고 있다.

둘째, 농가수취가격이 도리어 낮아질 수 있다. 할인점은 도매시장의 경락가를 기준으로 매입가격을 책정하므로 도매시장 가격에 따라 산지의 수취가격이 결정된다고 할 수 있다. 그런데 할인점에 많은 양을 납품하는 산지는 도매시장 출하가 자연히 줄어들 뿐만 아니라 중·상품은 할인점에 납품하고 하품의 처리를 위하여 도매시장에 출하하는 경우가 많아진다. 이 때문에 도매시장 경락가격은 지속적으로 하락하게 되고, 할인점은 도매시장 가격을 참조하여 구입가격을 결정하기 때문에 농가의 수취가격은 하락하게 된다.

셋째, 가격왜곡현상이 나타날 수 있다는 것이다. 할인점 간에 경쟁이 심화되면서 가격할인행사가 늘어나 산지 수취가격은 더욱 낮아지게 되고, 도매시장에는 상품 품귀현상이 발생하여 가격이 반대로 급상승하는 경우가 발생하는 경우도 있다. 이런 가격왜곡현상이 발생되면 소비지시장은 혼란에 빠지게 된다. 도매시장 중도매인은 상품을 구하기 위하여 높은 가격에 매수하게 되고, 이는 다시 소량의 판매로 이어져 재고가 늘어남으로써 결국 시장가격은 다시 하락되게 된다. 이와 같은 악순환으로 할인점의 역기능이 발생하기도 한다.

2. 대형유통업체의 산지 선정

대형유통업체는 산지 또는 생산자를 선정할 때 주산지 혹은 신규 성장산지를 중심으로 생산능력, 납품능력, 산지 인프라를 점검하여 구매담당자가 결정하게 된다. 먼저 생산능력은 시기별 생산량, 납품경력, 조직원수를 기반으로 평가한다. 이때 시장지배력에 대한 분석을 겸하여

표 9-3 상품선정 및 산지선정 절차

구분	내용	비고
상품선정	• 신상품, 우수상품 선정	산지현황 파악
테스트 마케팅	• 상품의 소비자 선호도를 파악하기 위한 테스트 판매 • 소비자의 반응 및 상품성 파악	소비자 기호 및 판매력 파악
산지 인프라 점검	• 상품화 능력, 위생상태 • 조직원, 생산물량, 시기 등 • 산지의 물류표준화 현황 등	구매자 또는 별도의 담당자가 실시
상품개발 (PB 등)	• 상품선점을 위하여 PB 추진 • 필요시 독점적 발주체계 구축 • 전단행사 및 판촉행사	대형유통업체 별도의 관리체계 구축
사후관리	• 출하시기 지속적인 산지점검 • 산지의 인프라 확충 추진 • 신상품 개발 협의 및 추진 • GAP, HACCP 추진 등	구매자 및 별도 담당자에 의한 관리(매년 점검)

실시하는데, 시장지배력은 주출하 도매시장, 남품업체에서의 인지도를 중심으로 측정하게 된다(표 9-3).

둘째, 납품능력은 상품화 작업능력을 말하는 것으로 산지 인프라와 동시에 평가된다. 생산량은 많으나 선별 및 규격화에 대한 인력부족으로 원물 자체로 거래되는 경우는 납품대상에서 배제된다. 산지유통센터(APC)를 설립할 때 운영의 효율성을 무시하고 행정구역이나 고정투자비(토지비용)만을 고려하여 위치를 선정한 결과 운영상 어려움을 겪게 되고, 이것이 상품화 능력을 저하시키는 근본적인 원인이 되는 경우가 많다. 더 나아가 산지유통센터가 단순히 일반농산물만을 취급한다면 대형유통업체의 구매자는 호감을 갖지 않는다. GAP, 친환경, 물류기지로서의 능력 등을 동시에 갖추고 있어야 한다.

대형유통업체에서는 산지와 거래를 시작할 때 어떤 농산물을 구입하기 위한 단순거래처로 추진하지 않는다. 따라서 산지유통센터는 추가적인 부가가치를 창출할 수 있는 잠재력을 갖추고 있어야 한다. 전략적인 지원체계, 성출하기에 대비한 저장 후 판매와 같은 시간적 효용창출 등이 그 실례라 하겠다. 전략적인 지원체계란 지역의 농산물을 판매하기 위한 행정적 지원이 어떻게 준비되어 있는가를 뜻한다.

이제 농산물의 판매는 상품의 품질, 인지도만으로 이루어지는 것이 아니다. 새로운 이벤트나 소비자를 위한 체험마케팅(fun 마케팅)으로 이어지고 있다. 그래서 산지농산물 축제를 소비지로 이끌어 내기도 하고, 사회적 이슈를 판매전략으로 추진하기도 한다. 실례로 태안 앞바다 기름유출사고시 대형유통업체는 너나 할 것 없이 태안 주민돕기 행사를 진행하였다. 이것은 산지 브랜드전략으로는 불가능한 것이다. 지역별로 청계천광장 사과축제, 감귤축제 등 도시민에게 상품을 알리는 행사가 연일 이어지는 것이다. 이러한 소비지의 변화를 수용할 수 있는 산지가 거래선으로 선정될 수 있다.

상품의 균일화, 생산시기의 조정 등 생산능력의 확대는 구시대적 발전대책이다. 이제는 여러 가지 기능을 복합적으로 연결하여 상품화하는 추세이다. 휴대폰에 카메라, MP3, DMB 등 여러 기능을 복합적으로 연결시키듯이 지역의 농산물 브랜드와 부합될 수 있는 마케팅을 실시하여야 한다.

생산자 입장에서만 추진하는 구태의연한 상품개발은 의미가 없는 시대가 되었다. 정부는 한 · 칠레 FTA 체결 이후 농산물 출하를 규모화하기 위하여 지역거점에 대규모 산지유통센터(APC)를 건립하고 있으나 상품의 수집, 판로개척, 원가분석 등 소프트웨어적인 인프라가 부족한 실정이다. 특히, 상품을 판매할 목표시장이 없다는 것이 가장 큰 문제점이다. 상품을 등급별로 정확히 분류하여 객관적인 수치로 나타내면 대형유통업체에서 구매해 줄 것이라는 막연한 믿음을 가지고 시작하였으나 실제로는 판매의 어려움을 크게 느끼고 있다.

거래처를 발굴할 때 상품의 품질이나 생산능력만으로 성사되는 경우는 매우 적다. 그래서 부수적인 지원체계와 마케팅전략 등 대형유통업체가 요구하는 행사지원이 따르지 않으면 거래처로 선정되기 어렵다.

3. 대형유통업체에 대한 납품전략

상품을 납품하려면 생산되는 상품에 대한 시장가격과 원가분석을 해야 한다. 농산물 납품가격은 생산비를 기준으로 결정되는 것이 아니라 도매시장 경락가격, 산지수매가격과 같은 시장가격에 의해 결정된다. 보통 농산물의 원가는 납품하기 위해 구매한 농산물에 상품화 비용을 추가한 것으로 결정되므로 시장가격이 생산비보다 낮다면 포장 등 상품화 비용을 추가하여 부가가치를 높이는 것을 고려해야 할 것이다.

대형유통업체에서는 PB상품의 납품을 요구하는 경우가 있다. 이런 경우에 "우리는 절대로 PB를 할 수 없습니다"라고 한다면 어느 누가 거래를 하려 하겠는가? 생산시기나 생산지가 독점적이거나, 다른 품목에 비하여 상품성이 매우 우수하여 산지 브랜드의 이미지가 탁월한 경우를 제외하고는 대형유통업체의 요구를 수용하지 않을 수 없다. 유연한 자세로 지역 브랜드와 PB상품을 적절히 혼용할 수 있는 납품 전략이 필요하다.

대형유통업체와 거래하다 보면 매출액 확대를 위하여 판매촉진이 필요한 경우가 많다. 이러한 경우 산지 브랜드 상품으로 행사를 진행하여 소비자의 인지도를 높이는 방법도 좋다. 현재 농산물은 지역의 유명한 산, 강 등의 이름을 따거나, 신조어(예: 햇사레, 꿈앤들, 사네뜨레 등) 등으로 상표를 만들고 있는데, 브랜드 파워를 갖춘 조직은 많지 않은 실정이다.

대형유통업체는 상품을 구매, 검수, 검품, 판매, 관리 · 감독하는 담당자가 철저하게 분리되어 있다. 상호 업무영역을 인정하고 상호 견제하고 있다. 상품을 구매하는 권한은 구매자에게 있으나 상품이 좋고

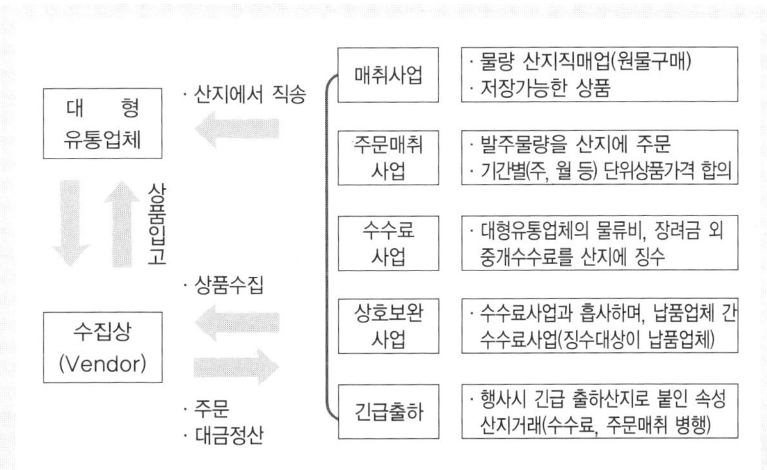

그림 9-1 수집상(vendor)의 대형유통업체 납품형태

나쁨의 결정은 검품담당자에게 있다.

상품의 기준을 사과 15kg 박스 안에 48개가 들어가고, 1.2kg 4입 봉지, 당도 12Brix, 색택 70% 이상으로 가정을 하면, 4입 봉지의 무게는 1.2kg 이상, 1개의 무게는 313g 이상, 당도와 색택이 기준 이상이어야 하는 것이다. 이를 검품하는 방법은 입고수량에 대하여 10% 내외 샘플을 무작위로 선정하여 적합성 여부를 검품하고, 샘플 중 기준미달 상품이 일정 수준을 넘어가면 다시 10~20% 상품을 검품하여 '전량 산지반송' 또는 '기준미달 상품 일부 반송'을 결정한다. 상품의 검품자료는 내부전산망을 통하여 구매부서에 전달되어 납품업체에 상벌을 적용하게 된다. 즉, 검품의 결과가 납품의 유지 · 해지를 위한 산지운영의 근거가 되는 것이다.

대형유통업체들은 2006년부터 소비자를 대상으로 진열기한을 공개하기 시작하였다. 처음에는 판매자들만 알 수 있도록 표시하였으나, 이제는 소비자들에게 공개하기 시작하였다. 이로 인하여 산지에서는 작업여건이 더욱 어려워지고, 수확 후 관리요령이나 저장기법에서 말하는 농산물 저장가능일수는 유명무실하게 되었다. 예를 들면, 사과의 진열기한을 4일로 정하였다면 아무리 저장기일이 상온에서 30일까지 가능하더라도 판매가능기간은 4일이다. 즉, 4일을 초과해서는 판매하지 않겠다는 소비자와의 약속인 것이다. 소비자에게 보다 신선한 상품을 공급하겠다는 의지로 산지에 대한 요구사항은 점점 증가되고 있다.

진열기한에 의한 판매기일 단축의 영향은 산지의 생산 및 상품화 능력에 따라 산지 간에 많은 차이를 보인다. 특히, 생산능력이 열악한 산지는 소량의 짧은 발주 리드타임에 좇아가기가 매우 어렵다. 1일 작업량이 기준량을 미달하면 생산성 저하로 비용이 가중화되는 경향이 발생하게 되어 대형유통업체의 규격 · 포장변경에 따른 산지압박은 더욱더 크게 느껴지게 된다.

친환경농산물, GAP 농산물에 대한 소비자의 인지도가 높아지고, 신선편의식품의 소비증가가 지속적으로 가속화되고 있다. 소비자는 안전한 농식품의 공급을 원하고 있다. 그리하여 대형유통업체에서는 구입농산물에 대한 안전성 검사를 지속적으로 실시하고 있으며, 매장의 위생을 관리하는 전담자가 있어 매일매일 점검을 통하여 산지를 평가하고 있다. 단순히 시장의 지명도에 따라서 판매량이 좌우되는 것은 분명 아니다. 철저한 생산관리와 균일하고 안전한 상품의 안정적인 공급이 산지를 평가하는 주요한 관점이 된다.

4. 대형유통업체에 대한 산지 대응방안

대형유통업체는 농산물을 다양한 경로를 통하여 구입하며 저가격, 저비용, 고회전율을 추구하고 있다. 판매전략의 핵심은 매장의 운영비용을 줄이는 것으로 적정한 구매가격을 주요 전략으로 사용하고 있는데, 구매비용의 절감을 위해서 산지직거래를 확대하여 중간단계를 최소화하고 있다. 산지에서 구매하는 대형유통업체 바이어들의 요구사항은 다음과 같이 요약할 수 있다.

첫째, 산지는 소비자들의 구매가치와 사용가치를 모두 고려하여 농산물을 공급하여야 한다.[1] 이를 위해 포장규격, 디자인 등 외형적인 상품화뿐만 아니라 맛, 신선도, 안전성도 추구해야 한다. 즉, 대형유통업체에서 판매되는 농산물은 두 가지 가치를 모두 충족시켜야만 원활한 판매가 반복적으로 이루어질 수 있다.

둘째, 산지 공급주체들도 판매마인드를 갖고 농산물을 생산 · 공급해야 한다는 점이다. 판매마인드란 우수한 생산능력과 공급능력이 필요조건이 될 수는 있지만 충분조건에는 미흡하다는 인식을 갖고 소비자들의 니즈와 구매패턴에 능동적으로 대응할 수 있는 역량을 강화할 필요가 있다는 것이다.

셋째, 연중 지속가능한 납품체계를 갖추는 것이다. 과일류는 저장을 통해서 연중 공급할 수 있으나, 채소류는 저장기간이 길지 않아 계절적 한계를 극복하기 위한 전략이 필요하다. 즉, 주산지 간 협력이 필요한 것이다. 예를 들면, 과채류는 작기에 따라서 지역을 이동해 간다. 특히, 수박은 경남을 시작으로 경북, 충청, 경기, 전북, 고랭지 순으로 이동한다. 그 중 6~7월에는 전국의 모든 산지에서 출하가 되는 시기로 가격의 변화가 가장 많고 가격이 가장 낮은 시기이다. 이러한 계절적 한계를 극복하고 4월부터 8월까지 지속적인 거래가 이루어지도록 하기 위해서는 주산지 간 산지연계가 반드시 이루어져야 한다. 대형유통업체 바이어는 시기별로 산지를 이동해 가면서 거래를 하지 않으려 하기 때문이다.

넷째, 출하기간중 일정한 품질을 유지하여야 한다. 이것은 대형유

---

❶ 상품의 구매가치는 소비자들이 상품구입을 선택하기 전에 가격의 적절성, 외관 및 포장상태, 호감도 등 여러 가치요소들을 검토하여 평가하는 가치를 의미한다. 즉, 외적 요소들과 밀접한 관계가 있다. 한편, 사용가치는 소비자가 제품을 구매 · 사용 후 맛, 향, 신선도 등을 평가하는 가치를 의미한다. 즉, 상품의 내적인 가치와 밀접한 관계가 있다.

통업체와의 거래에서뿐만 아니라 농산물을 공급하는 기본 요건이 되어야 한다. 산지의 일기가 불순하여 당도가 떨어지고, 모양이 삐뚤어지는 것을 소비자는 인정하지 않는다. 항상 소비자는 자신의 주머니에서 지급된 금전에 대한 반대급부로 자신이 만족할 수 있는 효용을 얻고자 한다. 이를 만족시킬 수 있는 산지의 역량이 중요하다. 그러기 위해서는 산지의 규모화가 가장 우선되어야 한다. 규모화된 산지만이 소비자의 니즈를 충족시킬 수 있기 때문이다.

다섯째, 연중 일정 가격에 납품할 수 있을 정도로 생산자가 조직화되어 있어야 한다. 품위가 일정하지 않고 도매시장 가격에 따라서 농가가 이탈한다면 어느 누구도 거래하지 않을 것이다. 실질적으로 농산물을 출하하기 전까지는 대형유통업체의 가격체계에 동의하고 있으나, 출하가 되기 시작하면 가격에 따라 이동하는 철새농업인, 작목반이 많다. 따라서 대형유통업체와 거래하기 위해 가장 먼저 이루어져야 하는 것이 생산자의 조직화이다. 조직화는 공동선별 · 공동계산으로 귀결되는데, 먼저 중요한 것은 조직원 간 믿음이라 하겠다. 단골 납품거래처를 유지한다는 것은 많은 어려움이 따르고 때로는 조직원의 손실이 따르는 것이다. 물량이 적을 때, 시장가격이 높을 때 조직을 위하여 모일 수 있는 믿음이 가장 중요하다고 할 수 있다.

산지의 역량이 준비되었다면, 대형유통업체 바이어를 사로잡을 수 있는 마케팅역량을 갖추어야 한다. 바이어를 사로잡기 위해서는 무엇을 해야 하는가? "좋은 상품을 만들어, 차별화하여 당신에게만 공급하겠습니다"이다.

상품화는 가장 어렵기도 하고 우선되어야 하는 부분이다. 처음 시작된 것이 예냉, 세척, 혼합으로 상품화하는 것이었고, 지금도 이것이 매우 각광을 받고 있다. 그리고 품질을 중심으로 한 당도보증 상품, 신선도가 오래 가는 상품개발로 선회하고 있다. 상품화를 위해서 지역을 초월하는 브랜드의 개발도 이루어지고 있으나, 다소 미약한 실정이다. 지역과 계절적인 어려움을 극복할 수 있는 상품화가 필요하다.

상품화를 이루려면 차별화를 도모해야 한다. 차별화의 가장 흔한 모델은 포장재의 차별화이다. 산지에서 100g, 250g, 1kg, 3kg 등 다양한 규격을 만들어 소비자를 공략하고 있으나 모든 유통업체들이 거의 비슷한 규격을 판매함으로써 차별성이 부각되지 않고 있다. 이제는 포장의 차별화를 뛰어넘어 품질의 차별화, 등급의 차별화가 필요한 시기가 되었다. 농수산물의 품질 차별화는 표준규격의 등급을 초과하는 명품, 프리미엄, 고당도 등 새로운 등급을 탄생시켰으며, 낮은 품위의 상품은 주스, 잼 등 가공용으로 활용되고 있다.

다음 단계의 차별화는 판촉의 차별화이다. 지역의 특산물과 연계한 지역 특산물전, 저가의 등외품을 활용한 산지직송전이 이루어져 납품처의 차별화에 도움을 주어야 한다. 이것이 마케팅을 담당하는 담당자의 능력이 아니겠는가!

그 밖에도 여러 가지 중요한 요인이 많지만 상품을 납품하기 위해서 가장 중요한 것은 인맥관리이다. 거래상대방을 위해 모든 것을 아끼지 않고 납품하고 있다는 믿음을 주는 것이 필요하다. 유통은 물 흐르듯이 움직이는 것이 아니라 물을 원하는 방향으로 흐르게 하는 능동적인 마음과 믿음을 가지고 추진해 나가는 것이다. 유통의 가장 근본은 늘 변함없는 마음에서 시작된다고 할 수 있다.

제3부

잘 팔리는 농축산물 브랜드에서 무엇을 배울 것인가?

Chapter 10

홈쇼핑에서 잘 팔리는 브랜드 이야기

윤 준 배

1. CJ홈쇼핑 소개
2. 히트 농축산상품 사례
3. 홈쇼핑의 판매전략
4. 금후의 계획

1. CJ홈쇼핑 소개

홈쇼핑(home shopping)이란 "구매자가 가정에서 백화점이나 슈퍼마켓 따위에서 보낸 상품정보를 보고 상품을 사는 통신판매방식"(『엣센스 국어사전』, 2006)이다. 즉, 소비자가 매장에 직접 가지 않고 컴퓨터나 전화 등으로 백화점이나 슈퍼마켓 · 사이버쇼핑몰 등의 상품정보를 보고 물건을 사는 것을 말한다. 초기에는 무점포 판매에 의한 통신판매가 주종을 이루었으나 유선방송과 인터넷이 활성화되면서 온라인쇼핑 또는 사이버쇼핑이 증가하고 있다. 1977년 미국 플로리다주의 한 라디오 방송국에서 처음으로 상업적인 무점포 판매방식의 쇼핑방송을 시작한 것이 시초이다. 한국에서는 1995년 8월 정부 주도로 유선방송이 시작되며 활성화되어 첫해 시장규모가 34억 원이던 것이 2004년에는 4조 원을 넘을 정도로 급성장하였다.

홈쇼핑의 가장 큰 장점으로는 소비자 편에서 보면 점포에 직접 가지 않고도 집에서 편리하게 쇼핑을 즐길 수 있어 시간과 노력을 줄일 수 있다는 점이다. 생산자 편에서는 점포공간이 불필요하고 유통방식을 간소화할 수 있어 가격경쟁력면에서 유리하다는 점이다.

국내에서는 1995년 한국홈쇼핑(현 GS홈쇼핑)과 삼구쇼핑(현 CJ홈쇼핑)이 첫 방송을 시작하였고, 2001년에는 우리 · 농수산 · 현대홈쇼핑이 가세하였다. 홈쇼핑의 매출액은 케이블TV의 보급과 취급상품 개선, 마케팅 노하우의 축적으로 비약적으로 성장하였다.

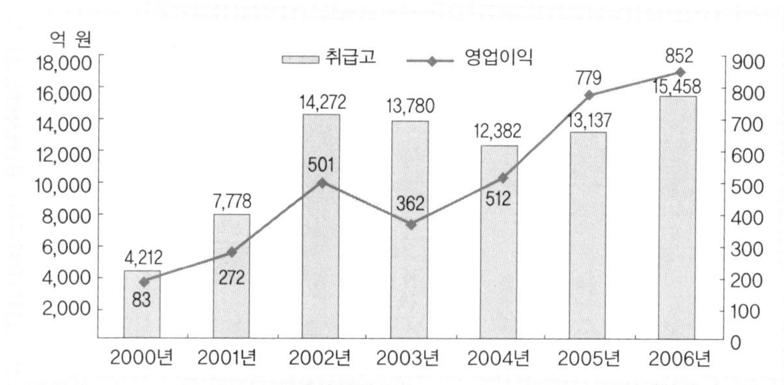

그림 10-1 CJ홈쇼핑 연도별 경영실적

CJ홈쇼핑은 기존의 39쇼핑을 제일제당이 인수한 뒤 CJ39쇼핑이라는 이름을 사용하다가 2002년부터 CJ홈쇼핑으로 변경하였다. 2000년 이전에는 취급고[1]가 약 2,000억 원, 영업이익이 96억 원에 머물렀으나, 2000년 CJ그룹 인수와 2001년 CJ몰 오픈으로 2002년에는 취급고 1조 4,272억 원, 영업이익 501억 원으로 급성장하였다. 최근(2006년)에는 취급고 1조 5,000억 원에 영업이익 852억 원을 기록하고 있다(그림 10-1).

본문에서는 홈쇼핑에서 높은 비중을 차지하고 있는 CJ홈쇼핑의 TV 홈쇼핑에 초점을 맞추어 TV 홈쇼핑에서 몇 개의 히트상품을 소개하고 히트상품이 된 요인을 중심으로 기술하려고 한다.

[1] 취급고란 주문에서 취소와 반품을 제외한 순수 주문을 말한다.

2. 히트 농축산상품 사례

안동 간고등어: 구매자 심리활용

안동 간고등어는 2000년 첫 방송을 시작한 이래 지속적인 히트상품으로 자리잡은 제품이다. 'CJ홈쇼핑'에서의 판매는 2000년 35만 마리(10억 원)에서 2003년 180만 마리(50억 원), 2005년 400만 마리(120억 원)로 증가하였다. 고등어가 별로 인기가 없는 생선이었음에도 불구하고 이렇게 히트상품이 된 이유는 무엇인가?

홈쇼핑에서는 소비자들이 제품을 직접 보지 않고 구입하기 때문에 흥미롭고 납득할 만한 이야기가 중요하다. 또한 온라인 홈쇼핑에서는 사진과 동영상이 중요한 매체가 된다. 얼마나 먹음직스럽게 표현할 것인지? 보기만 해도 사고 싶도록 만드는 사진과 동영상 등이 중요한 역할은 한다. 이런 면에서 안동 간고등어는 먹음직스러운 사진은 물론, 무엇보다 간잽이 이동삼 옹의 이야기가 있다. 이 분의 오랜 염장기법과 한 번 소금을 집으면 일정량을 집는 장인다움을 보여 줌으로써 시청자에게 제품에 대한 신뢰를 갖게 하였다.

또한 홈쇼핑에서는 사은품 구성도 중요하다. 예를 들면 CJ홈쇼핑에서는 '순살 안동 간고등어 20팩'이라는 상품으로 판매하는데, 여기에 사은품으로 수협참굴비 20마리와 다용도 직화구이팬을 사은품으로 묶어서 판매한다. 살까말까 망설이던 소비자들도 구매하고자 하는 상품과 연관성을 가지면서 평소의 니즈와 맞아떨어지는 사은품이 소개되면 더욱 쉽게 구매결정을 내리게 된다.

안동 간고등어가 히트상품이 된 이유를 세 가지로 요약하면, 첫째로 48년 간잽이 이동삼 옹의 염장기법을 내세워 가장 맛있는 고등어라는 이미지를 부각시킨 점이다. 전혀 새로운 제품이라기보다는 기존의 지역특산물에 이야기를 만들고 품질의 차별화를 시도한 것이다. 여기에 위생 개별 포장으로 요리와 보관이 간편하게 한 점이 경쟁력을 확고히 하는 데 일조하였다.

둘째는 소비자들의 '생선소비 증가'라는 소비변화와 잘 맞았던 점도 간과할 수 없다. 대중매체에서 수험생에게 "고등어가 좋다"는 이야기가 소개되어 고등어에 대한 관심이 고조된 것도 고등어 소비를 촉발시킨 하나의 원인이 되었다.

셋째는 지자체, 지역학계 등 지역사회의 유기적인 지원협력을 들 수 있다. 안동지역 대학과의 산학협동으로 로고 · 비닐팩 디자인개발 및 식품공학적 연구지원을 받았고, 안동시로부터는 '지역특산물 1호' 지정과 간고등어 판촉지원을 받았는데, 이러한 지원이 안동 간고등어를 히트상품이 되게 한 요인이 되었다.

안동 참마: 공중파 방송을 활용한 이미지 구축

안동 참마는 안동시 공식 지정특산품으로 다른 첨가물 없이 100% 건조분말화해서 생마의 불편함을 해소하고 쉽고 편리하게 음용할 수 있도록 만든 것이다. 안동 참마가 인기를 얻게 된 이유는 동의보감에서도 3번씩 등장할 만큼 옛날부터 귀하게 여겼던 재료라는 것 등 마의 성분을 충분히 설명한 점이다. 또한 공중파 방송 프로그램인 KBS 비타민, MBC 팔방미인, SBS 맛대맛에서 마를 집중조명하였고, 인기드라마 「서

동요」에서도 마가 소개되었다. 마가 '산에서 나는 뱀장어'라고 소개되는 등 공중파의 영향으로 마에 대한 소비자들의 관심이 고조된 점을 들 수 있다. 여기에 1+1이나 무이자 10개월 할부 등의 상품구성이 주요하였다.

홍진경 더 김치/더 만두: 왜 사야 하는지 설명

홍진경 김치는 2004년 인터넷사업으로 시작하여 인터넷 판매만 하였으나 2005년 8월에 CJ홈쇼핑측의 홈쇼핑 판매제안을 받아 CJ에서 상품판매를 시작하였다. 매회 방송마다 3,500세트 매진행진을 이루어, 한 달여만에 2만 세트를 판매하는 CJ홈쇼핑의 효자상품으로 등극하였다. 그러면 홍진경 더 김치가 히트상품이 된 이유는 무엇인가?

일반인은 연예인이 만든 음식을 먹어 보고 싶은 생각이 있을 것이므로 우선은 신선한 반응을 기대할 수 있지만 그것만으로는 부족하다. 왜냐하면, 연예인이 음식을 만들면 맛이 있을까라는 의구심을 가질 수 있기 때문이다. 홍진경 더 김치는 음식솜씨가 좋기로 유명한 연예인 홍진경의 어머니가 자신의 노하우를 직접 담아 만든다는 점을 부각시켰다. 그 밖에 100% 우리 농산물로 만든 김치라는 점 또한 강조하였다. 그러나 '100% 우리 농산물'만으로는 식상하기 쉬운 면이 있어 '노가리 육수'를 이용하여 시원하고 담백한 맛을 내고 있음을 더불어 부각시켰다. 노가리 육수가 천연소재인 점을 부각하여 김치에 대한 이미지를 높일 수 있었다.

김치는 김장철인 겨울에는 매출액이 떨어지는 한계가 있는데, 이를 극복하기 위해서 개발한 것이 홍진경 더 만두이다. 만두 속에 김치를 사용할 수 있으므로 김치를 이용할 수 있는 연계상품이면서 겨울철 김치의 매출부진을 극복할 수 있는 상품이 되었다.

홍진경 더 김치와 더 만두를 통해 배울 수 있는 히트상품이 되는 비결은 고객이 왜 구입해야 하는지에 대한 이야기(이유)를 명확히 하였다는 것이다. 친정어머니가 만든다든지 노가리 육수를 사용하였다는 분명한 이야기를 전달하고 있다. 여기에다 맛과 같은 품질관리가 중요한 것은 물론이다.

황토 햇고구마: 상품의 특징을 잘 잡아낸 사례

황토 햇고구마의 사례는 고구마라는 흔한 상품을 가지고 상품의 특징을 잘 끄집어 내어 판매를 높인 사례라고 볼 수 있다. 온라인상에서의 판매는 식품을 직접 볼 수도 맛볼 수도 없는 한계가 있다. 이를 대신하여 사진이나 동영상으로 보여 주거나 상품에 대해서 설명해 주어야 하는 것이다. 황토 햇고구마의 경우 사진도 먹음직스럽게 잘 보여 주고 있으나 무엇보다 특징을 잘 설명하고 있으므로 소개하고자 한다.

총 12개의 상품특징을 설명하고 있는데 내용은 다음과 같다. ① "노릇노릇 촉촉한 고구마 속살…한 입 베어 물면 단물이 가득" 해남 황토 햇호박고구마, ② 호박고구마의 속살은 주황색을 띄며, 굽거나 삶았을 때 단호박의 속살과 같이 노란색을 띄며, 호박

그림 10-2 황토 호박고구마

고구마의 어원 또한 고구마가 호박과 같이 노란색을 띠게 되어 호박고구마라 칭함, ③ 호박고구마는 '베타카로틴'을 많이 함유하고 있으며, 알카리성 식품으로 비타민과 식이섬유를 많이 함유한 건강한 자연식품임, ④ 호박고구마는 표피는 연하며 속살은 수분과 당분을 많이 함유하여 촉촉하고 달콤함, ⑤ 속살이 촉촉하며 단맛이 가득한 호박고구마와 드럼통에서 팔던 군고구마를 만들어 주는 군고구마 냄비와는 찰떡궁합(호박고구마의 특성상 수분이 많아 물 없이 구워드셔도 속살은 촉촉하고 껍질과 속살이 살짝 분리되어 드시기도 편하게 드실 수 있음), ⑥ 가정에서 고구마 직화냄비를 이용하시면 겨울철 추억의 군고구마를 편하고 20분 안에 드실 수 있습니다(겉은 노릇노릇 속은 촉촉하며 노~오~란 호박군고구마), ⑦ 황토 햇고구마는 전라남도 땅끝 해남의 대표 특산물임, ⑧ 2007년 9월부터 11월 사이에 수확하여 수확 후 20일 정도를 저장고에서 후숙한 후 고객님께 전달되는 상품으로 신선함을 느낄 수 있습니다(호박고구마는 꼭 후숙을 하여야만 호박고구마 특유의 맛을 느낄 수 있습니다), ⑨ 100g 478원으로 저렴한 가격에 CJ홈쇼핑에서 호박고구마를 만나실 수 있음, ⑩ 해남 황토 햇호박고구마는 황토에서 재배되어 타지역 고구마에 비해 생육이 좋으며 당도 또한 높습니다. '비옥한 황토+풍부한 일조량+부드러운 해풍' 고구마 생육의 3대 조건을 완벽히 갖춘 해남에서 재배, ⑪ 해남 화산농협에서 철저한 계약재배시스템을 통해 재배된 양질의 상품만을 공급함, ⑫ 호박고구마는 일반고구마에 비해 당도와 수분함량이 높아 꼭 동봉하여 보내는 고구마 보관망에 넣어 직사광선을 피해 서늘하고 통풍이 잘 되는 곳에 보관하셔야 함.

앞에서 상품의 특징을 잘 잡아낸 상품기술서를 소개하였는데, 상품기술서를 작성할 때 흔히 범하기 쉬운 것은 과대광고이다. 상품에 대한 설명이 빈약하지 않고 충분히 설명되도록 하되 과대광고가 있어서는 안 된다.

3. 홈쇼핑의 판매전략

3.1. TV 홈쇼핑

홈쇼핑은 한 품목을 집중판매 하는 특성을 갖는다. 이는 방송횟수가 적더라도 방송을 위한 기본 투자비가 소요되기 때문이다. 보통 월 1~5회 편성기준으로 평균 1억 5,000만 원의 주문이 들어온다. 한 품목으로 연간 매출 20억~100억 원을 기대한다. 이때 매출이 상승하는 상품은 방송시간이 증가하여 매출이 극대화되고, 반대로 매출이 감소하는 상품은 방송시간이 감소하여 매출이 줄어드는 빈익빈 부익부 현상을 나타내게 된다.

한 품목에 집중 판매하므로 단기간의 매출효율이 높은 반면 리스크도 높은 편이다. 1회 방송이나 10회 방송이나 기본 투자비는 같이 들어가나 효율이 낮은 상품은 진행을 중단하는 경우도 많다.

TV 홈쇼핑은 고객, 협력사, 홈쇼핑사(MD, PD, SH)의 조화로운 시스템에 의해 판매가 형성된다. 고객에게 왜! 한정된 시간인 지금! 사야 하는지를 설득해 잘 팔리도록 해야 한다. 방송의 묘미로 같은 상품이라도 어떤 부분을 강조하는지에 따라 판매실적에 차이가 많이 난다.

협력업체는 공중파 TV 시청률이 가장 높은 시간대를 선호한다. 이때가 시간당 매출이 가장 높기 때문이다. 그러나 홈쇼핑사는 상품의 매출과 이익구조에 따라 방송시간을 편성한다. 하루 중에서 가장 좋은 시간대에 가장 많이 팔리고 가장 이익이 많이 남는 상품을 우선 편성한다.

3.2. 인터넷 식품매장

인터넷 식품매장의 운영전략은 크게 5가지로 구분할 수 있다.

첫째는 지역특산물 매장구성이다. 인터넷을 이용한 식품구입의 주요 고객은 서울과 수도권에 집중되어 있어 지역과 지리적으로 떨어져 있다. 이들에게 지역 특산물을 소개하고 인터넷으로 손쉽게 구매할 수 있도록 한다. 이들 고객을 위한 지역 특산물 상품구성을 확대하고 더불어 상품에 대한 신뢰확보를 위해 공인 인증기관의 인증을 활용하면 효과적일 것이다.

둘째는 인터넷상에서 매우 중요한 '메인화면 상품진열'에 관한 전략이다. 메인화면에 소개한 상품의 클릭수는 페이지를 달리하거나 한 번 클릭한 후 볼 수 있는 상품에 비하여 압도적으로 많다. 메인화면에 MD 추천상품 또는 신상품 코너 활용을 통한 공략으로 효과를 높일 수 있다.

셋째는 상품 비주얼과 동영상 활용전략이다. 식품전문 스튜디오에서 촬영하여 호감과 신뢰를 줄 수 있는 이미지를 추가한다. 재미와 정보를 주는 동영상 활용도 효과적이다.

넷째는 전문요리사를 활용하는 전략이다. 전문요리사가 제안하는 식품이나 인기연예인이 추천하는 식품은 고객에게 상품에 대한 신뢰를 강화시키는 데 효과적이다.

다섯째는 명절 특설매장 활용전략이다. 명절은 식품매출이 집중되는 시기로 이때의 매출 정도에 따라 한 해의 매출에 많은 영향을 끼치는 중요한 시기이다. 보통 1~2개월 전부터 준비하여(TV 홈쇼핑도 마찬가지) 메인화면에 정육, 수산, 선물세트, 한과, 건강보조식품의 매장을 구성한다. 추석은 평소 매출의 약 2배, 설은 추석 매출의 약 2/3 정도가 팔리는 식품매출 집중기간이다.

3.3. 인터넷 쇼핑몰 기획전

판매를 촉진하기 위해 취할 수 있는 다양한 방법으로 다음과 같은 것이 있다.

① 가격할인: 가격을 낮추어 판매하므로 누구든지 할인가격에 구매가 가능하여 판매가 증가하나 마진문제를 어떻게 할 것인가 하는 검토가 필요하다.

② 할인쿠폰 발행: 기간이나 금액을 제한할 수 있다. 전자메일을 이용하여 특정 고객을 대상으로 할 수 있다.

③ 적립금 행사: 기본 적립금 외에 추가 적립금을 부여한다. 결국 적립금은 상품구매에 사용할 수 있으므로 반복구매를 유도할 수 있다.

④ 경품 · 사은품 제공: 구입고객 대상으로 추첨을 통해 경품행사를 실시하는데, 경품은 판매예상금액의 1%, 사은품은 본품가격의 10% 이내에서 실시한다.

⑤ 특가전: 파격적인 가격으로 몇몇 상품을 선별하여 진행하며 재

고수량을 처리하는 데 효과적이다.

⑥ 무이자 행사: 고가 상품의 판매행사에 주로 활용되며 할부로 인한 판촉촉진효과가 있다.

⑦ 균일가전: 가격을 집중 · 강조하여 소비자에게 다양한 종류의 상품을 제안할 수 있다.

⑧ 한정판매(선착순): 순서와 수량을 제한하여 심리적으로 구매를 유도한다. 직접구매를 촉진하는 데 효과적이다.

⑨ 브랜드전: 브랜드를 강조하고 협력업체와 공동으로 판매를 촉진하다.

4. 금후의 계획

신상품 개발

홈쇼핑에서 신상품 개발은 매우 중요하여 히트상품의 개발 여부에 따라 그 해의 매출이 좌우하기도 한다. 신상품이 개발되어 판매되기까지는 개발 · 기획 · 진행의 3단계를 거치게 된다. TV 홈쇼핑의 신상품 개발단계에서 3가지 중요한 포인트는 고객에 대한 이해, 방송에 대한 이해, 시장에 대한 이해이다.

고객에 대한 이해는 고객의 니즈를 파악하고 이를 바탕으로 상품을 기획하기 위한 것이다. 정보를 얻기 위해 사내 마케팅 툴을 이용하기도 한다. 다양하면서도 빠르게 소비자의 욕구를 파악하기 위한 각종 전화인터뷰나 인터넷을 이용한 설문조사를 실시한다. 예를 들면, 소비자에게 가상의 신상품을 소개하고 구입 여부를 파악하는 조사 등이 이용된다. 고객의 니즈를 잘못 파악하여 해석을 잘못하는 것은 상품기획의 최대의 적이다. 그러므로 고객의 니즈를 바르게 파악하고 고객에 대한 바른 해석이 필요하다.

방송에 대한 이해는 방송이 일반 유통채널과 다른 채널이기 때문이다. 무엇보다 방송은 제품에 대한 설명이 주가 되므로 이야기가 있어야 하는데, 이야기는 재미있고 알기 쉬워야 한다.

시장에 대한 이해는 학습조직을 통해 구성원들이 상품 자체에 대한 충분한 학습과 경쟁사 제품에 대한 이해가 필요하며, 신상품에 대한 가격결정단계에 이르면 그 상품에 대한 매출액을 어느 정도 예측할 수 있어야 한다.

신상품의 기획단계에서는 범용성 · 신뢰성 · 가격 합리성 · 편리성 · 트렌드의 5대 기본 전략이 필요하다. 범용성은 TV 홈쇼핑의 특성상 상품이 불특정 다수에게 판매되기 때문에 고객대상은 넓을수록 좋다. 고객대상이 너무 좁으면 효율성이 떨어지는 단점이 있다. 신뢰성은 소비자가 식품을 구매할 때 시식이나 테스트가 없이 구입하기 때문에 소비자에게 상품에 대한 믿음을 줄 수 있어야 한다. 가격은 합리적인 가격대가 필요하며 만약에 가격이 높은 경우는 왜 가격이 높은지에 대해서 소비자가 납득할 만한 이유와 설명이 필요하다. 편리성은 홈쇼핑의 특성상 소비자가 구입하여 직접 손으로 들고 가는 것이 아니기 때문에 주문과 배송이 편리해야 한다. 트렌드는 급변하는 소비자의 소비패턴, 시장의 변화 등을 읽어 내야 한다.

진행단계에서는 신선을 집중시킬 수 있도록 상품의 특징을 부각시켜 그것이 구매로 이어지고 구매한 소비자가 상품에 대해서 만족하면 결국 신상품 개발은 성공으로 이어지게 된다.

판촉전략

향후 온라인시장의 발전을 위해 세 가지를 계획하고 있다.

첫째는 온라인 시장과 오프라인 시장을 연계한 마케팅과 글로벌 소싱(global sourcing)을 다양화하는 것이다. 온라인 시장의 한계를 극복하기 위해 식품전문매장이 지닌 장점을 활용하여 고객에게 홈쇼핑 식품의 구매를 확대할 수 있도록 한다. 또한 구매활동 범위를 범세계적으로 확대하여 경쟁력 있는 상품개발과 해외의 인기 있는 상품을 발굴하여 판매로 연결할 수 있다. 이를 통해 가격, 품질 등 상품경쟁력 확보뿐만 아니라 해외사업과 접목된 글로벌 상품의 풀(pool)을 확보한다.

둘째는 친환경시장에 대한 고객니즈에 대비한다. 친환경시장은 2007년 4%에서 2010년 10%, 2020년에는 29%로 확대될 것으로 예상된다. 인터넷 친환경 마트와 제휴를 추진하고 지역 친환경농산물에 특화한 별도 매장을 개설하여 온라인 친환경시장에서 절대강자가 되기 위한 상품 및 이미지 선점을 추진할 계획이다.

셋째는 배송·주문서비스를 다양화하고 상품의 품질관리를 강화하여 신뢰도 향상에 힘쓴다. 홈쇼핑의 신선식품을 위한 익일배송, 당일배송, 도착시간 알림배송 서비스 등으로 다양화하고, 오토배송 주문형태로 고객에 대한 배려가 담긴 새로운 주문형태 프로세스 개발도 추진할 계획이다. 더불어 현재의 품질관리 절차를 더욱 강화한 새로운 관리시스템으로 정비할 계획이다.

Chapter 11

'묻지마'로 성공한 참마을 배 이야기

김 용 구

1. 공동계산제가 핵심
2. 공동계산제 추진배경
3. 농가조직화 방법과 과정
4. 브랜드화 방법과 과정
5. 사업성과 요인분석
6. 문제점 및 향후 계획
7. 남기고 싶은 말

1. 공동계산제가 핵심

외서농협은 일찍이 공동계산제를 도입하여 급변하는 농산물 유통환경에 대처하고 있다. 농산물은 그 특성상 물류비용이 많이 들고 가격진폭이 심하며, 공급과 수요가 비탄력적이다. 특히, 우리나라와 같이 가족농 중심의 영세소농구조에서는 그 현상이 더 크다고 할 수 있다. 이러한 농업환경 속에서 생산자를 조직화하여 규모화하고, 가격진폭에 따른 불안을 해소함은 물론, 물량을 조절하고 상품화하여 농가수취가격을 높일 수 있는 방법으로 공동계산제가 매우 중요하다.

농산물 유통과정에서 물량수급과 상품화는 상호 밀접한 관계에 있으며 농가수취가격 결정에 매우 중요하므로 물량을 규모화하고 상품균일화를 용이하게 하는 접근이 필요한데, 공동계산제는 이러한 과제를 해결할 수 있는 중요한 방법이라 할 수 있다. 물론, 공동계산제를 어떻게 운용하느냐에 따라 효과가 달라질 수 있겠지만, 공동계산제를 실시하는 것만으로도 유통의 변화를 느낄 수 있으며 협동조합다운 제도라는 것을 실감할 수 있을 것이다.

상주 외서농협이 공동계산제를 통해서 어떻게 물량을 규모화하고 브랜드화하여, 잘 팔 수 있는 농산물을 만들어 안정된 유통사업을 지속할 수 있었는지 살펴보기로 한다.

2. 공동계산제 추진배경

2.1. 배경

판로에 대한 불안감 확산

1995년 WTO 출범과 1996년 유통시장 개방으로 농산물시장 개방이 현실로 느껴지기 시작하였다. UR 협상에 따른 쌀시장 개방은 농민에게 큰 충격을 안겨 주었으며 농업의 장래에 대해 불안해하기 시작하였고, 특히 유통시장 개방에 따른 대형할인점 출현은 기존의 시장을 재편하는 큰 변화를 예고하고 있었다.

또한, 농산물시장 개방은 농협으로 하여금 유통사업의 변화를 촉구하는 계기가 되었다. 이때까지 농협은 농산물 수송과 판매대금의 정산을 대리하는 역할을 담당하고 있을 뿐 시장교섭력이 없어 제 역할을 다하지 못하는 실정이었으므로 새로운 시장에 적합한 유통체계가 필요하였고 체계에 맞는 조직관리와 시설 및 판매방법이 요구되었다.

'상주배'는 시장에서 찬밥 신세

상주는 배가 주 소득원이고 재배농가도 급격히 늘어났으나 추석을 겨냥한 미숙과 출하와 속박이 관행으로 시장에서 외면당하기 일쑤였다. 뿐만 아니라 수확기 홍수출하로 가격이 하락하고, 출하시기에 따라 가격진폭이 심해 판매대금 정산과정에서 농민과 마찰이 자주 발생하였다.

작목반은 구성되어 있었으나 자율적인 유통활동이 미흡하여 상품성 향상이나 물량조절기능을 기대할 수 없었기 때문에 상품의 균일성을 유지하여 시장에서 신뢰를 구축하는 것이 시급하였다.

수출시설 설치요청이 사업추진 직접동기

황금배는 국내가격보다 수출가격이 더 높아 수출을 선호하였으나 수출하는 과정에서 가장 큰 애로사항은 선별시설 확보문제였다. 지역 내에 선별시설이 없어 경북 영천, 전북 정읍 등지로 찾아가서 이용해야 하였다. 그래서 작목반 내 수출농가들과 이들과 뜻을 같이하는 농가들이 별도로 수출반을 구성하여 주품종인 신고배도 함께 수출하기로 하고 농협에 선별시설을 설치해 줄 것을 요청하였다.

당시 유통시설 투자는 하면 손해라는 인식이 지배적이었으나, 수출반 농가들은 손해를 보더라도 수출계약을 준수하고 선과장 활성화에 앞장서겠다는 각서를 제출하는 등 강한 의지를 보였다. 이러한 농가의 움직임이 농협의 정체성을 찾기 위해 고심하던 경영진의 생각과 일치함에 따라 농협이 투자를 결정하게 되었으며, 이것이 사업을 추진하게 된 직접적인 동기가 되었다.

2.2. 현황

일반현황

상주 외서농협은 상주시와 인접한 산간형 면단위 농협으로 지역이 동서로 좁고 길게 뻗어 있어(42.5km) 사업여건이 열악하고 규모가 영세한 농협이다. 8개 행정구역과 경계하고 있으며 면소재지가 제대로 형성되

표 11-1 상주 외서농협 현황(2007) (단위: 명, 백만 원)

조합원수	직원수	사업규모				자산	자본금
		경제	신용	공제	계		
1,152	20	10,508	37,044	1,941	49,493	49,312	2,474

지 않아 조합원의 사업이용이 분산됨으로써 지소, 경제사업소, 유통센터 등 사업장을 고르게 배치하여 조합원의 이용률을 높이려고 노력하고 있으나 여건이 좋지 않았다.

농업은 미작과 과수 중심 복합소농구조로 배가 주 소득원이다. 전체 농가 중 25%가 배를 재배하고 있으며, 재배면적은 200ha로 신고품종이 85%를 차지하고 있고 약 250호 농가에서 연간 2,500여 톤을 생산하고 있으나 규모가 영세하다.

상주 외서는 내륙의 중심에 위치하고 있어 자연재해가 적고 적정한 일교차를 유지하는 등 재배환경은 좋은 편이며, 과형은 Y자형 덕시설이 대부분이고 인공수분을 실시하고 있으며 유통사업 참여농가는 제초제 사용을 금지하고 있다.

유통사업 현황

농산물은 연간 75억 원을 판매하고 있으며 APC가 80%를 점유하고 있다. 연간 취급물량 중 배가 65%를 차지하고 있으며 70%를 공동계산을 통한 수탁사업방식으로 판매하고 있으나, 단순수탁방식을 병행하여 APC를 이용하지 않는 조합원의 불만을 해소시키고 있다. 매취사업은 꼭 필요한 경우에 일부만 취급하고 있으며, 양곡은 RPC 연합사업에 참여하여 계약재배를 통해 판매하고 있다.

표 11-2 상주외서농협 유통시설 현황

사업규모	유통센터				수출선과장		
시설명	선별장	저온 저장고	집하장	당도 선별기	선별장	저온 저장고	당도 선별기
평수	150	100	100	1조	150	100	1조
1일 작업량	1,000상자(15kg)				1,000상자(15kg)		

표 11-3 브랜드별 매출규모

(단위: 백만원, %)

사업규모	매출액	비고
참마을	2,133(35.2)	직거래
명실상주	2,073(34.2)	수출
연봉배	1,040(17.2)	순회수집
기타	807(13.3)	곶감, 버섯
합계	6,053(100.0)	

주: 2007년말 현재 APC 취급기준이며 괄호 안은 백분비임.

유통시설은 APC와 수출선과장을 별도 운영하고 있으며 GAP시설, 비파괴당도선별기 설치 등 고품질 안전농산물 상품화 시스템을 갖추고 있다. 시설투자는 기존 시설을 이용하여 점차적으로 투자함으로써 고정투자에 대한 부담을 완화하고 활용도는 높일 수 있었으나 시설이 분산됨으로써 효율성이 떨어지는 측면이 있다. 시설운용일수는 연간 210일이며, 5명의 직원과 일평균 70명의 일용직이 종사하고 있다.

브랜드는 참마을, 명실상주, 연봉배 등 3가지를 사용하고 있으며 사용범위와 관리를 각각 달리하고 있다. 대표브랜드 '참마을'은 APC 개장(2000년)에 맞추어 개발하였으며, 자체 규약을 정해서 APC 전속 브랜드로 관리하고 있다.❶

상주시 통합브랜드 '명실상주'는 지방자치단체가 2006년도에 개발하여 조례로 관리하고 있으며, 우리 외서농협은 주로 수출상품에 이 브랜드를 사용하고 있다. 작목반 고유 브랜드인 '연봉배'는 자연부락 명칭을 사용하여 작목반 결성 초기에 개발한 브랜드로 농협이 상표를 등록하여 관리하고 있으며 순회수집 출하용으로 사용하고 있다.

3. 농가조직화 방법과 과정

3.1. 공동계산제 실시 전 준비

조직정비와 리더군 육성

1995년에 친목회 성격이 강한 기존 1개 작목반(80여 명)을 10~20명씩 지역별로 6개로 세분화하여 인원을 보강하고 작목회로 연합체를 구성하였다. 일반적으로 작목반 인원수가 많으면 의사결정이 어렵고 관리가 힘들며 명분에 치우치기 쉽고 결집력이 떨어지는 경향이 있기 때문이다.

초기 작목반 활동은 생산자재를 공동으로 구매하여 생산비를 절감하고, 순회수집물량을 규모화하여 도매시장에서 경쟁력을 확보하는 데 역점을 두었으며, 생산기술교육을 통해 상품성을 향상시키고자 노력하

❶ '참마을'은 순수하다, 깨끗하다, 거짓이 없다는 뜻으로 순수한 농민과 정직한 농협이 만든 농산물이란 메시지가 담겨 있다.

였다. 작목반을 대상으로 생산자재 및 공동이용 기자재를 집중 지원하여 사업참여를 유인하는 한편, 구매 및 출하실적에 따라 차등지원함으로써 경쟁심을 유발시켰으며, 연봉배 브랜드를 상표등록하고 포장디자인을 통일하여 수도권 및 지방공판장 각 1곳을 대상으로 집중 출하하였다.

조직결집력이 강한 핵심 작목반과 각 작목반의 리더군을 대상으로 연수교육을 집중적으로 실시하였다. 특히, 리더군은 지도자 연수교육을 통해 리더로 육성하였으며, 연수교육은 책임자가 직접 인솔하여 같이 교육을 수료함으로써 상호 신뢰를 구축하고 좋은 인간관계를 형성할 수 있었다. 이때의 리더군은 서로 교차하면서 지금까지 조직을 장악하고 있으며, 농협유통사업의 소중한 파트너로 없어서는 안 될 인적 자산이 되었다.

생산기반 및 유통시설 확보

농협 주도로 작목회를 영농조합법인화하고 영농법인을 농림사업에 참여시켜 과수생산 유통시설사업을 유치함으로써 덕시설, 점적관수, 관정, SS분무기 등 생산기반을 조성하고 저온저장고, 집하장 등 기본적인 유통시설을 확보하였다. 농어촌 구조개선사업 추진 당시 농림사업 선정 최우선순위는 영농조합법인이기 때문에 사업유치 경쟁이 치열하였다. 영농법인과의 연대를 통해 사업을 추진함으로써 시설투자에 따른 농협손익에 미치는 영향을 최소화하고 협력관계를 유지할 수 있었으며, 법인을 사업의 한 주체로 참여시킴으로써 경쟁관계를 벗어나 동질성을 유지할 수 있었다.[2]

[2] 이후 영농법인의 시설은 농협이 임대차로 운영하다 지금은 전부 인수하였고 영농법인은 해산하였다.

유통전문가의 육성

유통사업을 통해 조합원에게 이익을 제공하고 농협의 건전한 경영을 유지하기 위해서는 부가가치를 창출하여 판로를 개척할 수 있는 유통전문가가 필요하다. 또한 유통전문가의 확보는 무조건 수탁을 전제로 한 공동계산제에서는 생산자에게 믿음을 갖게 하는 필요요건이기도 하다.

변화하는 유통환경에 대비하여 당시 판매담당 직원을 중앙회서 개설한 산지유통 전문과정(품질관리사 양성과정)을 이수하도록 하여 유통마인드를 제고시켰으며, 이후 지속적인 교육기회를 부여함은 물론 후계인력도 적극적으로 육성하고 있다. 현재 APC에는 2명의 공인품질관리사가 근무하고 있으며, 그때 교육을 수료한 직원이 상무로 승진하여 APC를 총괄하면서 농산물유통 전문가로서 활동하고 있다.

3.2. 공동계산제 실시 이후 활동

공동계산제 도입

앞에서 언급한 바와 같이, 수출작업 시설이 없어 고생하던 수출반의 요청으로 집하장과 연계하여 선과장을 증축하고 선별기를 설치하여 배를 수출하였으나 주품종인 신고는 선별기준이 까다로운 데 비해 가격이 낮아 농가소득을 지지해 주지 못하였다. 따라서 농가수취가격을 높이고 선과장을 활성화시키기 위해 농협물류센터에 신고배를 납품하기로 하고 공동계산에 의해 대금을 정산하기로 농가와 합의하였다.[3]

[3] 수출작목반 20명 중 공동계산에 참여한 농가는 10명으로 대부분 육성된 리더군이었으며, 공동계산에 대해 이해가 빠르고 적극적이었다.

상품을 차별화하기 위하여 상표는 '연봉배' 브랜드를 사용하되 디자인을 다르게 하고 로고를 사용하였으며, 포장상자는 외부유출을 엄격하게 통제하였다. 또한 철저한 등급선별로 상품의 균일성을 유지하고 납품물량과 기일을 확실하게 지킴으로써 신뢰를 구축할 수 있었다. 특히, 납품과정에서서 물량이 부족하여 어려움을 겪기도 하였으나 참여농가들 스스로가 물량을 추가로 확보함으로써 어려움을 극복할 수 있었다.

농협 양재물류센터에 납품하여 좋은 평가를 받고 농가수취가격도 높아지는 등 확실한 성공을 거둠으로써 이후 농가의 자발적인 사업참여를 유도하는 계기가 되었을 뿐 아니라 철저한 품질관리와 신뢰만이 살 길이라는 믿음을 심어 주었으며, 상주배가 유명한 배 주산지 가격과 동일한 가격을 수취함에 따라 자긍심과 자신감을 갖게 되었다.

유통형 조직의 구성

농협 물류센터는 균일한 상품을 지속적으로 납품할 것을 요구하였고, 또한 선과장의 가동률을 높이기 위해서는 규모화되고 차별화된 유통형 조직이 필요하였으므로 작목반 내에 사업참여 농가를 대상으로 유통업체와 직거래할 수 있는 차별화된 별도의 팀을 작목반별로 구성하고 '직거래팀'이라 명하였다.

차별화에 대한 거부감을 해소하기 위해 문호는 개방하되 규약을 제정하여 작목회의 동의를 구하였으며, 공동계산제와 삼문불가원칙 수용을 팀원 자격요건으로 채택하여 조직을 차별화하고 생산과 판매를 분리하는 한편, 조합장이 팀장회의를 주관하여 농협 주도로 조직을 운영하였다.❹

사업참여 동기를 부여하기 위하여 참여농가에 대해 농산물 출하, 보조금 지급 등에서 우선권을 부여하고 규모화를 위해 다른 농협 조합원의 개별 참여를 허용하였다. 아울러 세부사업계획을 수립하여 총회 동의를 구하고 정산시기별로 결산을 실시하여 사업의 투명성을 확보하였다. 또한 무이자 선도금을 지원하여 공동계산제의 단점을 보완하고 자체공동계산 프로그램을 개발하여 대금정산의 공정을 기하도록 하였다.[5]

APC 건립과 전용브랜드 개발

조합의 취급물량이 확대됨에 따라 사업의 전문성을 강화하고 처리능력을 향상시키기 위해, 법인소유 저온저장고와 연계하여 APC를 건립하고 비파괴당도선별기를 설치하는 등 시설을 현대화하여 상품을 차별화하였다. 특히, 당도선별기는 국산 1호로서 맛없는 과일을 가려내어 소비자의 신뢰를 얻고자 과감하게 투자를 결정하게 되었다(2000년).

기존 작목반이 사용하는 '연봉배' 브랜드로는 경쟁력에 한계가 있었고 또한 APC가 품질을 담보하는 새로운 브랜드가 필요하였으므로 컨설팅을 실시하여 브랜드와 포장상자를 개발하였다. 브랜드는 소비자 조사를 실시하여 '참마을'로 브랜드명을 확정하였으며, 포장상자는 유통업체와 협의하여 소비자 기호에 맞는 소포장(5kg 오픈상자)으로 제작 하였다.

---

[4] '三問不可'란 생산자가 판매처, 판매시기, 판매가격을 묻지 않고 판매를 농협에 무조건 위탁하는 사업형태를 의미한다. 일명 '묻지마 판매'라고도 하는 이 원칙이 상주 외서농협 사업의 바탕이 되었다.

[5] 무조건 위탁에 의한 공동계산제는 생산과 판매가 완전 분리되고 사업과정이 투명해야 성공할 수 있다.

APC 개장과 함께 농림부의 산지유통전문조직으로 선정되어 유통활성화 사업을 실시함으로써 정부와 농협중앙회의 지원하에 안정적으로 사업을 추진할 수 있게 되었을 뿐 아니라, 대형유통업체인 삼성테스코와 전속출하계약을 체결함으로써 안정적인 판로가 확보되었다. 그리고 참여농가와 업체 및 농협이 결속을 다지기 위한 행사를 개최하였는데 이 행사는 '신유통 한마음대회'라는 이름으로 지금까지 매년 개최하고 있다.[6]

연합사업 및 APC 독립회계 실시

유통업체의 늘어나는 물량을 소화하고 그 동안 개인적으로 사업에 참여하면서 소속 농협에 대해 부담을 가졌던 인근 농협 조합원을 배려하는 동시에 인근 농협과 협력관계를 유지하기 위하여 연합사업을 주관하였다. 인근 7개 농협과 협약서를 체결하고 연합사업협의회와 실무위원회를 구성하여 각 농협단위로 조직을 관리하도록 하였다.

연합마케팅사업에 따른 조직력 저하를 방지하기 위하여 회원제(팀은 유지함)를 도입하였으며, 회원관리를 강화하고 신규 회원 가입조건을 보강하였다. 가입금(20만 원)을 징수하고 최소약정물량을 300상자에서 500상자로 상향조정하였으며 범칙금을 징수할 수 있도록 하였다.

APC에 별도 사무실을 설치(종전에는 선별장 내에서 근무)하고 직원을 보강하였으며 독립회계를 실시하여 전문성을 강화하고 책임경영을 할 수 있도록 APC를 독립된 사무소로 완전 분리하였다.

---

[6] 산지유통전문조직 유통활성화 사업은 선택과 집중에 의거 산지조직에 자금을 몰아주고 운영의 자율성을 부여하여 산지유통을 활성화시키기 위한 정책사업으로 그동안 농산물 산지유통에 많은 변화를 가져온 것으로 평가된다.

글로벌 마케팅조직으로 재편

한 · 칠레 FTA 발효에 이어 한 · 미 FTA 협상진행 등 세계화 시대가 도래함에 따라 국제경쟁력을 확보하기 위해 수출 중심으로 사업을 전환하기로 하고 이에 맞추어 조직을 재편하였다. 캐나다 수출단지를 미국 수출단지로 전환하고, 대만 단지를 새로 구성하였으며, 기존의 생산자팀을 해체하여 수출단지별(미국, 대만)로 조직을 재구성하고 지역별로 운영위원을 선출하여 조직을 관리하도록 하였다. 회원제는 유지하되 기금은 단지별로 관리하도록 하였으며 자체 수출촉진기금을 조성(농협이 75% 출연)하여 농협이 관리하고 있다.

국내유통은 고품질 · 친환경(GAP) 중심으로 사업을 전환하고 조직을 전문화하였다. 농촌진흥청에서 추진하고 있는 탑푸르츠(TOP-FRUIT) 사업에 참여하여 관련조직을 구성하고, 친환경인증 조직을 GAP사업에 참여시켰으며, APC를 고품질 · 친환경(GAP) 사업장으로 전환하였다. 고품질 · 친환경 농가는 각 수출단지에 회원으로 소속되어 있어 수출과 내수를 병행하고 있으며 작목반별로 별도 조직이 구성되어 있다.

생산자조직이 단지별로 확대되면서 회원관리 강화와 무임승차 차단을 위해 약정이행률, 상품성 비율, 안전성 검사율 등을 3년간 평가하

표 11-4 연도별 생산자 조직 및 매출액 변화 (단위: 백만원)

연도	조직수	참여인원	매출액			비고
			내수	수출	계	
1998	1	10	57	244	301	공동계산제도입
1999	6	70	1,002	417	1,419	직거래팀구성
2004	7	226	1,773	582	2,353	연합사업실시
2006	10	264	1,755	1,726	3,481	단지중심조직정비

주: 매축액은 공동계산 실적만 계상하였음.

여 불량생산자를 퇴출시키는 삼진아웃제를 도입하여 운영하고 있다.

4. 브랜드화 방법과 과정

4.1. 생산단계

매년 농가에게 상품성 향상을 위한 교육을 실시한다. 원료농산물이 좋지 않으면 상품화를 통한 부가가치 제고가 어렵고 생산농가도 소득이 향상될 수 없기 때문에 생산기술교육은 대단히 중요하다. 교육은 1년에 한두 차례 전반적인 교육보다는 전문성을 고려하여 시기별로 집중식 교육을 실시한다.

매월 1회 이론 및 현장교육을 겸하는 배 기술대학을 운영하고, 고품질 배 생산 매뉴얼을 보급하였다. 1년에 한두 차례 선진농장을 상호방문하여 기술을 공유하도록 하고 있으며 매년 농산물유통공사와 연계하여 수출컨설팅을 실시하고 있다. 또한 매년 사업평가회를 통하여 품질개선과제를 제시하고 다음 연도 사업계획과 교육에 반영한다.

4.2. 출하단계

회원별로 출하예정량을 파악(4월)하여 사업계획을 수립하고 신규 회원을 모집한다. 봉지씌우기가 끝난 후 연간 출하물량을 약정하고 선급금을 지급하며 사업시작 전 사업설명회(신유통 한마음대회)를 개최한다. 미숙과, 과숙과를 방지하고 저장성을 높이기 위하여 품종별, 유통기간별로 수확시기를 지정하여 통보하고 개인별로 수확하여 자체 보관하며 저온저장물량은 예건처리 후 1차 선별하여 공동저장(농협 및 농가보유분을 풀링제로 운영)한다.

선별계획에 따라 지역별 회원별로 출하물량을 배정하며 회원은 출하일정에 따라 산물로 개별 수송 출하한다. 출하 전에 농약안전성 검사를 실시하여 불합격 회원은 출하금지조치하고, 산물입고 전 품위상태, 완숙도 등을 샘플 검수조사하여 입고 여부를 결정하며 저급품 출하억제 및 무임승차 회원을 차단하기 위하여 저급품 출하비율(10% 초과)에 따라 과태료를 징수한다.

4.3. 상품화 단계

공인품질관리사(2명)에 의한 책임품질관리를 하고 있으며 자체 육성한 전문선별사 5명이 등급을 판정하고 있다. 선별작업 종사자는 객관성을 유지하기 위하여 외부인을 고용하고 있으며, 회원 및 친인척은 선과장 종사를 금지하고 있다.

선별사가 육안에 의한 등급 선별 후 당도 및 중량을 선별한다. 등급은 외형, 당도에 따라 5등급으로 구분하며, 회원은 등급판정에 대해 이의를 제기할 수 없도록 하고 있다. 등급별 품위기준은 사업종료시까지 동일하게 적용하고 업체요구에 따라 변경할 수 없도록 하고 있으며 당도 미달과와 저급품은 시장에서 격리시킨다. 등급을 세분화하는 이유는 선도농가 불만을 해소하고 상품을 다양화하기 위해 필요하기 때

문이다.[7]

포장규격을 다양화하고 고품질일수록 포장을 고급화하여 소포장하고 있다. 생산자 표시는 농협 명의로 통일하고 공동브랜드를 사용한다. 포장된 상품은 전량 등급별, 개수별로 파렛트 적재하여 저온보관하며, 파렛트별로 선별일자를 기록하여 선입선출한다. 수송시에는 규격별 적재높이를 제한하여 품위손상을 방지하고 있다.

4.4. 마케팅단계

판매시에는 책임자를 지정하여 협상창구를 일원화하고 예약수의거래에 의거 가격을 탄력적으로 조정하며 회원은 판매에 일체 관여할 수 없도록 하고 있다. 등급별로 다양한 상품이 생산되기 때문에 백화점, 할인점, 친환경매장, 도매시장 등 상품(등급)별로 거래처를 다각화하고 있다. 인터넷쇼핑몰, 우체국쇼핑 등 전자상거래도 활발하게 전개하고 있으며, 작황상태에 따라 내수와 수출비율을 적정하게 조정하며 판매하고 있다. 또한 리콜예산을 별도로 적립하여 철저한 리콜제를 실시함으로써 신뢰구축에 힘쓰고 있다.

판매촉진을 위해 초기에는 1년에 한두 차례 상품설명회를 개최하기도 하였으나 지금은 고정거래처와 판촉행사를 실시하여 유대를 강화하고 있으며 판촉행사는 상품홍보에 주력하고 할인행사는 지양하고 있다.

---

[7] 공동계산제는 품위기준을 명확하게 설정하고 참여농가 간 공정성을 유지해야 성공할 수 있다.

4.5. 대금정산단계

대금정산은 등급별 개수별 평균가격에 의해 공동계산한다. 계산기간은 내수는 3회(추석, 연말, 설), 수출은 품종별로 수출작업 종료시마다 실시하며 품종별, 친환경, GAP, 수출국(미국, 대만)별로 구분해서 정산한다. 공동계산 초기에는 2회(추석, 설) 정산하였으나 가격편차가 심해 3회로 조정하여 계속 시행하고 있으며 등급별로 가격편차를 유지하여 고품질 생산의욕을 고취하고 가격에 공정을 기하고 있다.

공동계산제는 정산기간이 길고 복잡하다는 단점이 있기 때문에 이러한 단점을 보완할 수 있는 제도적 장치가 필요하다. 그 일환으로 약정된 물량에 대해 판매예정가격의 50%를 무이자 선급금으로 지급하여 농가의 일시 소요자금을 해소시켜 주고 있으며, 지급된 선급금은 정산시기별로 판매대금에서 공제한다.

농산물 유통사업은 생산자와 농협 간에 상생정신이 있어야 성공할 수 있다. 농협은 생산자가 위탁한 농산물을 잘 팔아 줌으로써 수취가격을 높여 주어야 하고, 생산자는 농협이 역할을 한 것만큼 적정한 수수료를 부담해 주어야 안정되게 사업을 지속할 수 있기 때문이다. 수수료는 사업 초기에 2%로부터 시작하여 점차적으로 인상하였으며, 지금은 판매대금의 5%를 받고 있다. 업체 환원수수료나 장려금도 농협 수익으로 처리하고 있으며, 선별비 · 전기료 · 소모품비 등 직접경비는 별도 징수하고 참여 농협에는 장려금을 지급하고 있다. 사업종료 후에는 사업평가회를 실시하여 사업을 분석하고 문제점을 보완하여 다음연도 사업계획에 반영하고 있다.

5. 사업성과와 요인분석

5.1. 사업성과

농가수취가격 제고

공동계산의 결과 품질균일화와 규모화로 시장교섭력이 증대되면서 농가수취가격이 향상되었다. 유통업체와의 직거래 점유비가 73%로 주된 가격상승요인이 되고 있으며, 개인이 도매시장에 출하한 것보다 가격이 평균 20%나 상승되었다.

유통비용 절감

규모경제와 물류기계화를 통해서 상당한 비용이 절감되었다. 공동선별, 파렛트출하 등으로 선별비, 수송비, 하역비가 절감되었을 뿐만 아니라 저온저장고 등 유통시설을 공동이용함으로써 시설투자비용 및 운영비를 절감할 수 있었다.

생산기술의 상향평준화

생산기술과 정보를 공유함으로써 상품성이 향상되고 상품성 향상은 농가소득 증대로 이어진다. 개인별 출하에서는 이웃 농가도 경쟁대상이기 때문에 기술정보를 감추려고 하지만 공동계산은 질 좋은 상품을 다량으로 확보하는 것이 경쟁력이기 때문에 다 같이 농사를 잘 지어야 한다는 생각에서 기술정보교류가 활발해진다.

또한 공동계산은 품질에 따라 공정한 가격이 결정되므로 품질의 격차가 소득과 직결된다. 따라서 고품질 생산의욕이 고취되는 효과가 있다. 실제 사업을 통해 품질이 상향평준화됨으로써 증대되는 농가소득이 수취가격 제고에 따른 증가분보다 훨씬 많을 것으로 보기 때문에 기술의 상향평준이 농협 유통사업의 최대성과로 보고 있다.

농가소득 안정에 기여

판매시기나 시장선택에 따른 가격불안요인이 없으므로 생산농가는 고품질 농산물 생산에만 주력할 수 있고 안정적인 판로가 확보됨으로써 소득안정에 기여하고 있다. 뿐만 아니라, 수확기에는 수출을 확대함으로써 산지가격을 지지하여 유통사업에 참여하지 않는 농가의 소득안정에도 기여하고 있다.

농협 정체성 구축 및 사업시너지 창출

공동계산제는 가장 협동조합적인 사업방식으로 사업을 통하여 농협이념을 고취시킴은 물론, 조합원에게 실질적인 이익을 제공함으로써 농협의 정체성이 구축된다. 뿐만 아니라, 농산물 유통사업을 활발하게 전개하면 정산대금의 예치, 포장자재의 공동구매, 시비 및 병충해 방제 처방 등 사업과 연관성 때문에 사업시너지가 창출된다.

5.2. 요인분석

조합여건과 시장흐름에 적합한 사업방식 도입

삼문불가원칙에 의한 공동계산제를 통하여 안정적으로 사업을 추진함으로써 신유통업태에 적합한 산지체계를 조기에 구축할 수 있었으며, 지역 주산물이면서 조직결집력이 강한 단일품목을 선택함으로써 조기에 전문성을 확보할 수 있었고 사업집중이 용이하였다.

지속적이고 상호보완적인 조직관리로 신뢰구축

유통환경 변화에 따라 지속적으로 조직을 정비하고 차별화를 통하여 우수회원을 확보함으로써 조직결집력을 강화시킬 수 있었으며, 조직과 연계하여 시설을 투자하고 공동으로 활용함으로써 조직결집력을 강화할 수 있었다.

지속적인 사업개발과 투명성 제고

지속적으로 새로운 시장을 개척하고 상품별로 거래처를 다각화하여 안정적인 판로를 확보하였을 뿐 아니라 시장지향적으로 품질을 개선하였으며, 사업계획을 수립하여 구성원의 동의를 구하고 사업평가회를 실시하여 결과를 보고함은 물론 문제점을 도출하여 시정함으로써 사업의 투명성을 확보하였다.

정부와 중앙회의 지도 · 지원 확대

정책의 변화에 능동적으로 대처하여 정책사업의 파트너로 선택됨으로써 정부의 지도 · 지원 아래 사업을 원활하게 수행할 수 있었으며, 중앙회의 산지유통사업부문에 대한 자금을 지원받아 시설투자 및 사업 추진 비용 부담을 완화할 수 있었다.

농가편익 제공 및 농협 수지향상에 기여

농가에 시설이용 편의를 제공하고 소득안정에 기여함으로서 사업을 지속적으로 발전시킬 수 있었을 뿐 아니라 사업을 추진한 대가로 농가가 적정한 수수료를 부담해 줌으로써 농협의 수익성 향상에 기여하였다.

6. 문제점 및 향후 계획

6.1. 문제점

산지 브랜드의 위기

산지 브랜드는 대형유통업체들이 PB상품을 확대하여 산지 지배력을 강화하는 가운데 브랜드가 난립하여 위기에 처해 있다. 산지의 각 유통주체들은 조직화를 통한 규모확대로 산지 브랜드를 통합하고, 브랜드 마케팅을 강화하여 대형유통업체의 지배력 강화에 적극적으로 대처해 나가야 할 것이다.

규모화의 한계

연합마케팅을 통한 규모화는 지역농협 간 이기주의 때문에 사업에 비협조적인 경향이 있어 상당한 어려움이 따른다. 또한 우리나라와 같은 영세소농구조에서는 규모화를 통한 가격경쟁이 자칫 농가부실을 초래할 우려도 있으므로 규모화 만능주의는 경계해야 할 것이다.

연합마케팅의 일환으로 조합공동사업 법인을 권장하고 있으나 기존 산지유통 전문조직과의 관계정립을 명확하게 하지 않으면 조직 간 경쟁관계로 발전될 가능성이 높기 때문에 투자규모와 사업타당성을 면밀하게 검토하여 설립에 신중을 기해야 할 것이다. 그리고 규모화를 통한 가격경쟁보다 상품성 제고를 통한 고부가가치 창출이 미래지향적일수도 있음을 간과하지 말아야 할 것이다.

저급품 처리애로

농산물은 자연적인 조건 때문에 상품화할 수 없는 물건이 일정량 생산될 수밖에 없으며 품질을 강화할수록 하위등급 비율은 높아진다. 또한 외관을 중시하는 업체의 관행도 하위등급 비율을 높이는 데 한몫을 하고 있으며, 특히 지구온난화로 과일의 품질은 점차 나빠질 전망이다.

사업에 참여하는 농가는 자신이 생산한 농산물 전량을 높은 가격에 팔아 주기를 희망하고 있으나, 상위등급 농산물은 판로개척이 용이하여 농가수취가격 지지가 쉬운 반면 하위등급 농산물은 가격지지가 어려운 실정이므로 가공처리 등을 통해서 부가가치를 높일 수 있는 방법을 강구해야 할 것이며, 외관을 중시하는 업체의 관행도 시정되어야 할 것이다.

6.2. 향후 계획

수출 및 GAP를 미래 핵심 사업으로 육성

APC를 GAP 전문사업장으로 부각시켜 소비자 충성도를 높이고 수출 및 GAP 전업농가를 집중 육성하여 안정적인 사업기반을 구축함은 물론 FTA 확대에 공격적으로 대응하여 수출시장을 다각화하고 전문성을 강화하여 현지 유통업체와 직수출을 추진하는 등 수출과 GAP를 미래 핵심 사업으로 육성할 계획이다.

'참마을' 브랜드 마케팅 강화

대형유통업체의 산지지배력 강화에 적극적으로 대처하여 PB 브랜드 상품취급을 점차 축소하고 대표 브랜드를 집중 육성해 나갈 계획이다. 전문인력지원단을 운영하는 등 생산방법을 통일하여 품질균일성을 높이고 품종별 특성에 맞는 상품을 개발하여 차별화된 브랜드 마케팅을 강화해 나갈 계획이다.

APC 연중가동체계 확립

현재 APC 연중가동 월수는 7개월로 가동률이 미흡하여 인력운용 및 시설활용이 비효율적이므로 가동률을 높일 수 있는 방법을 다각도로 강구하고 있다. 먼저 주 품목인 배를 연중 취급할 수 있는 시스템을 구축할 계획이다. 이제까지 안정적인 사업추진을 위해 수탁사업을 고집하였으나 사업을 더 확장하기 위해서는 기업적인 마인드가 필요하다고 보기 때문에 저온시설 등을 확충하여 매취사업을 확대하고, 나무순채 등 비수기 취급품목 개발, 버섯 등 연중 생산 취급품목의 상품화,

지역특산품인 곶감 명품화 사업 등을 추진하여 연중 가동체계를 확립해 나갈 계획이다.

7. 남기고 싶은 말

농산물 산지유통은 정예화된 조직을 통해 물량을 규모화하고 공동선별과정을 통해 규격화, 등급화, 파렛트화하여 농가수취가격을 제고시키고 농협의 수수료는 현실화하여 조직과 구성원이 상생하는 방안을 모색해야 한다. 공동계산제는 이러한 과정을 농협의 위험부담은 적게 하면서 사업을 실행할 수 있는 협동조합다운 제도로서 급변하는 농산물 유통환경에 산지 농협이 효율적으로 대처하는 좋은 방법이 될 것이다.

공동계산제는 농산물의 특성에 따라 실시방법을 달리해야 되겠지만 어떻게 운용하느냐에 따라 그 효과가 달라질 수 있으므로 수확시기, 유통기간, 품위별 등급분류 등을 고려하여 참여농가 합의에 따라 결정하되 상품성 향상, 물류효율성, 시장교섭력 등을 감안하여 공동계산제의 효과를 극대화할 수 있도록 해야 할 것이다. 또한 공동계산제를 처음 도입하는 농협은, 선진작목반이나 선도농가를 중심으로 소규모의 정예화된 조직으로 사업을 추진하여 공동계산제의 유리성을 생산농가에게 확고히 인식시켜 나가는 것이 바람직할 것이다.

최근 농업을 둘러싼 외부환경이 급변하고 있다. 실용과 경쟁력을 앞세운 세계화 시대에서 농업이라고 결코 예외일 수는 없을 것이다. 이러한 환경에서 조합원과 농협 간 협동의 이념에 기초한 공동계산제는 산지유통의 발전은 물론 지역농협의 사업기반을 튼튼하게 해 줄 것이라 믿는다. 끝으로 외서농협의 산지유통활동 경험이 잘 팔리는 농산물을 만드는 데 도움이 되기를 기대해 본다.

Chapter 12

세계로 뻗어 가는 참후레쉬 이야기

1. 참후레쉬 약사
2. 참후레쉬 영농조합법인 현황
3. 생산관리
4. 판매관리
5. 생산농가 정산관리
6. 성공요인
7. 향후 과제와 추진계획

1. 참후레쉬 약사

'참후레쉬'는 농산물 브랜드라고 하기에는 아직 이른 감이 있다. 요즘은 이름 있는 농산물 브랜드들이 많이 있기 때문이 아닌가 싶다. 지역을 대표하는 브랜드, 품목을 대표하는 브랜드, 유통브랜드 등 가치를 어디에 두느냐에 따라 브랜드는 천차만별인데, 각자의 가치에 걸맞게 농산물 브랜드들이 자리잡아 가고, 각자의 위치를 갖기 위한 담당자들과 관계자들의 끝이 보이지 않는 싸움에 참후레쉬도 참전하게 되었다.

참후레쉬는 논산에 위치한 영농조합법인이다. 1994년에 사과 중심의 영농조합으로 결성되었으며, 이후 OEM방식으로 배를 수출하게 되면서 농산물 유통을 시작하게 되었고 현재에는 농약이나 농자재 등 판매 · 구매사업 전반에 대해 사업을 추진하고 있다.

참후레쉬 영농조합은 2004년 'Charmfresh'로 상표등록을 하고, 2005년에는 산지유통 전문조직으로 선정되었으며, 같은 해 과실원예 전문단지로도 선정되어 과실수출단지로서의 역할을 강화하기 시작하였다. 2006년 수출을 위한 멜론 비파괴당도선별기를 설치하여 수출상품의 품질표준화를 위해 노력하였다. 2006년에는 FTA연합사업 주관조합으로 선정되었으며, 2007년에는 영농조합부문 1위로 공동마케팅조직에 선정되었다. 또한 과수원예 최우수단지로 평가받았으며, 농림부 산지유통 종합평가에서는 89개 영농조합법인 중 당당하게 1위를 차지하였다. 2007년 12월에는 과채류전문 생산단지로 선정되었고, 충청남도 과실 대표 브랜드로 'Charmfresh'가 선정되었다.

아울러 2007년에는 배, 멜론, 딸기 등을 대만, 러시아 등지에 수출하여 500만 달러 수출을 달성하였으며, 이러한 노력의 결과 2007년 11월과 12월에 대통령 표창을 2번이나 수상하게 되었다. 지금까지의 노력으로 수출기반도 갖추었기에 수출시장은 더욱 확대될 것으로 기대하고 열심히 노력하고 있다.

2. 참후레쉬 영농조합법인 현황

'참후레쉬 영농조합법인'은 배, 사과, 딸기, 멜론, 수박, 토마토 등 다양한 품목을 취급하고 있으며, 조합원은 1,030여 명으로 구성되어 있다. 현재 참후레쉬 영농조합법인의 임직원은 정규직 22명과 계약직 3명이며, 이 밖에도 1일평균 일용직 50명 정도를 고용하고 있다. 이들 일용직은 대부분 농산물 선별 및 포장업무에 종사하고 있다. 현재 참후레쉬 영농조합법인이 보유하고 있는 산지유통시설은 선별시설(1,917㎡), 저온저장시설(2,480㎡), 예냉시설, 집하장, 선별기(10대), 비파괴선별기(3대), 교육장, 액체비료 생산설비, 물류기기 등이다. 당해 법인의 산지유통시설에서 처리할 수 있는 물량은 1일 150톤 정도이며, 최고 1,300톤을 저장할 수 있는 저장시설을 갖추고 있다.

총매출액은 2006년도 기준 153억 원이며, 품목별로 배가 73억 원, 딸기가 24억 원, 멜론이 18억 원, 수박이 14억 원, 사과가 13억 원 순이

표 12-1 연도별 실적 (단위: 백만원)

구분	2003년도	2004년도	2005년도	2006년도
총매출	4,018	8,063	11,863	15,335
농산물	3,117	6,317	10,692	13,334
(수출)	(1,409)	(1,525)	(3,170)	(4,260)

표 12-2 주요 품목별 실적('06)

품목	중량(ton)	금액(백만원)
배	6,063	7,345
딸기	2,475	2,411
멜론	954	1,842
수박	1,135	1,401
사과	588	1,306

다. 참후레쉬 영농조합법인의 농산물판매는 약 80%가 조합원으로부터 수탁을 통해 판매되고 있으며, 나머지 약 20%는 조합원으로부터 매취하여 판매하고 있다. 특히, 전체 취급물량의 40% 정도는 공동선별을 통한 공동계산을 실시하고 있다.

참후레쉬 영농조합법인의 브랜드 육성과정을 살펴보고자 한다. 우선 APC는 항상 균일한 품질로 상품을 일정하게 공급할 수 있어야 하는데, 쉬울 것 같지만 실상은 참으로 어려운 이야기다. 왜냐하면, 농산물은 공산품이 아니기 때문이다. 따라서 상품화 기능을 제대로 수행하기 위해서는 품목별 작목반을 구성하여 원활한 원물확보 기빈을 미련해야 한다. 원물이 풍부해야만 원하는 등급의 품질을 원하는 수량만큼 선별해 낼 수 있기 때문이다. 참후레쉬는 원물확보를 위해 다음과 같은 일들을 해오고 있다.

먼저 농가의 생산기반을 확충하기 위해서 각종 보조사업의 신청대행을 수행하고 고품질 생산을 할 수 있도록 농약, 농자재, 액체비료 등을 저가로 공급하였다. 또한 선진지를 견학하고 외부강사를 초빙하여 선진농법과 유통에 관한 교육을 실시하여 생산자의식을 고양시켰다. 아울러 현장실습형 교육을 통하여 교육의 효과를 높였다. 이러한 일련의 과정을 통해 농가들을 자주 접하게 되었고, 농가들이 참후레쉬를 상호 정보교류의 장소로 인식하게 되어 자연스럽게 양질의 원물을 위탁하게 되었다.

원물 위탁물량이 증가됨에 따라 현대화된 유통시설의 확충이 필요하게 되었다. 이에 따라 참후레쉬는 멜론 및 수박의 비파괴당도선별기와 방울토마토 세척건조 선별시설을 도입하고, 배 선별라인과 저온저장고 등을 증설하였으며, 물류장비 및 시설도 확충하였다. 현대화되고 자동화된 시설이 갖춰지면서 작업능률이 좋아지게 되고 등급의 세분화로 거래처의 특성에 맞는 상품을 차별화하여 공급할 수 있게 되었다. 아울러 기획상품 제안 등이 용이해져 거래처 바이어와의 면담 및 업무진행이 매우 순조롭게 진행되게 되었다.

3. 생산관리

생산자 조직화

2007년 9월 현재 참후레쉬 품목별 작목반 구성인원은 885명이다. 참후

표 12-3 품목별 작목반 구성 및 인원

작목반 명	인 명	비고
CharmFresh 배	470	배 대만수출 등록 농가 303명
CharmFresh 멜론	210	
CharmFresh 딸기	140	
CharmFresh 토마토	65	
계	885명	

레쉬 배가 470명, 참후레쉬 멜론이 210명, 참후레쉬 딸기가 140명, 참후레쉬 토마토가 64명이다. 이러한 품목별 작목반 구성이 기초가 되어 원활한 원물확보가 유지되고 있다.

초창기에는 생산자나 기존의 작목반을 규합하는 형태로 조직화를 추진하였으나 생산자별 관리는 영세농이 많고 농가별 품질격차가 발생하여 품질의 균일도를 유지하기 위한 관리가 매우 어렵고 효율성도 떨어졌다. 기존의 작목반을 규합하여 조직화를 추진한 경우에도 일정한 품위를 유지하는 것은 어느 정도 가능하나 결속력이 부족하여 균일한 품위와 물량공급이 이루어지지 못하였다.

따라서 조직화 추진과정에서의 어려움을 극복하기 위해 기존 작목반을 해체하고 품목별 CharmFresh 작목반을 새로이 구성하였다. 현재 거리에 관계없이 기준에 적합하다면 작목반 가입을 받고 있기 때문에 배 품목의 경우 충남 · 충북 · 전북 · 경남지역 조합원으로 구성되어 있으며, 앞으로도 품목별 · 지역별로 조합원을 확대시켜 갈 예정이다.

브랜드에 따른 품목별 조직화는 원물공급지역이 광역화되어 원하는 품질수준의 원물공급이 원활하다는 점과 품목별로 작목반을 구성하고 있기 때문에 조합원의 교육도 일괄적으로 가능하다는 등의 장점

표 12-4 생산자 교육일자 및 교육내용

교육일자	교육내용	인원
2006. 2. 15	배나무 전지, 시비, 병충해방제	250
2006. 2. 28	동절기 배나무관리	220
2006. 3. 22	배 밭 관리 및 시비	250
2006. 3. 27	배 현장밀착형 수출컨설팅	300
2006. 4. 7	개화전후 인공수정 관리	300
2006. 5. 2	적과방법 및 생리장애 시비방법	123
2006. 6. 28	배 비대 당도 색택 비결과 대안	201
2006. 7. 21	하절기 배 밭 관리 병충해 생리장애	137
2006. 8. 11	고품질 배 생산기술	220
2006. 9. 1	수확 후 관리기술	150
2006. 9. 22	수확 후 관리기술	250
2006. 11. 10	후기 과원관리	250
2006. 12. 7	공동선별 및 공동계산 소양교육	200
2007. 5. 11	네트메론 재배기술 및 수출 상품화	31
2007. 5. 14	메론 수출 확대를 위한 품질관리	54
2007. 6. 8	배 주요병해 진단 및 방제	63
2007. 7. 2	고품질 메론 재배기술	51
2007. 7. 6	하기전장 및 과원관리	88
2007. 7. 27	토양관리 및 생리장애	200
계		3,338

이 있다. 단점은 근거리의 마을단위 작목반으로 구성된 것이 아니기 때문에 상품품질을 관리를 하는 데 어려움이 있다는 점을 들 수 있다.

생산자관리

당해 법인에서는 조합원을 대상으로 매년 60회 이상 고품질화를 위한 기술 및 경영교육을 실시하고 있으며, 이를 통해 고품질상품 생산기반을 마련함과 동시에 생산과정에서 품질의 안정성을 확보하기 위한 기반을 마련하고 있다. 지속적인 재배기술교육으로 사실상 농가의 재배방식을 통일시켜 감에 따라 농가기술이 평준화되었으며, 이로 인해 공동계산을 전제로 한 원물조달이 용이해졌다. 아울러 품목별 특성에 따라 생산담당자가 주기적으로 생산지를 방문하여 작황이나 상품성을 평가하고 출하상담을 통해 상품관리를 하고 있다. 한편, 생산자재의 공급 측면에서는 직영농약매장을 통해 조합원의 농약사용을 체계적으로 관리하고 친환경유기비료(액체비료) 등을 보급하여 안전성 관리와 토양관리를 중점적으로 추진하고 있다. 또한 GAP 인증농가 관리를 위해 생산 및 유통이력의 등록을 대행하고 농가교육을 실시하고 있다.

이상과 같이 참후레쉬 영농조합법인은 고품질농산물의 안정적 생산을 위해 다양한 측면에서 농가지도에 주의를 기울이고 있다.

시설투자

수확 이후의 저장과정에서는 GAP농산물과 일반농산물을 분리해서 관리하고 있으며, 선별과정에서도 GAP농산물과 일반농산물의 선별라인을 분리하여 취급하고 있다. 또한 선별시설의 환경을 청결히 하여 곤충이나 해충이 유입되지 못하도록 선별시설을 밀폐하였다. 또한 상품의 신선도를 유지하기 위해 에어커튼 및 에어컨을 설치하여 선별시설의 온도관리에 주의를 기울이고 있다. 안전관리 측면에서도 선별작업자의 청결도를 유지하기 위해 손세척기를 설치하고 작업자에게는 위생복, 위생모, 위생장갑을 착용하도록 관리하고 있다.

생산유통시설은 가동률을 고려하여 일시에 규모를 확대하는 것보다 부지는 크게 확보하면서 시설면적은 필요에 따라 지속적으로 확충하고 규모화하는 방식을 취하고 있다. 또한 수박, 멜론 품목과 같이 당도가 중요한 품질구성요소로 자리잡고 있는 품목에 대해서는 비파괴 당도선별기를 설치 · 운영하여 상품의 품질관리와 등급관리를 하고 있으며, 생산 측면에서는 미생물배양기를 설치 · 운영하여 고품질의 과수생산에 주력할 수 있도록 기반을 마련하고 있다.

4. 판매관리

참후레쉬 영농조합법인의 농산물 판매관리에 대한 특징을 살펴보면 다음과 같다.

첫째, 수출대상 국가 및 품목의 확대를 위해 지속적인 브랜드 홍보마케팅을 추진하고 있다는 점이다. 2005년에는 서울식품박람회, 타이페이 식품박람회, 인도네시아 식품박람회, 필리핀 판촉행사에 참가하여 참후레쉬 브랜드를 적극적으로 홍보하였다. 2006년도와 2007년도에는 러시아 판촉행사를 자체적으로 실시하였고, 대만 바이어 간담회를 자체적으로 개최하였다. 한편, 지속적으로 취급량이 확대됨에 따라 판로확보의 중요성이 증가되어 기존의 직거래판매 이외에 도매시장으로의 출하를 확대하고 있다.

또한 도매시장을 포함한 소비지의 거래처에 대한 농산물의 안정적인 공급체계를 확보하기 위하여 2006년에 서울사무소를 개설하고 적극적인 마케팅활동을 추진하고 있다. 이 곳 서울사무소에서는 유통업체 바이어를 대상으로 상품을 기획 · 제안하고 상품화하여 국내 유통업체와의 거래를 유지하고 있다.

2007년부터는 GAP농산물을 학교급식에 공급하는 사업을 추진중에 있으며, 2007년 6월에는 농림부의 협조로 농협중앙회에서 GAP농산물의 학교급식 공급방안에 대한 설명회를 개최한 바 있다.

둘째, 거래처와 사전협의를 통해 선별과정에서 거래처에 맞는 맞춤형 상품을 생산하여 공급하고 있다는 점이다. 이와 같이 거래처와의 사전협의를 통해 등급 및 포장단위 등과 같은 상품화 방법을 결정하고 있기 때문에 유통단계에서 불필요한 작업을 생략할 수 있다. 이를 위해 생산팀이 정기적으로 거래처를 방문하여 상담 및 조사활동을 진행하고 있으며, 이를 바탕으로 생산계획 및 일정 등을 조정한다.

셋째, 브랜드를 세분화하여 이미지 제고에 노력하고 있다는 점이다. 멜론의 경우 박스디자인은 동일하나 색상의 차별화로 참후레쉬 멜론브랜드의 등급을 이미지화시켰다. 특(적색), 상(녹색), 보통(분홍)으로 구분하여 박스 색깔만으로도 등급을 구분할 수 있게 하였다.

넷째, 매장 모니터링과 리콜을 철저히 실시하고 있다는 점이다. 거래처의 매장을 찾아가 주기적으로 조사를 실시하여 신선농산물의 신선도를 파악하거나, 하자발생시 생산단계, 유통단계(물류단계, 상류단계) 등 단계별 문제점을 찾아 개선하며 해결책을 제안하기도 한다. 하자에 대한 리콜이 발생할 경우는 무조건 반품처리하며 상호 협의하에 상품교환이나 환불조치를 취한다. 또한 리콜에 대한 사유와 처리결과는 기록하여 재발방지를 위한 상품관리에 반영하고 있다.

5. 생산농가 정산관리

공동선별 확대 및 관리

당해 법인은 2007년에 공동마케팅조직으로 선정되었으며, 이로 인한 공동선별비의 지원비율이 높다는 점을 공동선별 확대에 활용하고 있다. 현재 품목별 공동선별비에 대한 행정기관으로부터의 지원비율은 수탁판매를 위한 공동선별일 경우 선별비의 40%를 지원받고 있으며, 매취판매시에는 30%를 지원받고 있으나, 공동마케팅조직으로 선정됨에 따라 각각의 경우에 지원율이 10%씩 가산되고 있다. 공동선별의 경우에는 농가별 품질격차로 인해 품질의 균일성을 확보하는 데 어려움이 있다. 따라서 당해 법인에서는 원물입하시의 검품과 선별결과 등을 농가별로 DB화하고 농가별로 원물품질을 관리하여 농가별 품질편차로 인해 이미지 손상을 사전에 예방하고 있다.

정산방식과 판매대금 지급기간 단축

위탁수수료는 수출과 내수에 차등을 두고 운영하고 있으며, 판매단가의 변동에 따라 수수료율을 차등적용하고 있다. 즉, 판매단가가 낮을 경우에는 수수료율을 낮추어 정산하고, 판매단가가 높을 경우에는 수수료율을 높게 적용하고 있다. 또한 동일한 품질의 농산물이 수출과 국내에 동시에 판매된 경우에는 판로별로 각각의 수수료 기준을 적용하고 있다.

표 12-5 공동선별 공동정산 실적('06)

구분	물량(ton)	금액(백만원)
공동선별	5,067	6,247
공동출하	10,885	13,426
공동계산	5,067	6,247

공동선별의 경우 선별결과 나타난 등급별 기록에 기초하여 1주일 단위로 공동계산을 하고 있다. 또한 농가에 대한 신속한 판매대금 지급을 위해 ERP[1]시스템을 도입하여 판매대금 정산 및 지급기간을 현재 10일 이내에서 5일 이내로 단축하기 위한 작업을 진행중이다.

6. 성공요인

참후레쉬 영농조합법인은 강력한 농가조직화와 상품화 및 마케팅활동을 통해 비약적인 사업신장을 기록하고 있다. 당해 법인의 사업성공요인으로 다음과 같은 점을 지적할 수 있다.

첫째, 산지유통시설에 입하된 농산물의 수율(상품합격률)을 높이기 위해 기능조직으로서 품목별 작목반조직을 육성하였다는 점이다. 저장상품인 배 수출전문 작목반을 구축하여 수출국가별로 맞춤형 재배

[1] ERP란 기업의 인적 및 물적 자원을 관리하는 대형소프트웨어를 말한다. 기업용 전산시스템은 초기에 재고관리나 업무과정과 같은 생산계획 수립에 중점을 두었으나 최근에는 인사 · 회계 등 인적 관리로 확대되어 왔다.

환경, 농법 등을 도입하도록 농가를 육성하였으며, 국내출하용 농산물에 대해서는 친환경, GAP작목반을 육성하여 별도로 판매함으로써 수요처의 니즈에 대응한 품질관리에 주력하였다.

신선품목인 딸기, 토마토의 경우에도 판매처별로 성격을 달리하여 작목반을 구성하였으며, 참후레쉬 딸기작목회, GAP 딸기작목회, 수출딸기작목회 등으로 구분하여 재배관리와 상품관리를 달리하였다.

멜론의 경우 한 번에 수확량 전체를 판매할 필요가 있어 참후레쉬 수출멜론작목회를 별도로 조직하였다. 특히, 멜론의 경우 생산 초기부터 수출에 적합한 생산을 유도하며 수출에 적합하지 않은 등급의 상품은 당해 영농조합에서 이미 확보한 거래처를 통해 전량을 판매하였다. 현재 고품질 멜론생산을 위해 수출멜론작목회 중심으로 생산교육을 실시하고 고품질 생산을 위한 기반정비사업도 지원하고 있다. 더불어 생산자에 대한 기술 및 경영교육을 꾸준히 실시하여 농가의 평균적인 기술수준을 상향평준화로 유도하고 있다.

둘째, 정부지원사업을 활용하여 생산자 조직화를 강화할 수 있는 인센티브제도를 도입하였다는 점이다. FTA사업 수행조합으로 선정된 것을 계기로 7개 시 · 군에 3년간 280억 원 규모의 생산시설 현대화를 주관하고 있다. 또한 공동마케팅조직으로 선정되어 정부의 공동선별비 지원자금을 활용함으로써 생산자의 공동선별비용을 절감시켰고, 150억 원 규모의 선도자금을 약정농가에 낮은 이자로 대출하여 농가로부터의 일정량 이상의 출하량을 확보하고 있다. 아울러 판로 다각화를 통해 원물의 90% 정도를 분산처리함으로써 농가수취가격을 보장하고 있으며, 액비와 미생물을 저가에 공급하여 농가의 생산비 절감을 유도하고 있다.

셋째, 국내외 홍보 · 판촉전에 적극적으로 참가하여 홍보에 지속적인 투자를 아끼지 않고 있다는 점이다. 2006년에 서울판매사무소를 개설하면서 수도권 판매를 전담관리하고 있다. 홍보 · 판촉활동의 일환으로 해외박람회 및 국내 홍보판촉전에 적극적으로 참가하고 있으며, 해외 바이어 초청 등을 통한 수출시장 개척도 하고 있다.

넷째, 각 거래처에 맞는 상품화를 실시하고 있다는 점이다. 실제로 대형마트 등 대량수요처별로 그들이 요구하는 품위에 맞추어 상품을 공급하고 있다. 현재 참후레쉬는 CJ 푸드시스템, 롯데마트 및 롯데슈퍼, 신세계백화점 등과 거래를 하고 있으며 수확 이후의 선별 및 포장 등과 같은 상품화 단계는 물론 재배단계에서도 수요자의 니즈를 반영한 관리가 이루어지고 있다.

끝으로 공동선별 · 공동계산을 통해 품질균질화를 도모하였다는 점이다. 생산농가의 고령화 및 인력부족으로 인해 생산에 어려움이 있는 반면 소비지의 상품에 대한 요구수준은 지속적으로 높아지고 있다. 이에 농가별로 수확 이후 입고된 원료농산물을 참후레쉬의 선별기준에 따라 공동선별을 함으로써 상품등급을 표준화하여 출하하고 있다. 공동계산도 작목반단위로 실시하여 품질수준의 평준화와 농가수취가격의 평준화를 실현하고 있으며, 손실충당금을 확보하여 시세급락시에도 적절한 가격으로 정산함으로써 생산자들에게 연중 안정된 농가수취가격을 제공하고 있다.

공동계산시 원물은 농가가 입고시키는 것을 원칙으로 하며, 정산시 공제항목은 작업인건비, 운송비, 조합의 판매수수료 4% 등이다. 수출의 경우 최장 1개월 반 이상을 고정가격으로 농가정산을 해 주고 있지만 정부에서 공동계산에 대한 지원이 없어 조합으로서는 부담이 큰 것이 애로사항이다.

7. 향후 과제와 추진계획

앞으로 참후레쉬가 더욱 발전하기 위해서는 생산자조직의 강화와 자동화된 현대식 시설의 확충이 요구된다. 아울러 판로의 다양화와 새로운 시장의 개척이 필요하며, 등급외 물량의 판매를 위한 가공사업 등 새로운 부가가치 창출을 위한 사업확대가 필요하다. 이를 위해 다음의 네 가지를 중점 추진할 계획이다.

첫째는 기존의 내수판매시장은 오프라인이 대부분을 차지하고 있으나 앞으로는 온라인 판매시장인 홈쇼핑과 인터넷을 병행하여 확대해 갈 계획이다. 또한 수출국가를 확대하고 여러 품목을 수출상품으로 기획하여 수출을 확대할 계획이다.

둘째는 GAP농산물의 관리시설로 전문화 · 차별화하여 판매를 확대할 계획이며, 학교급식에 GAP농산물을 공급할 수 있도록 추진할 계획이다.

셋째는 ERP시스템 구축을 통한 생산성 확보이다. 현대화된 선별기와 시스템을 연동시켜 선별데이터를 재입력하는 이중업무를 단축할 계획이며, 원물에서 유통까지의 이력을 관리하여 리콜에 대한 원인과 문제점을 기록관리하여 클레임에 대처할 계획이다.

넷째는 '참후레쉬'의 광역 과실브랜드화 사업을 꾸준히 추진할 계획이다. 논산시, 공주시, 보령시, 부여군, 서천군, 청양군 6개 시 · 군의 배와 사과의 광역브랜드 사업을 추진중에 있다. 2008년부터는 3개년 간 브랜드 품질관리, 마케팅, 홍보 등을 위해 15억 원의 투자유치가 진행될 계획이다.

Chapter 13

유명 브랜드로 자리잡은 지리산 순한한우 이야기

박인희 · 김한종

1. 순한한우브랜드사업단 개황
2. 공동브랜드 추진배경
3. 순한한우 브랜드사업의 성과
4. 순한한우 브랜드사업의 성공요인
5. 향후 발전과제

1. 순한한우브랜드사업단 개황

1.1. 일반현황

순한한우브랜드사업단은 전라남도 동부권 7개 축협이 2003년에 결성한 한우 공동브랜드 연합조직이며, 현재 8개 시 · 군의 7개 축협(고흥, 곡성, 구례, 보성, 순천, 광양, 여수, 장흥)이 참여하고 있다. 지리산 '순한' 한우라는 브랜드명은 청정지역인 지리산 지역에서 생산된 100% 순수한 우리 한우라는 뜻이다.

과거부터 전남 동부권 8개 지역은 상대적으로 농업이 중요한 산업이며, 특히 한우산업은 농가의 주요 소득작목이다. 지역 내 총한우사

표 13-1 관내 사육두수 및 사업참여 현황 (2007년 12월말 현재)

조합원수	시군전체		브랜드 가입			
	호수	두수	호수	번식우(암)	비육우(거세)	합계
고흥	5,300	26,580	267	8,204	3,591	11,795
곡성	1,155	9,682	17	776	418	1,194
구례	1,037	6,677	16	452	497	949
보성	2,670	16,638	69	1,483	1,320	2,803
순천 · 광양	4,222	20,537	103	2,103	1,686	3,789
여수	2,654	10,066	10	345	416	761
장흥	2,845	34,678	82	1,692	2,568	4,260
계	19,883	124,858	564	15,055	10,496	25,551

육두수는 12만[1]여 두로 사육기반이 양호한 편이다. 관내 번식우 두수는 7만 4,000두로 비육우 사육두수와 비교할 때 번식우 사육두수가 상대적으로 많아 고급브랜드육 생산의 기초가 되는 송아지의 안정적인 공급은 유리한 편이다. 특히, 지역에 오래된 가축개량단지가 있어 가축개량이 잘 되어 있고, 우수한 혈통의 소가 많이 사육되고 있다. 현재 전남 동부권 7개 축협의 560농가가 참여해 약 2만 6,000두를 사육하고 있다(표 13-1).

1.2. 사업추진 및 조직체계

브랜드사업은 브랜드사업 참여주체의 노력도 중요하지만 많은 외부의 지원과 조력자를 확보하는 것이 브랜드 성공을 위해서 반드시 필요하다. 지리산 순한한우 브랜드는 사업 초창기부터 적극적으로 농협중앙회와의 연계사업을 전개하고 있다. 이와 같이 협력시스템을 구축함으로써 조합의 상대적인 약점인 마케팅과 농정활동기능을 보완하고, 사업비 등 각종 지원을 용이하게 확보하고 있다. 지리산 순한한우는 출범당시부터 현재까지 약 30억 원의 브랜드관련 직접사업비(운영비, 홍보마케팅비 등)가 소요되었는데, 이 중의 약 80% 정도를 외부로부터 지원받아 사업운영에 이용하고 있다.

사업추진 주체는 전남 동부권 7개 축협이지만, 주관조합은 순천광양축협이, 실무사업 추진은 순한한우브랜드사업단이 담당한다. 참여조합 간에는 공동사업에 대한 협약을 체결하고 브랜드사업단(및 조합)

[1] 전국 한우 사육두수의 6.5%를 점유하고 있다.

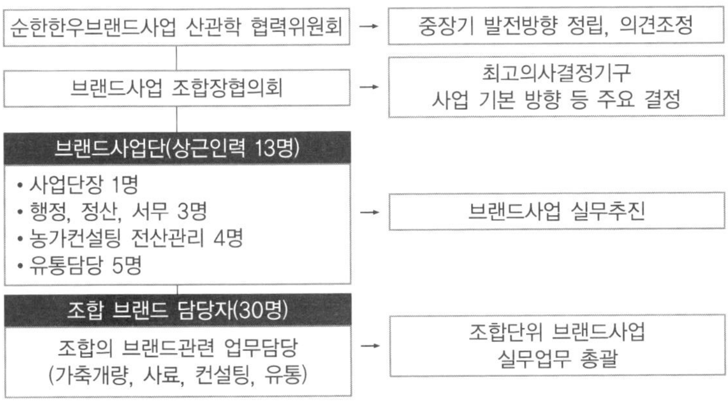

그림 13-1 사업단의 구성 및 운영시스템

과 농가는 '공동브랜드 관리규약', '작목반 규칙'에 서명한 계약을 체결하게 된다. 사업단의 회계는 농협 '회원조합 지원지도규정－조합 간 공동사업' 규정에 의거 주관조합인 순천광양축협의 독립사업장으로 운영되고 있다. 참여조합은 공동사업기금으로 사업자금을 투자하게 되고, 브랜드사업을 통하여 발생한 수익과 손실은 참여조합이 공동으로 분담한다.

'브랜드사업 조합장협의회'는 최고의사결정기구로서 브랜드사업과 관련한 주요 사항에 대한 의사결정을 하며, 조합장협의회 회장이 지리산 순한한우 브랜드사업을 대외적으로 대표한다. 브랜드사업단은 조합장협의회에서 결정되고 위임받은 사항과 브랜드사업 관련업무를 수행한다. 참여조합은 전담책임자를 배치해 브랜드사업을 총괄하게 하고, 조합의 지도, 경제, 유통담당자들과 함께 농가컨설팅, 생산이력관리, 출하관리, 조합단위 홍보 및 판매업무를 담당한다.

브랜드사업을 효율적으로 추진하기 위하여 지자체 대표, 브랜드사업 참여조합장 대표, 순천대학교 교수 대표로 구성된 '순한한우브랜드사업 산학관 협력위원회'를 구성하였다. 이 위원회는 지역 한우산업과 한우 브랜드 발전을 위한 중장기 발전방향을 수립하고 의견을 조정하는 역할을 하고 있다. 순천대학교는 2004년부터 '축산물브랜드지원센터'를 설치하고 지속적으로 컨설팅, 교육, 기술을 지원해 오고 있다. 특히, 2007년 산업자원부에서 지원하는 '지역연고산업진흥사업'에 지리산 순한한우를 기초로 한 '전남친환경한우 생산유통시스템 강화사업'이 지원대상자로 선정됨으로써 3년간 54억 원을 지원받게 되어 지역 한우산업 발전에 상당한 기여를 할 것으로 기대된다.

2. 공동브랜드 추진배경

2.1. 브랜드화 이전의 한우사업

한우고급육의 주 소비기반은 서울을 비롯한 수도권 지역이다. 하지만 전남 동부권 지역은 수도권과 원거리에 위치해 생축의 수송에 6~7시간이 소요된다. 따라서 운송과정에서 육질저하와 감량이 발생하여 경제적으로 손실일 뿐만 아니라, 사고가 발생할 가능성도 높아 한우 유통에 불리한 점이 많다. 지역 내 한우고기 소비행태도 암소고기를 선호하고 생고기 문화가 발달하여, 고급 거세 브랜드 한우고기가 지역

표 13-2 지역별 한우브랜드 현황('순한'한우 출범 이전)

시 · 군	고흥	광양	보성	장흥	계
한우 브랜드 (사업주체)	유자골한우(조합) 양지한우(한우회)	매실한우 (지자체)	녹우 (한우회)	표고골한우 (조합)	5개

내에서 수요기반을 확보하기도 어려운 실정이었다.

그리고 한우유통에 필수적인 도축가공장도 현대화된 LPC가 없어 대부분 영세한 중소 도축장을 이용하는 실정이었다. 이와 같이 지역의 유통환경이 불리하다 보니 지역의 한우농가들도 체계적으로 사육하여 브랜드로 유통하기보다는 산지수집상(우상인)에게 판매하는 상황이었다.

1990년대 이후 쇠고기시장 개방이 확대됨에 따라, 국내산 한우의 경쟁력을 높이기 위하여 전국적으로 한우 브랜드화 노력이 전개되었으며, 전남 동부권 지역에서도 많은 노력이 있었다. 순한한우 출범 이전의 전라남도 지역별 한우 브랜드 현황은 고흥군이 유자골한우(조합) · 양지한우(한우회) 브랜드를, 광양시가 매실한우(지자체) 브랜드를, 그리고 보성군이 녹우(한우회), 장흥군이 표고골한우(조합) 브랜드를 사용하고 있었다. 고흥 유자골한우의 경우 2002년부터 서울 축산물공판장에 브랜드육 상장을 실시하였다(표 13-2).

이처럼 한우 브랜드화를 위한 노력이 있었지만 뚜렷한 성과는 거두지 못하였다. 한우 브랜드사업이 생산(개량, 컨설팅, 사양, 방역, 이력관리)과 유통(도축, 가공, 물류, 위생안전) 그리고 마케팅(홍보, 판촉, 상품화)이 결합된 종합사업의 성격을 가지고 있기 때문이다. 한우 브랜드사업을 추진하기 위해서는 많은 인력과 재원이 필요하나 이를 개별 조합단위에서 추진하기에는 많은 어려움이 있었다. 특히, 컨설팅 및 유통인력 확보와 자금지원, 교육, 농가지도, 홍보, 마케팅 등이 종합적으로 필요하다. 또한 개별 조합단위로는 대형유통업체가 요구하는 수준에 맞추어 품질과 물량을 확보하기가 쉽지 않다.

2.2. 브랜드화 추진배경

1990년대 말부터 우리나라 쇠고기 유통은 큰 변화를 겪었다. 대형유통업체들이 급속히 늘어나면서 소비지 시장의 주도권이 대형업체로 넘어간 것이다. 식육의 경우에도 정육점 중심의 유통과 가정소비 중심에서 대형유통업체를 통한 유통과 외식에 의한 소비가 주류를 형성하게 되었다.

대형유통업체는 그 특성상 일정한 품질의 한우고기를 연중 안정적으로 공급받기를 원한다. 우리나라 대표적인 할인점의 경우에 월 500~1,000두의 한우를 판매하는데, 2002년 당시만 해도 전국 한우 브랜드 가운데 1년 출하두수가 1,000두를 넘는 브랜드는 단지 3~4개에 불과하였다.

따라서 공동브랜드화를 추구한 것은 변화하는 유통업체에 능동적으로 대응하고 한우 브랜드의 경쟁력을 확보하기 위한 필수불가결한 선택이었다.

3. 순한한우 브랜드사업의 성과

순한한우 브랜드사업은 2003년에 출범하였지만 농가조직화 등 2년여의 준비기간을 거쳐 본격적인 사업은 2005년부터 시작되었다. 이를 감안할 때 출범한 지 얼마 되지 않은 기간임에도 불구하고 3년 동안 달성한 성과는 놀랄 만하다. 이러한 사업성과는 크게 세 가지로 구분할 수 있는데, 그 내용은 다음과 같다.

3.1. 규모화 및 품질 차별화

지리산 순한한우는 기존 한우 브랜드의 차별화 방향과 달리 안정적인 공급능력 확충, 마케팅 등 생산자 입장보다는 유통업체의 요구에 부응하는 방향으로 브랜드를 설계하고 추진하였다. 또한 규모의 경제를 달성하려는 사업적인 마인드를 가지고 출발한 결과 유통업체를 상대로 한 마케팅과 판촉활동에서 상대적인 강점으로 작용하게 되었다.

이처럼 브랜드사업단은 농가조직화로 대량 공급기반을 구축하였을 뿐만 아니라 브랜드 관리기준을 마련하여 품질차별화를 이룬 결과 2005년 8월부터 롯데쇼핑과 전담공급계약을 체결하였다. 이로써 브랜드사업은 안정적인 판매망을 확보하게 되었고, 안정궤도에 접어들 수 있었다. 롯데쇼핑과의 전속거래 1년 만에 매출액이 2005년 88억 원에서 2006년 225억 원으로 약 1.6배 증가하였고, 2007년에는 약 240억 원

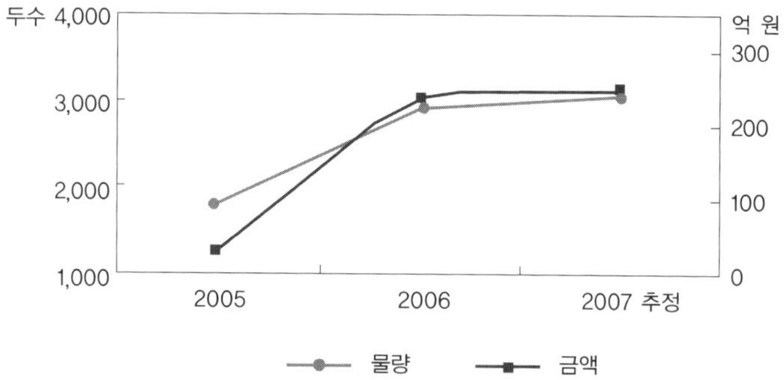

그림 13-2 순한한우브랜드사업단의 매출액 변화 추이

의 매출을 올렸다.

현재 롯데쇼핑(롯데마트) 전국 100여 개 매장에 연간 약 4,000두의 브랜드 한우를 공급하고 있고, 롯데쇼핑에서 판매하는 농축수산물 중에서 단일품목으로는 가장 큰 매출을 기록하고 있다. 또한 규모화를 통해 시장교섭력이 제고됨에 따라 롯데쇼핑에서도 품질요건을 강화할 때마다 사업단과 협의하여 농가에 인센티브 지급단가를 3회 인상해 주는 등 가시적인 성과를 거두고 있다.

3.2. 브랜드 인지도 제고

브랜드사업단은 생산에서부터 도축가공, 유통, 소비자 식탁에 이르기까지 전 과정을 체계적으로 관리함으로써 위생 및 안정성을 확보하고 소비자가 안심하고 소비할 수 있는 시스템을 마련하였다. 그리고 엄격한 사양관리기준과 출하기준을 시행하면서 품질이 고급화되고 균일성이 향상됨에 따라 소비자에게 일정한 품질의 한우고기를 지속적으로 공급할 수 있게 되었다. 특히, 사육기간을 일본의 화우수준에 버금가는 30개월령 이상으로 늘림으로써 브랜드 한우의 맛을 더욱 깊게 만들어 소비자의 만족도를 높이고 수입육과 확실한 차별화를 할 수 있게 되었다.

이와 같이 유통환경 변화에 적극 대응한 결과 시장에서의 브랜드 인지도가 지속적으로 향상되고 있다. 농협중앙회에서 개최하는 우수농축산물대전에서 바이어가 선정한 최우수 브랜드상(2004)과 대상(2005)을 수상하였고, 농림부에서 주관하는 축산물브랜드경진대회에서 한우부문 최우수상을 2년 연속(2006, 2007) 수상하였다. 또한 '소비자문제를 연구하는 시민의 모임'에서 선정한 우수브랜드 인증을 2년 연속(2006, 2007) 받기도 하였다. 그 밖에 국립농산물품질관리원의 품질인증과 농협중앙회 품질인증, 전남도지사 품질인증을 받았다.

이와 같은 인지도 제고를 바탕으로 롯데쇼핑과 2005년 8월부터 전담공급계약을 체결하는 성과를 올렸으며, 향후에도 지속적인 거래를 희망하고 있다. 또한 브랜드사업단은 롯데쇼핑, 농협중앙회와 함께 국내 최초로 한우펀드를 발행하여 자금을 성공적으로 조달하기도 하였다.[2]

3.3. 농가수취가격의 증대

공동브랜드사업의 가장 큰 추진목적은 7개 축협 연합을 통해 출하물량

[2] 2006년에는 1차 사모펀드를 발행해 80억 원, 2007년에 2차로 공모펀드를 발행해 64억 원을 조달하였다.

• 고급육 출하에 따른 인센티브 제공
  - 지급단가(두당): ++1등급: 70만 원, +1등급: 40만 원, 1등급: 10만 원
• 산지도축에 따른 소득증대
  - 도축장을 서울 축산물공판장에서 인근 나주 축산물공판장으로 전환함으로써 원거리 수송에 따른 지육감량 축소
    • 생체기준 20kg, 지육기준 14kg 감량 축소
      → 지육 kg 평균 1만 6,000원 가정시 22만 4,000원 수익발생
  - 산지도축에 따라 두당 5만 원의 운송비 절감

참고 소득증대효과

을 규모화(연간 3,000두 이상 출하)해 시장교섭력을 강화시켜 농가수취가격을 높임으로서 한우농가 소득을 증대시키는 것이었다.

브랜드사업 추진결과 2003년도 브랜드 출범 당시 40%에 불과하였던 소 혈통 등록비율을 2007년도에는 80%까지 상승시켜 우수한 품질의 사육기반을 구축하였다. 1등급 이상 출현율도 2003년 74% 수준에서 2007년 85%로 약 11% 향상되었으며, 출하월령도 27개월령에서 30개월령으로 늘어났다. 이에 따라 출하체중도 지육기준으로 370kg에서 400kg 이상으로 늘어났다.

이와 같은 우수한 브랜드 한우를 공급함에 따라 농가는 등급에 따라 30만~100만 원(약 5~15%) 정도 높은 수취가격을 받게 되어 연간 약 20억 원의 소득증대효과가 발생하고 있다.

4. 순한한우 브랜드사업의 성공요인

2003년 지리산 순한한우 공동브랜드가 출범하기 이전에 전국적으로 약 150여 개의 한우 브랜드가 있었다. 대부분의 한우 브랜드가 지역단위에서 추진된 관계로 지역적인 특징을 바탕으로 브랜드를 차별화하고 있었고, 일부 한우 브랜드만이 기능성에 역점을 두고 차별화를 하고 있었다. 조합에서 추진하던 한우 브랜드사업도 다수 있었지만 지역적 한계에 부딪히기는 마찬가지였다.

이처럼 수많은 조합에서 한우사업뿐만 아니라 다양한 경제사업 활성화를 위한 사업을 추진하고 있지만 성공하는 사례는 매우 드물다. 그 이유는 유통환경 등 시장이 급변하는 상황에서 협동조합이 지니고 있는 구조적 문제들로 인해 그에 걸맞는 전략을 제대로 채택하고 있지 않기 때문이다. 그럼에도 불구하고 2000년대 들어 일부 조합들은 사업연합이나 시장지향적 경영방식 등을 도입하면서 성공하는 사례가 점차 증가하고 있다. 이들 조합의 공통점은 협동조합 내에 시장지향적 경영방식을 도입하면서 수많은 난제들이 나타났을 때 이를 피하지 않고 극복해 왔다는 것이다.

만약 사업을 추진하면서 나타난 문제들과 이를 어떻게 극복하였는지를 살펴볼 수 있다면 조합들에게 많은 시사점을 줄 수 있을 것이다. 경제사업 활성화를 추진하는 조합들이 대부분 공통적으로 겪고 있을 뿐만 아니라 이를 제대로 해결하지 못하고 있기 때문이다. 이번 절에서는 순한한우브랜드사업단이 사업추진과정에서 어떤 전략을 선택하였고, 어떤 어려움들이 있었으며, 이를 어떻게 극복해 현재의 위치까지 올 수 있었는지를 규모화 사업전략, 차별화 사업전략, 기업화 사업전략으로 구분해 성공요인을 살펴보도록 하겠다.

4.1. 규모화 사업전략

광역단위 연합 추진

전남 동부권 8개 시 · 군의 7개 축협이 연합체를 구성하고 사업을 추진하기까지 수많은 우여곡절이 있었다. 특히, 공동브랜드 출범 당시 있었던 브랜드와 새로이 탄생할 공동브랜드와의 관계를 어떻게 정립할 것인가에 대한 많은 논란이 있었다. 기존 브랜드의 경우 지자체의 지원을 받아 참여농가와 조합에서 상당기간 노력을 기울여 온 상황이었기 때문이다. 또한 새로이 탄생될 공동 한우 브랜드가 기존의 브랜드를 기반으로 할 것이기 때문에 과연 어떻게 차별성을 확보할 수 있을 것인가에 대한 많은 논란이 있었다.

아울러 공동 한우 브랜드를 7개 시 · 군의 축협이 추진하게 됨으로써 어느 시 · 군과 조합이 주도적인 역할을 할 것인가, 또는 행정기관이 주도할 것인가 조합이 주도할 것인가에 대한 논란으로 많은 갈등을 겪을 수밖에 없었다. 그리고 무엇보다도 전국 최초로 공동 한우 브랜드를 추진하는 만큼 외부의 이해가 부족하였고, 추진하는 주체의 입장에서도 과연 공동한우브랜드사업을 성공시킬 수 있을 것인가에 대한 자신감도 부족하였다.

또한 많은 전문가들과 다른 한우 브랜드 주체들이 공동한우브랜드

사업을 추진하는 것에 대하여 부정적인 시각을 가지고 있었으며, 일부 극단적인 비판도 있었다. 즉, 7개 조합이 모여서 영속성이 있겠는가, 품질균일성을 어떻게 확보할 것인가, 조직화 · 체계화는 어떻게 할 것인가 등에 대한 의문이 컸다. 그리고 한우 공동브랜드가 축산물 브랜드의 개념과 원칙에 맞는가, 사업단과 참여조합 간 관계는 어떻게 설정할 것인가 등에 대해서도 정리가 되지 않은 상태였다.

이와 같은 많은 논란에도 불구하고 급변하는 유통환경의 변화 속에서 공동 한우 브랜드 이외에는 지역 한우산업을 살릴 대안이 없다는데 조합 간 이견은 없었다. 그리고 유통환경 변화에 대응하지 못하면 공멸한다는 위기의식 속에서 참여조합들이 기득권을 과감히 포기하면서 대승적 합의가 이루어졌고 공동 한우 브랜드를 추진할 수 있었다.

사업단은 사업추진 주체들의 사업성공에 대한 확신을 심어 주기 위해 사업추진과 함께 각종 심포지움 및 세미나를 개최하는 한편, 각계 전문가와 협의 전개, 자료수집 등을 통해 사업의 타당성을 내외부 관계자들에게 설득해 나갔다. 이 과정 속에서 광역브랜드위원회(회장 서병호 광양축협 조합장)를 구성하고 각 조합 실무담당자를 실무작업반으로 하여 본격적인 사업에 착수, 기본 추진계획과 지침을 확정하였다. 탄력이 붙은 공동브랜드사업은 농가설명회를 개최하고 작목반을 구성(650농가, 2만 두)해 지속적인 컨설팅을 실시하고 순천축협에 사업단을 설치, 본격적인 사업을 추진하였다.

또한 기존 브랜드와의 관계를 정립하기 위해 메인 브랜드와 서브 브랜드를 공동운영해 성공하고 있는 일본의 '고베비프'를 벤치마킹하여, 일부 축협에서 추진하던 개별 브랜드는 서브 브랜드로 활용하고 '순한'한우를 메인 브랜드로 사용하기로 합의하고 사업을 추진하게 되었다.

대규모 축산농가의 규합

전국 최초로 브랜드사업을 실시하면서 사업에 대한 이해부족으로 축산농가의 참여부족이 예상보다 심각하였다. 출범 당시 사업추진 주체의 사업성공에 대한 자신감이 부족한 상황에서 농가들마저 사업의 성공에 반신반의하면서 사업참여에 소극적 태도를 견지하였기 때문이다. 문제가 예상보다 심각하자 조합장들이 사업추진을 위해 적극 나섰다. 축협별로 거세우 30두 이상을 소유한 대규모 축산농가를 추천하고 작목반을 구성하는 등 농가설득작업에 나선 것이다.

또한 유통환경 변화에 대한 농가의 인식을 전환시키기 위해 바이어를 초청해 교육하는 한편, 농가에 컨설팅과 저리자금 지원, 해외연수기회 제공 등 각종 인센티브를 주어 참여를 유도해 나갔다. 그리고 농가의 참여를 적극 유인하기 위해서는 안정적인 판로가 무엇보다 중요하다고 생각하고 롯데쇼핑과 전략적 제휴를 맺는 등 적극적인 마케팅을 펼쳐 나갔다. 때마침 정부에서 축산물 브랜드에 대하여 적극적이고 체계적인 지원시스템을 구축함에 따라 유통업체에서도 정부의 정책방향에 부응하여 한우 브랜드를 매장에 입점하게 되었고, 지리산 순한한우도 조기에 유통망을 확보할 수 있었다.

한편, 축협별로 상이한 지역사정을 고려하지 않을 경우 지역조합 및 조합원의 불만이 발생할 가능성도 존재하였다. 따라서 소규모 농가 및 축협의 불만을 불식시키기 위해 연합사업단에서는 참여열의가 높은 2~3농가를 규합해 1농가 명의로 사업에 참여할 수 있도록 배려함으로써 이들의 불만을 최소화하였다.

공동구매를 통한 원가절감

조합이 공동연합으로 사업을 추진하게 되면 규모의 경제를 확보할 수 있어 여러 면에서 유리하다. 사업단에서는 이 규모의 경제를 이용해 사료 등 생산자재 조달을 개별 조합이 할 때보다 저렴하게 구매하기 위해 공동구매를 통해 조달물량을 규모화하였다. 또한 농가교육과 컨설팅도 공동으로 수행함으로써 강사확보, 전문가 활용에 효율성을 기하였다.

브랜드사업에는 많은 비용이 투여되는데, 이를 개별 조합이 담당하기에는 무리가 따른다. 따라서 개별 조합의 부담을 없애기 위해 참여조합이 공동으로 투자함으로써 브랜드 재원을 충분히 확보하고 적극적인 마케팅을 전개하였다. 이와 같이 공급물량이 규모화되고 마케팅능력을 갖춘 생산자 브랜드가 존재함으로써 자연스럽게 유통업체의 관심을 끌게 되면서 시장진입에서 상대적으로 유리성을 확보할 수 있었다.

사업에 7개 지역 축협과 8개 시 · 군 지자체가 사업에 참여하게 되어 지역 또는 국가 전체에서 차지하는 브랜드의 비중이 커져 효과적으로 농정활동도 전개할 수 있었다. 외부의 지원을 확보하기가 상대적으로 유리한 점이 있었기 때문이다. 지리산 '순한'한우 공동브랜드사업이 출범한 직후인 2004년부터 정부 축산정책의 중심이 '공동브랜드'로 전환되면서 정부, 지자체, 농협중앙회로부터 많은 사업자금과 예산지원을 받을 수 있었다.

4.2. 차별화 사업전략

3통(統) 3고(高)의 사양관리기준 마련

롯데쇼핑과 거래하게 되면서 이 업체에서는 다른 유통업체와 경쟁하기 위한 차별화 전략의 일환으로써 사업단 측에 품질차별화를 요구하였다. 즉, 다른 브랜드와 차별화된 고품질 한우를 생산하여 안정적으로 공급해 수 있는 방안을 사업단에 요구해 왔다. 하지만 균일한 고품질 한우를 안정적으로 생산 · 공급하기 위해서는 품종 및 사양관리 그리고 사료급여체계 등이 통일되어야 가능하다. 따라서 사업단 측에서도 유통업체의 요구를 수용하기 위해서는 다른 브랜드와 차별화될 수 있는 사육 및 출하기준을 마련할 필요성이 대두되었다.

사업단 측에서는 유통업체의 이러한 차별화 요구에 대응하는 한편 브랜드사업을 선도하기 위해 3통 3고의 기준을 마련하고 시행에 들어갔다.[3] 우선 품질(고급, 균일)과 규모화(안정출하)로 승부하기로 결정하였으나, 농가의 반발을 최소화하는 사양 프로그램과 사료품질규정을 어떻게 마련할 것인가에 대한 고민이 발생하였다. 사업단에서는 농가 및 전문가들의 의견을 수렴하고 협의를 거쳐 농가의 반발을 최소화할 수 있는 농림부의 '고급육 생산 프로그램'을 기본으로 '순한한우브랜드 사육기준(사양관리 프로그램)'을 마련하여 보급하였다. 그리고 사료개발은 농협사료의 배합사료 개발전문가에게 위임해 개발하기로 합의하였다.

---

[3] • 생산 3統: 혈통 통일(우수품종 조성), 사료 통일(전용사료로 통일), 사양 통일(사양방법의 통일)
• 유통 3高: 고위생(HACCP 도축장 이용, 유통 전 과정의 Cold-Chain System 실현), 고품질(1등급 유통), 고신뢰(품질인증, 생산이력제, 생산자실명제 구축).

보급 초반에는 기존 축산농가들이 개인의 사육취향에 따라 제각기 사료를 구입해 사용하고 있었으므로 전용사료를 사용하도록 설득하는 데 어려움을 겪었다. 그러나 품질균일화와 고품질화를 위해서는 사양관리 및 전용사료의 급여가 필수임을 강조하며 농가들을 지속적으로 설득해 나갔다. 그럼에도 이해가 부족하거나 잘 따라오지 않는 농가는 반복적인 교육과 컨설팅을 통하여 변화를 유도해 나갔다.

엄격한 브랜드 관리기준 시행 및 강화

대형유통업체 간 경쟁이 치열해지면서 롯데쇼핑에서도 품질요건을 지속적으로 강화해 줄 것을 요구해 왔다. 출하월령을 사업 초기 26개월에서 현재의 30개월로 점차 연장함에 따라 그만큼 자본회전도 늦추어져 농가의 자금유동성이 부족해지는 문제가 발생하였다. 자금부족으로 인해 농가의 반발이 발생하였고, 일부 자금이 부족한 개별 농가는 시장으로 출하하는 현상이 발생하기도 하였다. 또한 일부 농가는 기존 사육방식을 고집하는 등 브랜드사업을 이탈하려는 움직임도 감지되어 품질요건 준수를 설득하는 데 많은 어려움이 있었다.

이와 같은 농가의 반발을 해소하기 위해 사업단에서는 소비자의 변화에 맞추어 브랜드 한우의 맛을 균일하고 풍부하게 하기 위해서는 사육기간을 반드시 준수해야 한다는 점을 롯데마트 바이어 및 식육전문가를 초빙해 반복교육을 실시하였다.

한편, 농가의 자금유동성 문제를 해결하기 위해 사업단에서는 저리자금을 지원하고, 유통업체와 협의하여 품질요건 강화에 따른 인센티브 지급단가를 3회 인상하였다. 그럼에도 불구하고 엄격한 품질요건을 준수하지 않는 농가는 브랜드사업에서 탈퇴시키는 등 강력한 제재도 시행하였다.

상생의 공동브랜드 추진

대형유통업체들 간에 경쟁이 격화되면서 다른 유통업체에서 취급하지 않거나 좀더 차별화된 제품으로 고객을 확보하기 위해 PB브랜드 상품을 많이 개발해 판매하고 있다. 이처럼 경쟁이 치열해지자 롯데쇼핑에서도 고품질 한우를 안정적으로 독점공급받기 위한 안전장치의 마련이 필요하게 되었다. 롯데마트 측에서 브랜드 공동소유 등 이에 대한 협의를 요구해 왔다. 하지만 사업단 측에서는 독점공급에 따른 기존 다른 유통업체와의 거래중단 등 이해득실에 문제가 있었고, 농협중앙회 등 이해관계자들을 설득하는 데 적잖은 어려움을 겪었다.

중앙회와 지속적인 논의를 거쳐 농협중앙회 축산경제와 롯데마트 공동으로 출범 당시의 '순한한우'를 '지리산 순한한우'로 변경하여 상표를 등록하고, 사업단에서 거래하던 다른 유통업체와 거래를 중단하기로 합의하였다. 대신 사업단 측에서도 안전장치를 마련하기 위해 7개 축협에서 사육한 브랜드 한우만을 롯데쇼핑에 독점공급하는 조건과 고급육 사육에 따른 인센티브 제공을 요구해 관철시켰다.

이처럼 상호간에 조금씩 양보함으로써 참여주체인 농가, 조합, 유통업체 모두가 윈-윈(win-win)하는 사업형태가 구축되었다. 롯데쇼핑은 차별화된 브랜드 한우를 안정적으로 공급받을 수 있어 가격거품을 제거해 PB상품과 같은 효과를 누릴 수 있을 뿐 아니라 농협중앙회 명의로 공급받아 제품 및 매장신뢰도가 향상되어 매출을 증대하는 효과가 있었다. 반면 농협중앙회는 조합이 생산하는 한우를 잘 팔아 주는 역할을 하게 되었고, 브랜드사업에 참여한 조합은 브랜드사업과 연관된 구매 · 판매 · 도축 · 가공 · 공제 등의 사업을 활성화할 수 있으며, 잘 팔아 주는 생산지 협동조합 본연의 역할을 강화할 수 있었다. 참여농가는 안정적인 판로를 확보하고 사육기반을 확대할 수 있으며, 브랜드 인지도를 높여 인센티브를 확보하고 유통을 효율화하여 비용을 절감함으로써 소득을 증대할 수 있었다. 그리고 브랜드파워를 확보함으로써 수입육에 대비하여 경쟁력을 확보할 수 있었다.

4.3. 기업형 경영방식

사업단의 의사결정 존중

7개 축협이 브랜드사업에 참여함으로써 사업출범 초기에는 조합이 의사결정을 주도할 경우 경제적 의사결정이 왜곡될 우려가 상존하였다. 조합의 입장에서는 선거를 의식해 조합원의 요구를 직접적으로 거절하기 어려운 상황에 놓여 있는 반면 사업단 입장에서는 개별 조합과 조합원의 무리한 요구를 사업에 반영할 경우 경제적 의사결정이 왜곡되어 사업추진이 곤란한 문제점이 있었다. 따라서 출범 초기부터 원활한 사업추진을 위해 사업단 중심의 의사결정체계 구축이 필요하였다.

조합장협의회와 사업단 간에 지속적인 협의를 통해 사업단 중심으로 의사결정을 위임 · 존중하기로 협의회에서 양보하고 적극적인 사업지원을 약속하였다. 따라서 조합장협의회는 사업의 기본 방향 등 주요 의사결정만 담당하고, 브랜드사업 실무추진과 관련된 의사결정은 사업단에 담당하는 한편, 사업단은 사업추진에 위배되는 조합측 의견은 배제하고 있다.

하지만 사업단에서도 사업추진과 관련이 없는 기타 요청에 대해서는 최대한 수용하고 있다. 그 결과 현재 사업단에서는 출하계획을 독자적으로 수립하고 조합별로 출하물량을 배정하고 있으며, 사업의 성과가 가시적으로 나타나면서 조합장들의 절대적 신뢰를 받고 있다.

이용고에 따른 비용과 수익 분담

브랜드사업단에서는 출범 초기부터 농가의 가입과 탈퇴, 출하절차, 사양방법 준수 등 브랜드 관리를 위해 두당 1만 원의 등록비를 징수해 이용고에 따른 비용부담, 즉 비례원칙을 적용하고 있다. 브랜드 관리 규약에 이를 명시하고, 이에 동의한 농가만 가입을 허용하고 있는 것이다. 하지만 출범 초기 농가는 이용고에 따른 비용부담의 몰이해로 인해 거부감과 함께 무임승차 욕구 등을 나타냈다.

이를 해결하기 위해 사업단에서는 농가가 부담하는 비용 이상의 서비스 제공을 통해 농가불만을 해소해 나갔다. 우선 브랜드 등록비의 필요성에 대해 지속적으로 설명하고 설득하는 한편, 농가의 대표와 조합실무자로 구성된 협의회를 통해 브랜드 등록과 출하순서, 농가관리(가입, 탈퇴 등)를 자율적으로 결정하도록 함으로써 정당성을 확보해 나갔다.

또한 등록된 소에 대해서는 귀표(인식번호) 장착, 생산이력자료 입력, 사양지도 컨설팅, 주기적으로 체중을 측정해 주고 사육 후에는 사업단에서 출하를 책임지는 서비스를 제공해 나갔다. 징수된 브랜드 등록비를 유통손실보상금으로도 적립하여 근출혈 보상, 기타 유통에 따른 손실보전, 판촉활동, 농가지도에 사용함으로써 농가에 다시 환원되도록 하여 농가의 불만을 불식시켰다.

조합원자격 제한

사업출범시 브랜드사업에 전념하면서 안정적인 출하가 가능한 사육두수를 얼마로 규정할 것인가 하는 문제와 브랜드사업의 성공이 불확실한 상황에서 대규모 축산농가의 참여를 어떻게 유도할 것인가에 대한 문제가 발생하였다. 또한 대규모 축산농가 위주의 사업실시로 소규모 축산농가 배제로 인한 농가의 불만과 조합별 여건을 어떻게 고려할 것인가 하는 문제도 발생하였다.

이를 해결하기 위해 조합장협의회 및 사업단, 전문가의 의견수렴을 거쳐 전업농가 의식을 갖고 브랜드사업에 전념가능한 농가의 규모를 약 3,000만 원 이상의 연소득이 보장되는 30두 이상의 농가로 규정하였다. 각종 축산 · 유통관련 교육 및 컨설팅, 저리자금 지원, 해외연수 기회제공 등 각종 인센티브를 제공하여 대규모 축산농가의 참여를 유인하였다. 또한 소규모 축산농가가 많은 조합의 실정을 고려해 조합원의 참여열의와 사양기술을 감안하여 2~3농가가 합쳐 1농가 명의로 브랜드 가입을 허용하는 등 탄력적으로 운영함으로써 소규모 농가 및 조합의 불만을 불식시켰다.

기업형 자본조달

국제곡물가격 폭등에 따른 사료가격 상승은 축산농가의 재정적 압박요인으로 작용하여 사료비 부담을 덜어 줄 수 있는 대책마련이 필요하였을 뿐만 아니라 참여농가의 사육두수가 증가함에 따라 자세 사료공장의 설립필요성이 점차 증대되었다. 순천을 비롯해 참여하고 있는 8개 시 · 군은 친환경 순환농업이 활발하여 브랜드육 품질고급화를 위해 부존자원의 원활한 활용이 가능해 TMR 공장설립 등 사업다각화의 공감대가 자연스럽게 형성되었다.

이와 같은 필요성에 의해 조합장협의회에서 논의를 통해 7개 축협이 공동으로 출자하기로 합의하고 TMR 공장의 설립·운영을 위해 '(주)지리산순한한우'라는 농업회사법인을 설립하였다. 조합여건을 고려해 규모별로 총 26억 원을 분담 출자하고, 출자지분에 따라 손익배분과 의사결정권을 부여하기로 합의하였다.

또한 그 동안 쌓인 신뢰를 바탕으로 롯데쇼핑과 사업단 공동사업으로 제1차 사모펀드(2006, 80억 원)와 제2차 공모펀드(2007, 64억 원)를 발행해 성공적으로 자금을 조달하였다. 현재 펀드를 통해 조달된 자금으로 6개월령 송아지 1,600마리를 매입해 농가에 위탁사육중이며, 위탁농가에는 매월 두당 2만 5,000원의 사육수수료를 지급하고 있어 농가의 또다른 수익원으로 각광받고 있다.

5. 향후 발전과제

이 글은 순한한우브랜드사업단의 사업추진방식을 규모화 사업전략, 차별화 사업전략, 기업형 경영방식으로 구분하여 살펴보았다. 여기서 브랜드사업을 추진하면서 어떠한 난관에 부딪혔고 이를 어떻게 극복하였는지에 주안점을 두었다. 무엇보다 이 사례분석은 사업을 추진하면서 전통적인 협동조합에서 나타나는 수많은 난관을 극복하였기에 더욱 의미가 있다.

표 13-3 지리산 순한한우 연도별 추진 계획 및 목표

구분				
참여농가수	400농가	600농가	600농가	600농가
사육두수	25,000두	30,000두	35,000두	40,000두
1등급 출현율	80%	85%	85%	90%
브랜드 출하	3,500두 250억원	4,000두 280억원	5,000두 350억원	5,500두 400억원
유통프리미엄	10%	15%	15%	20%
사업단 운영 자립율	70%	100%	100%	100%

앞으로 사업단은 지리산 순한한우 브랜드육 참여농가수를 현재의 400농가에서 2010년에는 600농가로 확대하고, 사육두수도 4만 두 수준으로 높일 계획을 갖고 있다. 2010년에는 브랜드육 출하도 5,550두, 판매금액도 400억 원 수준으로 확대할 계획이다(표 13-3). 만약 사업이 예정대로 추진된다면 2002년 대비 2010년의 브랜드사업 기대효과는 연간 약 125억 원의 소득증대효과가 나타나 사업참여 600농가 호당 약 2,700만 원 정도의 추가소득이 예상된다.[4]

하지만 이와 같은 청사진이 마련되어 있음에도 불구하고 협동조합이라는 틀 내에 있기 때문에 향후 사업을 추진하는 데 여전히 문제의 불씨가 남아 있다.

공동브랜드사업이 한우 브랜드의 경쟁력을 확보하기 위해서 추진되었지만 민간유통기업 및 미국 육류수출입협회 등 외국의 마케팅보드와 견주어 보면 크게 미흡한 실정이다. 앞으로 수입육의 공세가 더

[4] 저리 경영자금 지원에 따른 농가금융편익이 30억 원, 고급육 생산증대에 의한 수취가격 상승 40억 원, 브랜드사업을 통한 유통프리미엄 70억 원, 우량송아지 생산에 의한 판매가격 상승효과가 20억 원이다.

욱 강화되고 민간기업의 축산진출이 늘어날 것으로 예상되는 만큼 생산자 공동브랜드가 경쟁력을 확보하기 위해서는 지금보다 더 규모화하고 경쟁력을 확보하는 노력이 필요하다.

향후 순한한우브랜드사업단이 지속적으로 사업을 추진하고 성공가도를 달리기 위해서는 어떠한 과제를 풀어야 하는지 살펴보았다.

첫째, 규모화 사업전략 측면에서 보았을때 새로운 유통업체의 모색과 신규 사업 발굴이 필요하다. 참여농가의 사육두수가 증가하면서 현재 롯데쇼핑 납품만으로 출하물량을 소화하기에는 한계에 직면하였기 때문이다. 펀드자금으로 구입한 송아지도 향후 20개월 전후에 순차적으로 출하되면 적체현상은 더욱 심각해질 수 있다. 따라서 신규 유통업체를 모색하는 것이 무엇보다 시급한 상황이며, 만약 이 문제가 해결된다면 물량적체는 쉽게 해소될 수 있다. 또한 현재 준비하고 있는 소비자가 브랜드 한우를 맛보고 체험할 수 있는 한우플라자(식당+판매장) 설치, 현장체험사업, 자매결연, 직거래 판매행사 등 다양한 프로그램의 조속한 운영이 필요하다. 이러한 사업에 맞추어 새로운 추가수요에 맞는 규모화도 뒤따라야 할 것이다.

둘째, 차별화 사업전략 측면에서 전국단위 광역브랜드로서의 경쟁력 강화를 지속적으로 유지하고 강화하기 위해서는 지역단위 개량, 한우품종의 차별화를 추구하고 메인 브랜드를 세분화하여 기능성과 건강성 등에 특화된 제품개발 등 장기적인 관점에서 브랜드별 차별화가 필요하다. 그런 측면에서 현재 준비중인 친환경축산 인증과 같은 시장선도전략을 펼쳐 지속적인 차별화 시도는 적절한 대응이라 할 수 있다.

셋째, 치열한 시장경쟁에서 경쟁우위를 확보하기 위해서는 전통적 협동조합 운영체제에 기업적 경영방식을 도입하여 효율성을 증대할 필요가 있다. 공동사업이 장점도 많이 있지만 참여주체의 무임승차 심리, 방관자적 자세, 주인의식 약화 등 공동사업이 본질적으로 가지고 있는 문제점도 많은 것이 현실이다.

농협에서 추진하는 대부분의 공동브랜드사업은 조합 간 연합사업 형태로 추진하고 있다. 이 경우 주관조합을 선정하여 그 조합의 회계단위와 법적 실체를 이용하게 되는데, 주관조합에서는 조합의 경영과 관계없는 경영계수가 발생하게 되고 법적 책임을 지게 되는 문제가 있다. 그리고 브랜드사업 자체가 일반업체와 치열하게 경쟁해야 하는데, 농협의 시스템과 사업방식으로 과연 효율적으로 사업을 추진할 수 있을 것인가에 대한 심도 있는 검토가 필요하다. 따라서 사업단이 독립적으로 사업을 추진할 수 있도록 법인격을 부여하여 회계의 독립과 경영의 안정성 · 지속성을 확보할 필요가 있다. 또한 경영성과에 비례한 보상체계를 구축함으로써 사업추진 의욕을 배가하고, 우수인력 채용을 추진해야 할 것이다.

마지막으로 브랜드사업과 관련하여 농가, 조합, 지자체, 농림부, 소비자단체, 농협중앙회 등 관련된 유관기관이 무척이나 많다. 일부 지자체에서는 지역 내 사업이 아니라는 이유로 브랜드사업 지원에 소극적인 경우도 있다. 따라서 향후 원활한 사업추진을 위해 관련기관의 이해와 의견을 조율하고 협력을 이끌어 내는 것이 무척 중요하다. 유연하고 적극적인 대처가 필요하나 협동조합 자체의 제약조건과 한계가 많아 이를 시스템적으로 해결할 수 있는 방안을 이들과 협의해 모색해 나갈 필요가 있다.

부록1: 생산 및 출하 주요 지침

1. 번식(우수한 자질의 송아지 생산)

번식단계에서는 우수한 자질의 번식우 확보를 목표로 하고 있다. 관내 개량단지 등록우에 대한 자질을 평가하는데, 가축개량사업소의 예상 육종가를 활용하고 등록암소의 육질을 초음파로 판독한다. 특히, 고급육 생산과 관련된 배 최장근과 근내 지방도를 초음파로 평가하고 있다. 이와 같이 우량자질의 등록우 중심으로 송아지 생산기반을 구축하고 있으며, 자질이 불량한 번식우는 조기에 도태시킨다.

브랜드사업 가입농가는 지정된 정액으로 100% 인공수정시키고 있다. 번식우의 예상 육종가를 감안하여 수정 정액을 지정하고 있다. 인공수정시에는 번식적령기(14개월)를 준수하고 있으며, 이 시기에 조사료 급여를 증대시킨다. 생산된 송아지는 경매시장 또는 인터넷 중계 등을 통해 비육농가에 공급하게 된다.

2. 비육(거세비육을 통한 고급육 생산증대)

브랜드로 생산할 밑소는 관내에서 생산된 혈통 등록우가 원칙이며 생후 4~6개월령에 100% 거세시킨다. 사료로는 '농협순한브랜드 전용사료'로 통일시키고 사양방식도 통일시켰다(표 13-4). 30개월령 이상, 생

부표 1 지리산 순한한우 사료의 특징과 사양관리 방식

	어린송아지	육성비육	큰소 전기	큰소 중기	큰소 후기
급여시기	생후 5개월	6~12개월	13~17개월	18~22개월	23~출하
특징	소화율 향상, 폐사율 감소	골격, 소화기 및 제1위 발달	살과 지방 붙임	본격적인 근육성장	근대 지방침착 최대섭취
급여량	2.0kg이내 (체중의 1.5~2%) 자유채식	2.5~4.5kg (체중의 1.5~1.8%) 자유채식	5.0~8.0kg (체중의 1.5~2.0%) 2.5kg	8.0~9.0kg(체중의 1.8%) 1.5~2.0kg	자유급여 0.5~1.0kg
일당증체량	0.7~0.8kg	0.7~0.8kg	0.8~0.9kg	0.8~0.9kg	0.6~0.7kg
목표체중	130kg	285kg	410kg	550kg	30개월 710kg
급여관리	설사방지 항병력강화	과비방지 조사료 급여	배합사료 서서히 증가	대사성 장애 주의	급여횟수 증가 섭취량 극대화

체중 690kg 이상으로 장기사육시키며 출하 전 3개월 이상 항생제나 호르몬제 등의 급여를 금지시키고 있다. 아울러 생후 22개월령부터 초음파 진단을 통해 출하시기를 조절하여 고급육 출현율을 높이고 있다.

3. 유통(고품질 안전 브랜드육 유통)

축산기술연구소 전남 동부지소와 협조하여 출하 전에 잔류물질을 검사함으로써 안전성을 높이고 있다. 위생관리를 위해서는 도축과 가공은 반드시 HACCP을 적용한 농협 축산물공판장을 이용하고 있으며, 유통과정에서는 철저한 cold-chain시스템을 구축하고 있다.

초음파 진단을 통하여 B1등급 이상의 우수육 위주로 출하하고 있다. 따라서 1등급육을 80% 이상 지속적으로 출하하여 브랜드 신뢰도를 향상시키고 있으며, 2등급 이하는 비브랜드품으로 출하하고 있다. 생체수송은 전용출하차량을 이용하고 충분한 공간을 확보하여 운송축의 사고와 육질저하를 방지하고 있다.

아울러 품질인증, 생산자실명제, 리콜제 등 소비자 신뢰를 높이기 위한 장치를 지속적으로 완비하고 있으며, 판매단계에서 지리산 순한 한우 상표부착비율을 90% 이상 유지시키고 있다.

부록2: '순한'한우 공동브랜드 관리규약

제1조(목적) 동 규약의 목적은 전남 동부권 8개 축협이 공동으로 한우 브랜드사업을 추진하는 데 있어 생산에서부터 출하시까지 회원농가(이하 '농가'라 한다)와 조합 및 사업단이 반드시 준수하여야 할 사항을 규정함으로써 브랜드를 철저히 관리하고 성공적으로 추진하기 위함에 있다.

제2조(의무) 브랜드사업에 참여한 각 주체, 즉 농가, 조합, 사업단은 동 규약을 성실히 이행함을 물론, 동 지침에 의하여 조합장협의회, 실무자회의, 선도농가회의 등을 통하여 합의 결정되어 통보되는 각종 매뉴얼, 지시문서, 교재 등 '순한'한우 브랜드사업 추진과 관련되는 사항은 성실히 이행하여야 한다.

제3조(회원농가의 자격) '순한'한우 브랜드사업에 참여하는 농가는 전남 동부권 8개 시 · 군(고흥, 곡성, 광양, 구례, 보성, 순천, 여수, 장흥)에서 한우를 사육하는 농가로서 '순한'한우 브랜드 관리규약을 성실히 이

행할 것에 동의 서명한 농가로 한다

제4조(농가사육두수) 평균한우사육두수가 30두 이상인 농가를 기본 가입자격으로 하되, 출하 등으로 발생한 일시적인 두수의 부족은 사육 시설규모를 감안해 평가하고, 지역의 실정과 참여열의 사양기술능력을 감안하여 조합이 판단하여 탄력적으로 적용한다.

제5조(사양지침) ① 농가는 사업단이 정하는 사육방법에 따라 사양관리를 하고, 전산관리 등 기록을 성실히 수행하여야 한다

② 농가는 기록관리와 개체관리를 위한 조합과 사업단의 송아지생산안정제 가입, 가축공제 가입, 이표부착, 체중측정 등의 지시를 성실히 준수하여야 한다.

제6조(전용사료의 이용) 농가는 브랜드에 가입한 소는 "'순한'브랜드 전용사료"를 이용하여야 한다.

제7조(교육참석) 농가는 브랜드사업단과 조합에서 실시하는 교육, 워크샵, 견학 등에 적극적으로 참여하여야 한다.

제8조(번식우 구입 및 등록) 번식우 사육농가는 송아지를 자체 생산하거나, 관내 가축시장 또는 송아지 경매시장에서 구입하여야 하며 전두수 등록사업에 참여하는 것을 원칙으로 한다.

제9조(인공수정) 농가는 송아지 생산을 위한 종부시 반드시 보증종모우 정액으로 인공수정한다.

제10조(생산된 숫송아지 공급) 농가는 생산된 숫송아지는 자체 비육하거나, 조합에서 운영하는 송아지 경매시장을 통하여 관내 비육농가에 우선적으로 공급한다.

제11조(비육 밑소의 구입) ① 비육농가 밑소의 확보는 농가에서 송아지를 자체 생산하여 조달하거나, 관내 개량단지 등에서 생산된 송아

지를 중심으로 구입하는 것을 원칙으로 한다.

② 구입시에도 가능한 조합에서 운영하는 '송아지경매시장'을 통함으로써 우수한 자질의 송아지를 확보하기 위하여 노력한다.

③ 균일한 혈통의 품종조성을 위하여 관내가 아닌 타지역으로 부터의 무분별한 송아지 조달은 최대한 지양한다.

제12조(거세) 거세는 반드시 생후 6개월 이내 실시하여야 한다.

제13조(출하시기) 브랜드에 가입한 거세우의 출하시기는 생후 27개월령 이상 630kg 이상으로 한다.

제14조(출하절차) 브랜드육의 출하는 다음의 절차에 의한다.

① 출하월령에 도달한 소는 농가에서 출하를 희망일 1개월 전에 조합을 통하여 사업단으로 신청

② 사업단에서는 출하신청한 소에 대하여 사업단 지도요원과 농협사료 지역팀장이 소의 상태 확인과 초음파 육질진단을 실시토록 조치

③ 사업단에서는 현지확인 및 초음파 측정결과에 의하여 출하시기, 출하방법, 출하처를 조합에 지시

④ 농가는 사업단의 출하지시에 의거 조합을 통하여 출하

⑤ 출하시 농가는 소비자에 대한 정확한 정보제공과 신뢰도 향상을 위한 생산이력 추적사업에 필요한 이표의 정확한 부착, 개체의 디지털사진, 전산기록 등을 완비하여 제출한다.

제15조(출하시기 조정) 사업단에서는 거래처에 브랜드육을 적기에 공급하기 위하여 농가에서 희망한 출하시기를 조정할 수 있다.

제16조(출하지시의 준수) 농가는 브랜드사업의 원활한 추진을 위하여 사업단에서 지시하는 출하지시를 성실히 준수하여야 하며, 출하를 희망하지 않는 경우라도 브랜드육의 적기공급을 위하여 사업단에서

출하를 요청할 경우에는 적극적으로 응하여야 한다.

제17조(대금정산) 대금정산은 사업추진방식, 출하방법, 출하처, 거래처와의 계약에 따라 탄력적으로 적용하며 각각에 대한 정산방식은 별도로 정한다.

제18조(브랜드 기준) '순한'한우 브랜드육은 다음의 기준을 모두 만족시켜야 한다.

① 관내 브랜드 회원농가에서 생후 6개월령 이내에 거세를 하여 '순한'한우 브랜드 사양프로그램과 전용사료를 급여하여 사육된 한우

② 생후 27개월령 이상, 생체중 630kg 이상

③ 육질판정 B1등급 이상

④ 농협 축산물공판장 등 HACCP을 적용한 도축장과 육가공장에서 도축가공

⑤ 브랜드사업단에서 지정 또는 계약한 매장에서 판매 및 전자상거래시

제19조(철저한 브랜드 관리) 상기 브랜드 기준에 충족되는 경우에 한하여 판매시 " '순한'한우"라는 브랜드를 부착하고 기준을 충족하지 못하는 경우는 비브랜드로 판매한다.

제20조(자조금의 조성) 브랜드사업 추진에 필요한 각종 경비를 수익자 부담의 원칙에 의하여 각종 수수료 등으로 자조금을 조성할 수 있으며, 구체적인 조성규모와 방법은 '조합장회의', '선도농가회의' 등을 통하여 별도로 정한다.

제21조(조합의 적극참여) 조합은 브랜드사업에 적극 참여하고 조합단위 브랜드업무의 원활한 추진을 위하여 업무를 전담할 충분한 인력을 배치한다.

제22조(브랜드사업조직 설치 및 운영) ① 브랜드사업의 원활하고 체계적인 추진을 위하여 다음과 같은 조직과 협의회를 설치 운영한다.

㉮ 조합장협의회: 최고의사결정기구

㉯ 실무자협의회(사업단): 업무의 총괄 추진

㉰ 산 · 학 · 관협력위원회: 지역축산의 발전과 농정협력

㉱ 선도농가협의회: 브랜드사업 선도, 중요 의사결정의 농가 입장 대변 등

㉲ 조합단위 작목반 구성

② 각 협의회, 위원회, 작목반 등의 운영은 각각 별도의 운영규약을 마련한다.

제23조(규약불이행에 따른 조치) 사업단, 조합, 농가가 동 규약을 위반함으로써 브랜드사업 추진에 지장을 초래했을 경우에는 "'순한'한우 브랜드사업 조합장협의회" 및 "'순한'한우 브랜드 선도농가협의회"의 규약에 의거 적절한 조치를 취할 수 있다.

제24조(규약 간의 관계) 동 규약과 브랜드사업 추진을 위하여 조직 및 설치된 각종 조직, 협의회, 위원회의 규약은 서로 보완하여 운영된다.

제25조(규약의 개정) ① 동 규약은 다음의 경우에 개정할 수 있다.

㉮ 관련규약 간 서로 상충되는 부문이 있을 경우

㉯ 규약의 특정 조항이 일방에게 불리하여 이의를 제기하는 경우

㉰ 여건의 변화, 브랜드사업의 발전적 추진, 사업추진방법의 변화에 의하여 개정의 필요성이 있을 경우

② 규약의 개정은 조합 간 이해가 관련되는 부문은 '조합장협의회', 농가의 이해가 관련되는 부문은 '선도농가협의회' 또는 2개 협의

회 모두의 합의를 통하여 개정하며, 세부절차는 해당 협의회 규약에 따른다.

제26조(규약의 효력 발생) ① 본 규약의 조합간 효력은 브랜드사업 참여조합장이 내용에 동의하고 합의 서명함으로써 발생한다.

② 농가에 대한 효력은 농가가 동 내용에 합의하고 첨부된 서명부에 연대서명함으로써 발생한다.

제27조(기타) 조합장이 서명한 규약의 사본은 각 조합에 비치 보관하고 농가가 교부를 원할 경우에는 조합에서 조합장 직인을 날인하여 교부한다.

2004. 5. 28.

전남 고흥군 고흥읍 서문리 219-53 고흥축산업협동조합 조합장 신 강 식
전남 곡성군 곡성읍 읍내리 796 곡성축산업협동조합 조합장 한 영 수
전남 광양시 광양읍 목성리 932 광양축산업협동조합 조합장 서 병 호
전남 구례군 구례읍 봉남리 155-5 구례축산업협동조합 조합장 임 승 환
전남 보성군 보성읍 보성리 857-36 보성축산업협동조합 조합장 김 병 수
전남 순천시 연향동 1335-2 순천축산업협동조합 조합장 황 금 영
전남 여수시 학동 191-1 여수축산업협동조합 조합장 신 순 만
전남 장흥군 장흥읍 건산리 722-19 장흥축산업협동조합 조합장 한 계 용

'순한'한우 브랜드사업 참여농가로서 상기 규약을 성실히 이행하겠습니다.

성명	주민번호	주소	서명

필자 소개

■ **이정환** (leejh@gsnj.re.kr)

한국농촌경제연구원에서 25년간 농업문제를 연구하였다. 원장을 역임한 후 GS&J 인스티튜트를 설립하여 운영하고 있다. 국민경제자문회의와 정책기획위원회 위원을 거쳐 FTA 국내대책위원회 위원을 역임하였다.

■ **김동환** (dhkim@anyang.ac.kr)

서울대학교를 졸업하고 미국 위스콘신대학에서 응용경제학 박사학위를 받은 후 연구소와 대학교에서 농축산물 유통문제를 집중적으로 연구하였다. 농산물유통에 새 바람을 일으킨 농식품신유통연구원의 원장을 맡아 농산물유통 혁신에 견인차 역할을 하고 있다.

■ **박영범** (ybpark0@yahoo.co.kr)

서울대학교 농과대학을 졸업하고 1998년부터 지역농업네트워크를 설립하여 안성맞춤, 햇사레 등 명성 있는 브랜드가 그의 손을 거쳐 탄생하였고, 전국 각지의 농업개발계획, 농협 마케팅계획을 담당하여 우리나라 최대의 농업컨설팅회사로 발전하였다.

■ **민승규** (serimsk@seri.org)

일본 도쿄대학에서 박사학위를 받고 1995년 이후 삼성경제연구소 수석 연구원으로 일하고 있다. 농업에 경영, 마케팅, 문화를 접목하는 새바람을 일으켰고, 한국벤처농업대학을 설립하여 '스타농업인의 산실'이 되고 있다.

■ **위남량** (marketing2030@hanmail.net)

농협중앙회 양곡부 과장 및 농정부 팀장을 거쳐 지금은 농협대학 교수로 농산물마케팅 실무, 농산물 지역차별화 전략 등을 가르치고 있다. 『농산물 브랜드화 실태와 발전과제』, 『마케팅의 이해와 전략』 등 농산물 마케팅과 관련된 많은 저서를 집필하였다.

■ **위태석** (witaeseok@rda.go.kr)

일본 교토대학에서 박사학위를 받은 후 농촌진흥청 경영연구관실에서 농산물 산지유통문제를 연구하여 왔다. 심층적인 현장조사와 분석을 기초로 현실성 있는 발전대안을 도출하는 젊은 연구자로 주목받고 있다.

■ **장민기** (hanwoo@ranet.co.kr)

지역농업네트워크 창립자의 한 사람으로 현재는 연구개발본부장을 맡아 브레인 역할을 하고 있다. 농축협 및 농산물 브렌드 마케팅, 컨설팅, 지자체 농정기획 연구 등을 수행하여 현장의 실태와 문제점에 대해 누구보다 정통하다.

■ **이광현** (ro161@naver.com)

농협중앙회에 입사 후 경북 봉화에서 현장경험을 쌓은 후 농협유통 양재물류센터 및 농협중앙회 고양농산물유통센터 개설요원으로 활동하였다. 그 후 지금까지 농협중앙회 대외마케팅부에 근무하면서 농산물 구 · 판매와 상품화 문제를 몸으로 겪어 왔다.

브랜드 소개

참마을 배(김용구 외서농협 전무)

1999년부터 브랜드사업을 시작하여 가장 성공한 지역농협 사례로 평가받고 있다. 220여 농가가 참여하고 있는 '작지만 알찬' 사업체로 산지유통조직 활성화 평가에서 3년 연속 1등을 수상한 바 있다.

참후레쉬(박형규 영농조합법인 조합장)

멜론, 딸기, 토마토, 배 등 과채류와 과일을 참후레쉬란 브랜드로 생산하여 연간 매출액이 270억 원에 이른다. 850여 농가가 철저하게 품질을 관리하여 연간 80억 원어치를 수출하고 있다.

지리산 순한한우(박인희 전남지역 축협연합사업단장, 김한종 농협경제연구소 연구원)

7개 지역축협이 연합하여 만들어 낸 브랜드로 450여 농가가 참여하여 3만 두를 사육하고 있다. 연간 매출액이 200억 원에 이르고, 최근에는 최초의 공모형 한우펀드를 모집할 정도로 신뢰도가 높다.

CJ쇼핑(윤준배 구매팀장)

대표적 홈쇼핑업체로 방송, 인터넷 등을 통해 최고급 쌀, 각종 잡곡, 과일, 채소, 버섯, 각종 축산물 등 연간 1,000억 원 이상 판매하여 농축산물 판매에 있어 새로운 강자로 떠오르고 있다.

■ 잘 팔리는 농축산물 만들기

2008년 10월 10일 초판 제1쇄 발행
2009년 10월 13일 초판 제2쇄 인쇄
2009년 10월 19일 초판 제2쇄 발행

편저자와
협의하에
인지 생략

편저자 이정환 · 김동환
발행인 노현철
발행처 도서출판 해남
서울특별시 서대문구 충정로 3가 227-1 우리타워 6층
전화 739-4822 팩스 720-4823
e-mail haenam30@dreamwiz.com
homepage www.hpub.co.kr
등록 1995. 5. 10 제1-1885호

정 가 15,000원

ISBN 978-89-6238-007-1 03800